シリーズ 日本列島の三万五千年——人と自然の環境史 1

環境史とは何か

編 湯本貴和　責任編集 松田裕之・矢原徹一

文一総合出版

シリーズ 日本列島の三万五千年——人と自然の環境史 1

環境史とは何か

編 湯本貴和　責任編集 松田裕之・矢原徹一

文一総合出版

はじめに

湯本貴和

「自然と人間の関係」を問う

日本列島は、少なくとも後期旧石器時代以降、継続して人間の生活の場となっており、現在みられる大部分の自然が人間活動の影響を強く受けている。人々の生活は、植物、動物、菌類など、さまざまな生物資源の利用のうえに成立してきた。

このような人間活動の自然への徹底した関与にもかかわらず、これまで日本列島には植物や昆虫、淡水魚の固有種が数多く、クマ、カモシカなどを含む中大型哺乳類が生息する豊かな生物相が維持されてきた。また、現代日本は工業化された人口過密な都市型社会であり、先進国の中でも高い人口密度を有しているが、国土に占める森林面積の割合が七割近くを占めている。

このことから、近代以前の日本における人間－自然相互関係には生物資源を枯渇させないような伝統的な知恵、あるいは「賢明な利用」があり、むしろ適度な人間活動こそが日本の持続可能な生物資源と豊かな生物相を支えてきたという見解が一般に受け入れられている。

しかし、人間は過去においても、自然とどの程度、安定的に共生してきたかは、依然として未解決な問題である。日本列島でも生物資源が枯渇してしまった歴史はなかったのであろうか。生物資源を持続可能なかたちで利用していくという意識や知恵はどのくらい日常的なものであったのであろうか。さらには、特定の生物資源の枯渇によって、大きく人間社会が変化したことはなかったのであろうか。このような問いに対して、これまで部分的には答えられてきたものの、過去の原生自然から現在に至るまでの期間にわたり、日本列島を十分カバーできるような範囲で、しかも学際的なアプローチで検討されたことはない。

そもそも自然と対峙する存在として、人間を総体として考えるのは妥当であろうか。「自然と人間との関係」といいながらも、自然をめぐる人間と人間との関係こそが歴史を動かしてきたのではなかろうか。

本シリーズは、このような認識をことさら意識化し、かつその立脚点に臨んで総合地球環境学研究所のプロジェクトとして予備的な研究を三年、本研究を五年かけて行った「日本列島における人間‐自然相互関係の歴史的・文化的検討」の総括として、共同研究者の成果をまとめたものである。本プロジェクトでは、日本列島の人間自然関係史について分野横断的に取り組むため、サハリン、北海道、東北、中部、近畿、九州、奄美・沖縄の七つの地域班をたてて、地理学、考古学、文献史学、民俗学などを中心として、それぞれの地域での人間‐自然関係史の構築を目指し、とりわけ生物資源の利用における持続性と破綻についての例を集めて、それぞれの地域的特異性と一般性について考察を重ねた。サハリンはもちろん日本列島ではないが、最終氷期には北海道と陸続きであり、旧石器時代の人間と自然のかかわりを考えるためには不可欠であることから、旧石器時代に焦点を絞って一つの班として構成した。これらの地域班に加えて日本列島を横断的に扱うチームとして、DNAを用いた分子系統地理学で遺伝変異のマップを作成する植物地理班、花粉や植物遺体で古環境を復元する古生態班、安定同位体などを用いて過去に日本列島に住んでいた人々の食性を調べる古人骨班の三つの手法班をたてた。その他にも、草原という特殊環境に関連するマルハナバチ研究グループ、日本列島における情報の行き来をトレースする方言研究グループ、人間が持ち込んで地域の生物文化の形成に大きく寄与した栽培植物研究グループがある。

これらの多種多様な学問的な集積の中から、総括班が「日本列島はなぜ生物多様性が高いのか」、「生物資源の利用で持続性と破綻を分ける社会経済的な条件は何か」、「人間と自然との関係はこれからいかにあるべきなのか」というような一般的な問いに答えようとした。

この第一巻では主に総括班が日本の自然について考察した成果をまとめ、第二巻では日本列島の草原について研究したサハリン班と九州班、第三巻では主に近畿の「里山」を扱った近畿班、第四巻では水産資源と森林資源の双方を対象とした北海道班と奄美・沖縄班、第五巻では奥山のさまざまな生物資源と生業、とりわけ獣と狩猟に着目した東北班と中部班、そして第六巻では日本列島を横断的に扱った手法班と研究グループの成果をまとめた。

それぞれの巻には、実にたくさんの学問分野から多様な話題が盛り込まれているが、一貫したテーマは「人間はどのように自然とつきあってきたか」「人間はどのように自然を改変してきたのか」「そのなかで『賢明な利用』とはいったい何なのか」「自然をめぐる人間と人間との葛藤はどのようなものだったのか」という自然に対峙し、利用し、生かされてきた人間の普遍的なあり方を問うものとなっていることがわかっていただけると思う。実のところ、人間と自然との関係という抽象的なものはなく、具体的な生き物と生かし、生かされてきた人間の関係であり、生き物をめぐる人間と人間との関係史なのである。

そのなかで、もう一つの大きなキーワードとして、「誰の誰による誰のための『賢明な利用』なのか」という環境ガバナンスの問題が見えてくる。自然から財を取り出して利益を得る人たちと、その結果として資源枯渇や災害などのしっぺ返しを受ける人たちは必ずしも同一ではなく、むしろ受益者と負担者が乖離することが大きな問題である。この受益者と負担者の乖離は、小さな地域環境の問題から地球スケールの環境問題まで、いつでもどこにでも存在し、その具体的な対処方法の確立こそが問題を解決に向かわせる大きな鍵となる。そのために、このシリーズで語られる多種多様な話題から得られる歴史的な教訓が、今後の人間と自然との関係を考える礎となることを期待したい。

シリーズ第一巻の本書では、自然と人間の関係をどう考えるかという問いに答えるために、基本的な概念とこれまでの言説を検討し、「賢明な利用」とはなにか、誰にとっての「賢明な利用」なのか、自然と人間との関係を変えていくのは何かといった問題を論じる。

湯本貴和

シリーズ
日本列島の三万五千年——人と自然の環境史 1
環境史とは何か

目次

序章　日本列島における「賢明な利用」と重層するガバナンス

湯本貴和

このシリーズは、「日本列島における人間―自然相互関係の歴史的・文化的検討」という大テーマの中で、総括班を中心に四年間以上にわたって継続してきた研究成果をまとめたものである。この第一巻では、全体のテーマである「なぜ日本列島は生物多様性のホットスポットなのか」という根本的な問いの提示と、第二巻から第六巻までに通底する「生物文化多様性」、「賢明な利用」、「伝統的生態知識」、「コモンズ」、「ガバナンス」などの基本概念の整理を行っている。そのうえで、「近代以前あるいは先住民社会では、人間と自然は『共生』してきたが、現代文明の普及で『調和』が崩れて、地球環境問題が起こった」というような歴史観を再検討してみたい。

一　支え合う生物多様性と文化

まず第1章では、日本列島が生物多様性ホットスポットのひとつである理由として、①南北に気候帯をまたいで延びる列島の環境の多様性、②過去の気候変動と地形形成の歴史、③人間が生物資源を持続可能な形で利用してきた「賢明な利用」、を三つの仮説としてまとめた。これは本シリーズを通じての問題提起であり、プロジェクトの根本課題である。続く第1部「生物多様性と『賢明な利用』」では、生物多様性は生物と生物のつながりであり、そのつながりこそが生態系サービスとして人間社会に恩恵をもたらすものであること、そして地域の生態系サービスを持続的に利用することで、それぞれの文化が形成されて維持されていることを、生物文化多様性ということばを使って解説した（第3章）。さらに、J・ダイアモンドの『銃・病原体・鉄』及び『文明崩壊』の基礎にもなっている進化生物学的な思考で、人間と自然とのかかわりを人類史的な視野から検討し、過去の失敗から学ぶことの大切さを論じた（第4章）。産業革命以前には、生物資源はローカルに利用されていたため、資源の枯渇や環境の劣化を経験的に把握することができ、地域社会においてより持続可能な利用が工夫された。これに対して、現代社会では、生物資源がグローバルな市場で取引されるようになり、資源の枯渇や環境の劣化もまた、グローバルな問題となっている。人類史的な観点から、生物多様性を地球全体で賢明に利用するには、伝統知を超えた科学的理解が不可欠となっている。

さらに、人類学的な立場から、先住民社会が無条件に自然と共生してきたという見解に対する批判と、それでも伝統的生態知識を自然との共存に生かそうとする世界的な動きとその可能性についてまとめた（第5章）。また日本原産の野菜であるワサビの利用からみた「賢明な利用」についてはコラム1で例示した。

本シリーズでは日本列島をおもな対象としているが、その根本にあるのは世界のどこにでも共通する問題意識であり、そのなかでの日本列島の位置づけを明示することで、そこから抽出した原理の普遍性と特殊性を考えたいという狙いが、この第1部に込められている。その結果、日本列島の恵まれた自然環境という側面が強調され、これまで日本独自であると主張されることが多かった「自然と共生する思想」については、自然の恩恵を受けて持続してきた社会ではむしろ当たり前ではなかったかというまとめになっている。このことは後述するように、生物多様性締約国会議で提案された「国際里山イニシアティブ」で、当初は日本の里山に典型的に見られるとした「自然との共生」や「生物資源の利用と保全の両立」が、結局は世界各地に類似のモデルがあることがわかったことと軌を一にしている。

二 「賢明な利用」とは何か

第2部では、キーワードのひとつである「賢明な利用」について、生態学や哲学の立場から論じた。「賢明」かどうかということは、知のあり方を問うことでもある。まず、持続可能な漁業における最大持続漁獲量という概念の生態学的な検討から、「賢明な利用」とは持続可能性を意図したものばかりではなく、結果として乱獲を回避し、持続可能性を実現する利用の総称であるとした（第6章）。ここでは、供給サービス（＝漁獲高）だけではない生態系サービスを、持続的にかつ最大に得るための漁獲量は、最大持続漁獲量よりも少ないはずであるというスキームが提唱された。また、複雑系である生態系についての科学的知識の不完全性を前提として、予防原則に則った順応的管理が強調されている。一方で、Ａ・レオポルドの土地倫理をひとつの手掛りに、環境倫理学的に「賢明な利用」を考えた結論もまた、科学的認識の有限性から予防原則を第一とした自然の利用法であるとなっている。ここでは、日本独自の自然観とされることの多い人間非中心主義は、西洋文明の淵源とされる古代ギリシアの自然観に符号するとの見解も示された（第7章）。さらに、北海道の先住民であるアイヌ民族の資源利用の実態についてはコラム2で例示した。

「賢明な利用」というのは、ここでのキーワードである。しかし、過去あるいは現在の人間の行為が「賢明」かどうかを、神ならぬ私たちが判断することの不遜さは、プロジェクト内でもしばしば大きな議論となった。現代科学の尺度をもって、先人の行いを「賢明」かどうかを判断することに、大きな抵抗感をもつメンバーが何人かいたからだ。ここではその議論をふまえて、近代知あるいは科学的知識の検討から、「無知の知」、すなわち知らないということを自覚することから、予防原理の重要性が指摘されるとともに、地球環境問題という複雑な課題の多くは、十分な情報がない場合でも手をこまねいてはいられず、なんらかの実行が迫られることから、少しずつ試しながら結果を見て方針を再検討する順応的管理が「賢明な利用」につながることが指摘されている。また、在来知、あるいは伝統的知識と対立的に考えられがちな、近代知、あるいは科学的知識からの「賢明な利用」の検討によって、むしろ在来知と科学知との相補的な関係こそが今後必要であることが示されている。

三　重層する環境ガバナンス

生態系や個々の生物に関する優れた知識や技術があれば、自動的に「賢明な利用」が達成されるわけではない。優れた知識と技術は、生物資源を枯渇させないような利用を導く場合もあれば、狙った生物を獲り尽くすような利用を導く場合もある。そこで重要なのは、知識や技術の使い方を決めるガバナンスである。ガバナンスには統治という訳語があてられることがあるが、あまりしっくりこないので本シリーズではカタカナで「ガバナンス」と表記することにする。要するにガバナンスとは、組織の意思決定、決定されたことの執行、その管理などのことであり、法令化されたものもあれば、いわゆる慣習にあたるものも含まれる。社会には利害関係の異なるステークホールダー（利害関係者）が存在するために、そこでは利害調整というガバナンスが不可欠となる。「賢明な利用」はじつのところ、「誰の誰による誰のための賢明な利用なのか」が鋭く問われることになる。

まず、コモンズ論とガバナンス論の概要とその実例を保津川の水運で解説した（第9章）。コモンズとは、村落など地域の共同体が共同で利用・管理する資源およびその制度である。日本には、入会林野、ため池、里山、温泉など実に多種多様なコモンズが存在する。これらのコモンズにおいて、人々は利用対象者、利用期間、利用量などのルール（制度）を設定して持続可能な利用を実現する場合もあれば、何らかの理由でルールが設定されなかったり、設定されても順守されずに資源の枯渇が生じる場合もある。

ノーベル経済学賞を女性で初めて受賞したE・オストルムは、スイスのアルプ、日本の入会林野、スペインのウェルタ（灌漑耕作地）における水利制度、フィリピンのサンヘラという伝統水利組織などを比較研究した。そしてコモンズが崩壊せずに長期に存続することを可能とする条件として、①明確に設定された境界、②地域の条件と利用ルール・供給ルールとの調和、③ルール変更プロセスへの参加、④相互監視、⑤段階的な制裁、⑥紛争解決の仕組み、⑦制度を組織する権利の最低限の保証、⑧入れ子状の組織（重層するガバナンス）を見出した。

次に環境ガバナンスが、家族単位のレベルから始まって、隣近所のレベル、自治体のレベル（日本では市町村のレベルから都道府県のレベル）、国のレベル、国際社会のレベルというように重層していることを例にとって説明し、その重層する環境ガバナンスが環境破産を食い止めるためには、①同じレベルでの利害対立を広域のガバナンスが調停する、②どこかのレベルが機能停止した場合でも別のレベルのガバナンスが機能を補完する、③正確な情報の共有によって重層する環境ガバナンスが協力して順応的管理が行われる、という三つの可能性を論じている（第10章）。

最後に前近代の日本における自然を巡る社会的葛藤について さまざまな例を検討して、日本列島における生物多様性の保持には、自然環境条件以外の人間社会の条件として、

①技術段階の低さによるインパクトの小ささ、②地元住民の生業維持にかかわる環境保全の意思、③資源利用の均等原則による過剰利用の抑制、④環境・景観改変への忌避感の四点をあげている（第8章）。

特に山野河海を利用する権利、すなわち生態系サービスを享受する権利は、私有・独占されるべきものではなく、公のものであるという古代日本からの考え方に学ぶべきところは多い。ただ、地域の生態系サービスに大きく依存してきた、どちらかといえば閉鎖的な地域共同体がほぼ全面的に崩壊し、グローバルな経済の中で自由な職業選択と移動が保証された現在、かつての地域共同体の社会関係資本に大きく依存したコモンズの存続条件はすでに成立しがたい。そこでは生態系サービスの安定的な享受のために、都市住民の参加や流域圏での生態系サービスへの支払いも視野に入れた新しいコモンズの仕組みを早急に確立しなければならない。生態系サービスの維持にかかる費用や手間を土地所有者だけに押しつけず、生態系サービスを享受する社会全体で負担するためには、近代的な土地私有・管理の概念を超えた新たなコモンズの創造が必要とされているのだ。

環境ガバナンスを考えると、自然と人間という抽象的あるいは大雑把な関係はどこにもなく、むしろ自然の利用を巡る人間と人間との関係の動力学こそが直接の原因となって、自然を保全したり、改変したりしていることに気がつく。開発に対して異議を申し立てる「自然の権利」訴訟では、自然保護派がもの言わぬ自然や生物の代弁者として立ち振る舞う場面もあるが、じつは開発することに価値をおく人間と保護することに価値をおく人間との力関係が、これまで開発あるいは自然保護へと世の中を動かしてきたということを改めて考えさせられる。そう考えると次に述べる生物資源の持続的利用を導く動機も、もの言わぬ自然からのシグナルをキャッチして自発的に行動を変えるというよりも、むしろものを言う人間からの抗議によって行動を変えざるを得なくなる「資源利用の均等原則による過剰利用の抑制」が過去にも実効的であっただろうし、将来も実効的なのではないかという結論に達する。

四　生物資源の持続的利用とその破綻を導くもの

では、結局のところ、生物資源の持続と破綻を分かつものは何であろうか。それは生態系サービスの持続を望む

「人間の意志」である（終章）。知識や技術が未熟な段階を超えて、生物資源を獲り尽くすことが可能になってからは、管理という思想と実践があってこそ、持続性は維持されるし、自家消費だけではなく商業活動をともなったとしても、生業の維持や資源利用の機会均等のために、度を過ぎた経済活動を行わないだろう。地域の生態系を地域の住民が利用する場合には自主的な管理のインセンティブが高まり、外部者が利用する場合には地域の生態系と自分たちの生活の持続性が一体ではないので、持続的に利用しようという動機づけは低くなる。「よそ者」は資源の枯渇した地域に無理に留まる必然性がなく、資源の食い逃げが可能であるからだ。「よそ者のよそ者によるよそ者のための賢明な利用」を達成するためには、むしろ最小時間で資源を搾取し尽くして、別の資源の豊かな場所へ移るのが最適解であろう。かつての植民地主義を例にあげるまでもなく、またフィリピンからマレーシア、インドネシア、パプアニューギニアと次々に熱帯林を伐採して輸入してきた日本商社、あるいはマグロ類やクジラ類を地球の裏側にまで獲りに行く遠洋漁業の例をあげるまでもあるまい。

そこで「地の者」の役割が強調されてくる。すなわち、受動的に自らの住まう場所の運命から逃げられずに、自らの行為の帰結を受け入れるしかない「地の者」、あるいは積極的に自らの住まう場所の運命を選びとり、自らの行為の帰結を引き受ける覚悟を決めた「地の者」こそが、土地の「スチュワードシップ」（受託責任）をもつにふさわしい。その結果、環境ガバナンスはトップダウン的に広域に影響のある外部の人間によってなされた方法だけでされるよりも、ボトムアップ的に地域の自然と生活に密着した方法をともなう重層した形で取り組まれるほうが実効性をもちうることになる。科学的知識による技術革新にしても、「地の者」が持続的利用を意図しない限りは、自然を搾取し尽くす側に加担する可能性が高い。森林伐採におけるチェーンソーや林道・架線技術、漁業における魚群探知機や高速船などの技術は、自然に与えるインパクトを明らかに大きくして、人々を資源の収奪に向かわせている。その資源収奪を制御するのが、環境ガバナンスなのである。

歴史上、人々はしばしば生物資源を枯渇させたことは事実である。枯渇のシグナルが現れたときに人々がとる行動は三つある。まず、シグナルを無視して対応を先送りにする。次に、技術と市場メカニズムで枯渇を防ごうとする。しかしここで見てきたとおり、これらの行動では枯渇を促進、または遅延させることはあっても止めることはできない。そして最後に、社会システムの構造を持続可能に変えることである。初期段階のシグナルで知識や証拠が完全でなかったとしても行動はできるし、むしろ予防原則で初動したほうが破綻は免れる。トップダウンのガバナンスが卓越していた時代は、先見の明のある「賢人」の意見によって「賢明な」政策が決定される賢人政治というものもあり得たかもしれない。しかし、民主化した社会では、すべての人間が合理的に同じ「賢明な」結論に達するというよりも、異なる生態系サービスから利益を得る、あるいは異なる生態系サービスに価値をおく人々の間の利害調整を行うガバナンスがはたらいてこそ、結局のところ、長期的にみた「賢明な利用」が達成されるのではないか。

五　日本列島で「賢明な利用」は行われてきたか

以上に述べたように、日本列島でも生物資源の持続的利用も、またその破綻もあった。「近代以前あるいは先住民社会では、人間と自然は『共生』してきたが、現代文明の普及で『調和』が崩れて、地球環境問題が起こった」というような歴史観は、現代文明のおかげで、自然へのインパクトを与える能力が、前近代あるいは先住民社会に比べて格段に大きくなったこと、地域の生態系と人間社会の一体性が薄まり、地域の生態系サービスを離れて暮らすようになったことで持続的な資源利用の動機づけが失われたことという二点では正しいものの、過去にも環境破綻は起こっていることがわかった。

この根強い歴史観はある種のオリエンタリズムの裏返しではなかろうか。E・サイードは、歴史を通して西ヨーロッパが自らの内部としてもたない「異質な」本質と見なしたものを「オリエント」(「東洋」)に押しつけてきたとし、「東洋」を不気味なもの、異質なものとして規定する西洋の姿勢をオリエンタリズムとよんで批判した。[1] またサイードは、単に西ヨーロッパとそれ以外の地域だけの対比ではなく、同様の権力構造・価値観を内包しているエスノセントリズムのような他文化や他国に対する思想・価値体系もオリエンタリズムとして同様に批判している。

一方で、一九世紀のゲルマン世界のロマン主義にみられるように、西洋の足許にも近代主義への反動としての自然回帰があった。西洋の優位を誇示するオリエンタリズムの裏返しとして、近代西洋文明が自然を征服し、支配してきたことに対して批判的な欧米人が、アメリカ先住民や東洋、特に日本に、自らの内部としてもたなかった「自然と『共生』する」理想像を投影し、一部の日本の知識人がその投影に自己同一化を図ったと見ることはできないであろうか。そして、日本の中でも、「自然と『共生』する」姿を、北海道の先住民であるアイヌ民族に投影することが行われてきたのではないか。

そのオリエンタリズムのひとつの現れが、里山問題であったのかもしれない。第三巻で述べられるように、日本の里山はさまざまな生態系サービスを限定つきではあるが持続的に引き出してきた。しかし、過去には過度な利用によって禿げ山が広がり、治山治水を含めた生態系サービスが低下したことも判明している。長い歴史の中では、決して「里山」とひとくくりにして描写できるような、同じような生態系サービスの利用と景観が続いてきたわけではない。「美しい里山」のイメージは、おもに関東や近畿で計画的な薪炭林の育成技術が確立し、治山治水のための植林が進んできた時代をベースに形成されている。この「美しい里山」は、近世から近代に続く高い狩猟圧で哺乳類の個体数が抑えられていて、人々が里山と里地の生産する農林産物を売ることで十分に生活できた時代でもあったために、獣害や里山放棄というネガティブなイメージはない。

これまでのかなり情緒的な里山観に対して、国連大学高等研究所を中心に、国内の里山における生態系サービスを検討した「里山里海サブグローバルアセスメント」では、歴史的事実に基づいて「里山里海ランドスケープ」の定義を「空間的モザイク構造をもち、経時的に動的に変動しつつある社会・生態的システムであり、そこでは一連の生態系サービスが得られており、人間の福利に供されている」とした。「国際里山イニシアティブ」での規定は、里山類似の景観は「社会生態学的生産ランドスケープ」(socio-ecological production landscape)とよぶべきものであり、その特色は土地利用の動的モザイクで生物多様性を維持しながら、人間に必要な生態系サービスを持続的に得るための人間と自然の相互作用によって形成されてきた持続的システムで、文化遺産にも富んでいるとされる。

このようなランドスケープでは、資源が循環的に利用されるとともに、伝統文化が尊重されて、さまざまな組織が自然資源管理に参加しており、日本の里山以外にもフィリピンではムヨンやウマ、パヨ、韓国ではマウル、スペインではデーサ、フランス他、地中海諸国ではテロワールがあり、タイのコミュニティ林業、インドやアフリカのアグロ

フォレストリーにも類似景観がある。(2)

ここでの議論は、かつての日本の山林が過度の利用によって禿げ山となっていた歴史的事実を隠蔽するわけではなく、時代の要請に応えてさまざまな生態系サービスを提供してきたことと矛盾するわけではない。

六　オリエンタリズムを超えて

里山というモデルは、生物多様性の維持と両立する人間社会の構築に向けて「SATOYAMAイニシアティブ」という形で国際社会に発信されようとしている。ややナショナリズムのにおいも感じさせる、美化された国内仕様の里山像を超えて「里山里海サブグローバルアセスメント」で共同議長を務め、「国際里山イニシアティブ」でも中心的な役割を果たしている武内和彦は、「国際里山イニシアティブのアプローチを、①多様な生態系サービスの安定的な享受のための知恵の結集、②伝統的知識と近代科学の融合、③新たなコモンズ（共同管理のしくみ）の構築、の三点にまとめているが、これは本巻のメッセージと完全に符号している。

二一世紀を迎えて地球環境問題は、ますます深刻化の度を増している。地球温暖化は進行し、生物多様性の減少にも歯止めがかからない。各地域では、生態系サービスの劣化にともなう自然災害の増加や人々の健康への被害が顕在化しつつある。このなかで日本では、「第一の危機」と言われる開発や乱獲による生物種の絶滅や脆弱な生態系への悪影響、「第二の危機」と言われる農山村での人間活動の縮小と生活スタイルの変化にともなう耕作放棄地の拡大や里山生態系の崩壊、「第三の危機」と言われる外来種による在来生態系の変容、さらに「第四の危機」ともよぶべき地球温暖化による生物多様性の減少が大きく懸念されている。

人類は生物多様性のもたらす恵沢を享受することにより生存しており、生物多様性は人類の存続の基盤となっているとともに、地域における固有の財産として地域独自の文化の多様性をも支えている。しかしながら、日常の生活において、必ずしも地域の文化や生態系サービスに依拠しないグローバル化した社会では、ともすれば生物多様性のもたらす恵沢を過小評価しがちである。このなかで、環境負荷が小さく、しかも豊かな社会を実現するためには、地域の生態系や生物多様性と密接に結びついて発達してきた文化を活かす道を探るべきである。生物多様性も含めた自然資源というハードウェアを「持続的に」現在から未来にわたって利用していくために必須のソフトウェアとして文化の多様性を発展的に継承していく必要があり、そのためにも歴史から学ぶことが求められている。

第1章　日本列島はなぜ生物多様性のホットスポットなのか

湯本貴和

一　生態系サービスと生物多様性

生態系は機能的な単位として相互作用する植物、動物、微生物群集、および非生物環境のダイナミックな複合体である。[4][35] 生態系の中での生物と環境との相互作用は、まとめて生態系のはたらき、すなわち「生態系機能」ととらえられる。人間を含むすべての生物の生存基盤である生態系はこうした生態系機能が健全に維持されることにより成り立っており、生態系機能を人間が利用・享受するとき、その価値の総体を「生態系サービス」とよんでいる。[16] 生態系サービスは人々が生態系から得る利益のことで、供給サービス（食物、水、材木、繊維など）、調整サービス（気候調整、洪水や病気の制御、水質浄化など）、文化サービス（審美的、精神的、レクリエーション的利益など）、基盤サービス（土壌形成、光合成、栄養循環など）の四つに整理できき、地球上に生きているすべての人間は地球の生態系が提供する生態系サービスに完全に依存している。[35]

人々の生活は生態系に内包される生物多様性の中から動物、植物、菌類などの資源を選び出して利用することで継続してきたにもかかわらず、このような「生態系サービス」が自然のはたらきによってもたらされ、地球上の細菌や動植物の豊かな「生物多様性」によって提供されていることが、最近まで正しく評価されてこなかった。[3] 実際にニホンジカ、イノシシ、タヌキ、ウサギなどの哺乳類の骨や植物遺存体が縄文時代から近代までの日本各地の遺跡で出土しており、[*1] 縄文時代の日本列島に住んでいた人間は、食料をはじめ骨角器、皮革、建材、道具材として哺乳類や魚類、植物を利用していたことはいうまでもない。たとえば信越国境の秋山地域では江戸時代後期（一八二八年頃）には山菜やキノコ、獣をとって食べるとともに、さまざまな樹木を薪炭に用いるだけでなく、樹種を選んで道具などを製作していたし、現在でも野生動植物にある程度まで依存している。[15][48]このことから歴史を通じても生態系を構成する多様な生物が「生物資源」と認識されてきたことがわかる。

ところで世界的に見ると、過去五〇年の間、急速に需要が増えてきた食物や淡水、材木、繊維、燃料を手に入れるために、人々は人類史上これまでにないほどのスピードで、そしてより大規模に生態系を改変して、地球上の生物多様性に対して莫大で不可逆的な喪失をもたらしている。[35]一方で地球上を改変することによって、人々はこれまでにない世界的規模で人間の福利と経済的な発展を享受するようになった。[35]それゆえ、生態系サービスや生物多様性が、今後どのように人間の福利と経済的な発展と両立しつつ維持されていくかは、非常に重大な問題である。

本章では、最終氷期以降の歴史の中で日本列島の生物多様性を支えた要因を概観するとともに、日本列島の生物多様性が危機に瀕しながらも存続している要因と過去の人間—自然相互関係を研究する必要性を議論する。

二　日本列島は生物多様性ホットスポット

コンサベーション・インターナショナル（Conservation International：CI）は、特定の地域にしか生息しない固有植物種が一五〇〇種以上（世界合計の〇・五パーセント以上）存在し、かつ原生の生態系が七〇パーセント以上失われていることを基準として、地球規模での生物多様性再評価を実施した。その結果、緊急かつ戦略的に保全すべき地域として世界三四か所の「生物多様性ホットスポット」を見出し、ホットスポットが地球の地表面積のわずか二・三パーセントでありながらすべての維管束植物（裸子植物、被子植物、シダ植物）の五〇パーセントと陸上脊椎動物の四二パーセントがこれら三四のホットスポットに集中して生息していることを明らかにした。[6][36]

ホットスポットとは、地球規模での生物多様性が高いにもかかわらず破壊の危機に瀕している地域のことであり、[36][39]日本列島地域は二〇〇四年に発表された生物多様性ホットスポットの一つとなっている。[6][36]

日本の既知の生物種数は九万種以上であり、維管束植物で五六二九種、[53]哺乳類で九一種、鳥類で三六八種、爬虫類で六四種、両生類で五八種、淡水魚で二一四種生育していて、固有種の比率では維管束植物で三五パーセント、哺乳類で五一パーセント、鳥類で四パーセント、爬虫類で四四パーセント、両生類で七六パーセント、淡水魚で二四パーセントとおおむね高い値であり、約三八〇〇万ヘクタールという狭い国土面積（陸域）にもかかわらず豊かな生物相を有している。[30,36]

　同じような面積と温帯広葉樹・混交林によって特徴づけられているホットスポット地域であるコーカサスやイラン・アナトリア高原、ニュージーランドの三地域と比較すると、大陸の一部であるコーカサスやイラン・アナトリア高原は日本列島地域と維管束植物種数と固有種数は同程度であるものの、哺乳類や爬虫類、両生類の固有種数は日本のほうが多かった（表1）。[36] また、オーストラリア大陸から大きく離れたニュージーランドの生物種数は、どの分類群においても日本列島地域よりも少ないが、固有種率は非常に高いことがわかる（表1）。[36]

　日本列島ではおよそ二〇〇〇種の維管束植物とおよそ二〇〇種の脊椎動物が固有である。おもに日本海側の本州から北海道南部まで分布する草本のシラネアオイ（シラネアオイ科）や北海道と中部山岳地帯の一部の蛇紋岩地帯にのみ生育するオゼソウ（サクライソウ科）、中部地方から四国・九州に分布する針葉樹のコウヤマキ（コウヤマキ科）などは一属一種の固有種である。

　動物では、世界最大クラスの両生類として知られ、西日本に分布するオオサンショウウオ（オオサンショウウオ科）や、沖縄島北部のみに生息する日本で唯一のほぼ無飛力の鳥類であるヤンバルクイナ（クイナ科）、本州・四国・九州などに生育するノウサギ（ウサギ科）、本州・四国・九州に生息するムササビ（リス科）、さらに世界で最も北寄りに生きている人間以外の霊長類であるニホンザル（オナガザル科）が生息している。[2,34,59]

迫りつつある日本の生物多様性の危機

　一方で現在の日本列島の生物多様性は、多数の絶滅危惧種を抱えて危機に瀕している。[21,22,23,24,25,26,27,28,29,30] たとえば、フイリマングースやセイヨウオオマルハナバチ、オオクチバスなどのように、導入された外来種や都市開発は、日本の自然生態系へ

＊1　貝塚データベース http://aci.soken.ac.jp/database/kaizuka/index.html（二〇〇八年七月二〇日確認）

表1　日本国内に生息する主な分類群の生物種数と固有種数（[36]より引用）
括弧内は割合を示す。

	日本列島		コーカサス		イラン・アナトリア高原		ニュージーランド	
分類群	種類	固有種数	種類	固有種数	種類	固有種数	種類	固有種数
維管束植物	5600	1950(35%)	6400	1600(25%)	6000	2500(42%)	2300	1865(81%)
哺乳類	91	46(51%)	130	18(14%)	141	10(7%)	4	2(50%)
鳥類	368	15(4%)	381	2(1%)	364	0(0%)	198	89(45%)
爬虫類	64	28(44%)	87	20(23%)	116	13(11%)	37	37(100%)
両生類	58	44(76%)	17	4(24%)	21	4(19%)	4	4(100%)
魚類	214	52(24%)	127	12(9%)	90	30(33%)	39	25(64%)
面積(km^2)	373		532		899		270	
残存原生面積(km^2)		74 (20%)		143 (27%)		134(15%)		59(22%)

の最大の脅威の一つとなっている。[6][44][60]

日本列島における生物多様性の危機の構造は、「第三次生物多様性国家戦略」[30]において三つの危機としてまとめられている。すなわち、第一に観賞用や商業利用による生物の乱獲・盗掘・過剰な採取などとともに、沿岸域の埋め立てなどの開発や森林の多用途への転用などの土地利用の変化による生息地の破壊と悪化などを通じて、直接的にもたらされる危機、第二に人口減少や高齢化、生活様式・産業構造・社会経済の変化にともない、経済活動に必要なものとして維持され、結果として特有の多様な生物をはぐくんできた薪炭林や農用林などの二次林や採草地などの二次草原などに対する人間活動が縮小することによって引き起こされる危機、第三に意図的、あるいは意図されずに国内外から導入された外来種や、生態系への影響が未解明な化学物質などが、人為的に生態系に持ち込まれて生じる危機、これら三つの危機に加えて、近年の地球温暖化の進行は、生物多様性にとって逃れることのできない深刻な問題となりつつある。[31]

三　日本列島における種の多様性の形成過程

日本列島にこれほど多様な生物が現在まで残っているのには、以下の三つの要因が考えられる。①日本列島の自然環境条件が多様で豊かである。②生物相が形成されるにあたって過去の気候変動と地形形成などの歴史が豊かな生物多様性を涵養した。③人間による自然の持続的かつ「賢明な利用」があった。このように現在までの環境条件が重要な要因になっているとともに、現在の生物相は過去の人為的な影響を受けた歴史の産物であると考えてよいだろう。

多様な環境条件

日本列島は北半球の中緯度地帯に位置して大陸の東縁部に南北三〇〇〇キロメートルにも及ぶ細長い弧状列島を形成している。さらに水平的な南北の広がりだけでなく、海岸から三〇〇〇メートル級の山々にかけての垂直的な環境の広がりや、北海道や本州、四国、九州をはじめ、周囲一〇〇メートル以上の海岸線の長さをもつ六八〇〇あまりの島嶼《とうしょ》からなるという特異な条件を備えている。

生態系は一次生産者である植物によって支えられており、一次生産力の大小は生物多様性にも大きな影響を及ぼす。[7] 温度が一定なら一次生産速度を決定するのは生産の資源として必要な水と栄養塩（ミネラル）類であり、日本列島はモンスーンアジア地域に含まれているとともに、環太平洋火山帯の一翼をなしていることから、これら両方に富む地域である。[14][40]

世界的なスケールで見ると、植生を決める最も重要な構成要素は、降水量と気温であるけれども、日本列島では地域差はあるもののどこでも気温に見合った十分な降水量（一〇〇〇～四〇〇〇ミリで、同緯度の地域とくらべて大きい）があるために、気温が日本列島の植生を決定する重要な要因になっている。各月の平均気温で五℃以上の月の値から五℃を引いた値の総計は温量指数とよばれ、植生が成立する温度環境を示すものとして用いられる。[32] 年平均気温は代表的な地点でいうと、北海道（札幌）の八・五℃から沖縄県（那覇）の二二・七℃まで幅広く、温量指数においても四五を下回る地域から一八〇を上回る地域まで幅広く分布している。[19] また、日本の気候は南北方向の違いだけでなく、脊梁山脈を境にしての気象の変化も著しい。[19]

気候帯としては亜熱帯から亜寒帯までにあり、日本列島の七割近くが森林に覆われて植物群落の種類もきわめて多

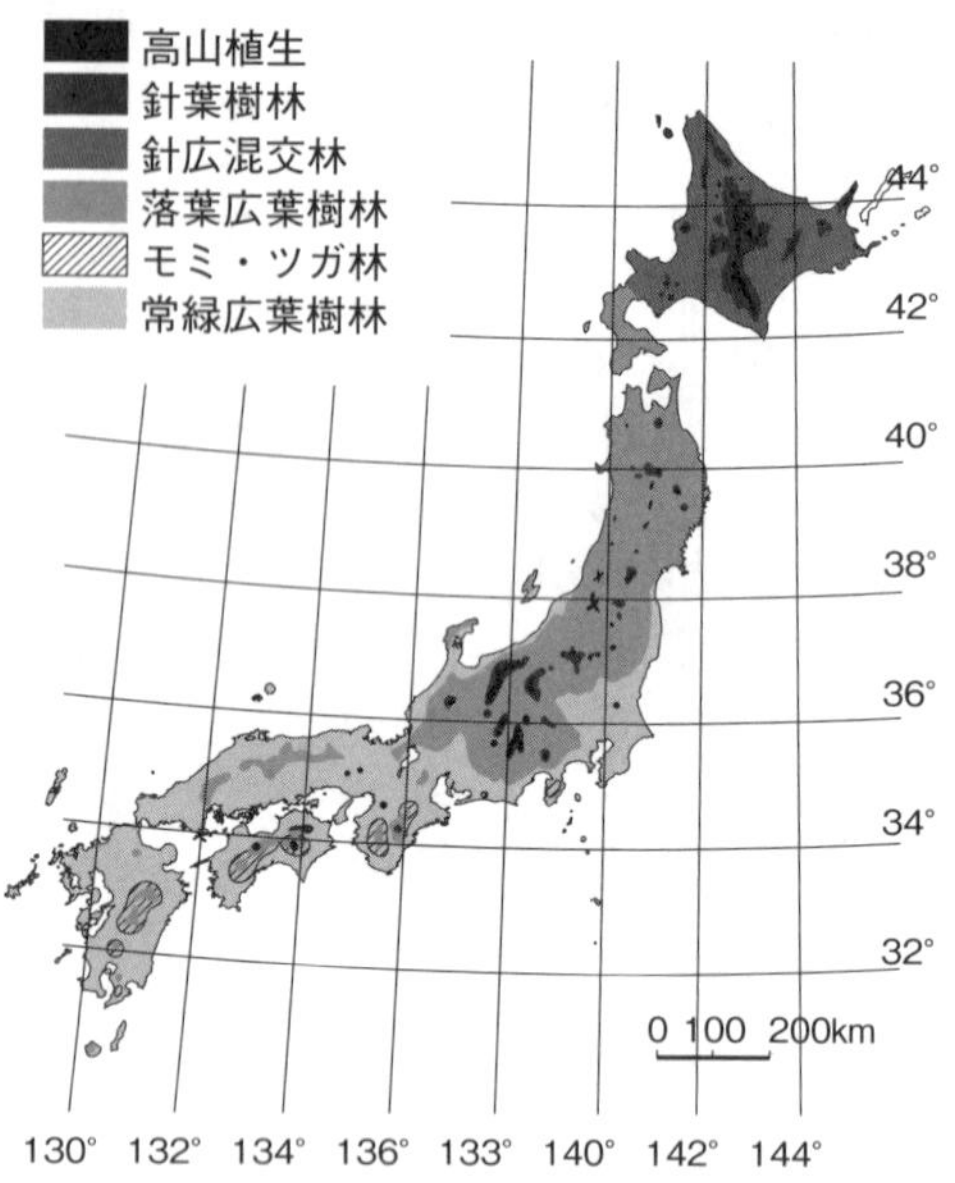

図１　日本の主な植生分布（⑾による）

様である⑾（図１）。福島・岩瀬⑾によると、関東と北陸以南の低地には常緑広葉樹林が成立し、この森林の分布域は亜熱帯と暖温帯地域にまたがっている。暖温帯の常緑広葉樹林の北には冷温帯のブナ、ミズナラを代表とする落葉広葉樹林が分布する。太平洋側では、これらの境界地域にはモミやツガなどからなる針葉樹林が分布する。

また、北関東から東北南部地域にかけては中間温帯として、イヌブナ、クリ、コナラ、イヌシデなどが優占する落葉樹林の地域がある。冷温帯落葉広葉樹林では、ブナ林は北海道渡島半島にまで広がっており[61]、それ以北の地域にはミズナラ、ハルニレ、シナノキなどの落葉広葉樹と針葉樹のエゾマツ、トドマツなどを含む針広混交林が分布する。[52]北海道中央部や東岸付近では、サハリンと共通する寒温帯針葉樹林が分布している。[49]

地理的に緯度が上がるにともなって植生タイプは変化するが、その変化は垂直的な上昇においても起こる。各帯に分布する森林は基本的には地理的な配置と同じであるが、亜高山ではオオシラビソ、シラビソ、トウヒ、コメツガが主要な針葉樹となり、北海道の針葉樹林とは構成種が異なる。また、同じ植生帯と言われるなかでも太平洋側と日本海側では分布高度が異なったり構成種が異なったりして、分布構造に相違が生じている。たとえば太平洋側ではカヤ、イヌガヤが分布しているかわりに日本海側では多雪地帯に適応したチャボカヤ、ハイイヌガヤが分布し、植生の背腹性として知られている。

このように水平及び垂直に多様な環境をもつことによって、日本列島にはさまざまな気候条件が生まれ、それに起因する多様な生物の生活環境が含まれることと、豊富な降水量などが列島の生物多様性を形成している主たる要因の一つであると推察できる。

地史（地球史）的要因

過去一〇万年の地球規模の環境変動下でも、これらの気候帯が南北に推移しながら全体を覆っていたことが明らかになっており、東アジアにおける最終氷期最盛期以降（約二万二〇〇〇年前）の気候変動シミュレーションによると、最終氷期の日本列島地域では、現在よりも気温が四〜六℃低く、降水量も少なく、乾燥した気候であったと推察されている。[17]

気候変動によって、南西諸島以外の日本列島の島々は、第四紀の最終氷期の終わりまで大陸とつながり、その陸橋を通って移入してきた生物を基層にして、さまざまな時代に自然に分布を拡大した生物と、列島の外から渡ってきた人間がさまざまな時代に持ち込んだ生物が加わって、日本列島の生物相は形成されている。[13][33][37][43] 日本列島には北方の植物群につながりをもった北方系の植物群、南方系の台湾から中国大陸中南部にかけてと共通の近似した暖温帯、あるいは亜熱帯系の植物群、および寒冷な時期に日本列島に侵入した大陸系の植物群を有している。[13]

個々の生物は、気候変動と人間活動の影響下で、日本列島とその周辺域でそれぞれの個体群の分断と拡大・縮小を繰り返しながら、適切な生息域を求めて移動し、それがない場合には絶滅してきた。第三紀以降にはほぼ現在の位置に形成された日本列島に、現在の植物相につながる寒温帯針葉樹林や冷温帯系ならびに暖温帯系の植物が広がっていたことが、植物化石に基づく研究から知られている。[13]

さらに、第四紀の気候変動にともなって冷温帯落葉樹林は現在よりも一〇〇〇キロメートル近く南下していたと考えられている。[57] 日本列島の冷温帯落葉樹林の主要構成種であるブナは、花粉化石[58]ならびに分子情報[9][54]を用いて第四紀以降の気候変動にともなう分布の変遷が解明されてきている。

日本列島はユーラシア大陸の東端に近接した大陸島であるところから、その動物相も大陸の影響を大きく受けている。[1] 生物地理学でいえば、ユーラシア大陸のヒマラヤ以北およびアフリカ大陸北部をカバーする旧北区に属する九州域以北の動物相は、サハリン・北海道の北ルートおよび朝鮮半島経由の二ルートでの交流を主体とし、一方、東南アジア、インド、中東を含む東洋区に属する南西諸島の動物相は、台湾を通じた大陸南部や東南アジアとの交流によって成立したものと考えられている。[1]

日本列島の生物相は、寒冷な時期にサハリンおよび朝鮮半島または南西諸島沿いに大陸の生物が日本に侵入することで形成された後、大陸から日本列島が離れたことで個々の生物が独自の進化を遂げて固有種が分化し形成された。さらに地史的スケールでの気候変動によって一部の生物は絶滅しつつも、別の一部は逃避地で生き延びて隔離された個体群ができた結果、一部の個体群は隔離によって日本列島で独自の進化を遂げ、別の個体群は大陸の母集団が絶滅して遺存種となることで、日本列島が生物種の固有率の高い地域になり得たと考えられる。

今、その日本列島は多くの絶滅危惧種を抱え、生物多様性ホットスポットの一つとなっている。

持続的かつ「賢明」な生物資源利用

日本列島は、少なくとも後期旧石器時代以降、継続して人間の生活の場となっており、現在見られる大部分の自然が人間活動の影響を強く受けている。たとえば、環境省による第五回自然環境保全基礎調査によると、現代（一九九四〜一九九八年）の森林は国土の六六・六パーセント、そのうち天然林は国土の一七・九パーセント、二次林は国土の二三・九パーセント、植林地は国土の二四・八パーセント存在している。[20] すなわち、国土の六六・六パーセントが森林に覆われているにもかかわらず、そのうち森林面積の七三・一パーセント（国土の四八・七パーセント）は人間による攪乱を受けている。さらに、森林ではない地域のほとんどは、農耕地（一二・九パーセント）と市街地など（四・三パーセント）であることから、日本列島の大部分の自然が人間活動の影響を強く受けているといえる。

このような人間活動による自然への徹底した関与にもかかわらず、これまで日本列島には植物や淡水魚の固有種を数多く含む豊かな生物相が維持されてきた。有史以来、日本列島では多くの人々が狩猟・採集・農耕など活発な活動をしていた。たとえ生物資源が再生可能であっても、過度の利用があれば持続的に資源が確保できるとは限らない。

しかし、たとえばコウヤマキは、弥生時代から古墳時代にかけて西日本で建築材や木棺材として大量に利用されて、大部分の自然個体群は消滅したが、高野山周辺では古くから樹木の育成保護が図られ、絶滅することなく現代に至っている。[47] 同様に、固有生物群の多くが利用圧の大きさにもかかわらず絶滅を回避し得たと考えられる。

これらの例から、近代以前の日本における人間—自然相互関係には生物資源を枯渇させないような伝統的な知恵があり、むしろ適度な人間活動こそが日本の持続可能な生物資源と豊かな生物相を支えてきたという見解も受け入れられている。[38][50][51] このことから日本列島という人口稠密地帯でも生物多様性が残存するような資源利用を行ってきたと推察される。

四　日本列島における森林利用の歴史

タットマンは、江戸時代以前の日本の森林利用について、単に居住するためではなく威信を示すための大型の建造物を数多く建立して、大木を大量に消費した時期が二回あったことを指摘し、それぞれを律令国家の成立過程で見られた「古代の略奪」（六〇〇～八五〇年）と、秀吉・家康の諸国統一に象徴される「近世の略奪」（一五七〇～一六七〇年）と名づけた。[55] 伐採の及ぶ範囲が広く、技術的にも向上した「近世の略奪」があった直後には、傾斜が急で地質的に脆弱な日本の山地になされた森林伐採と林地開墾によって、九州から本州北部にかけて大規模な森林消失が広がった。[55] それに対して江戸幕府は、一七世紀の終わり頃から伐採量を減らし、次第に生産を増やすという、トップダウン方式の森林管理を発展させて、極度の森林荒廃を起こさなかった。[55] しかし江戸時代においても今と同じような森林が維持されてきたわけではなく、一部では過剰な森林利用のためにはげ山や草山となっていた。[5][41] たとえば、幕末の日本に滞在した外国人の日記などには、大阪湾を取り囲む山脈や瀬戸内の山々がはげ山だったことなどが描かれている。[10][46]

現代日本は工業化された人口過密な都市型社会であり、先進国の中でも高い人口密度を示しているが、国土に占める森林面積の割合においてはスウェーデン（六六・九パーセント）などに並ぶ高い値を示し、イギリス（一一・八パーセント）やアメリカ（三三・一パーセント）に比べて圧倒的に大きな値である。[42]

日本列島は生物多様性を脅かす森林の大規模攪乱を古代と近世初期に経験しながらも、近世中期においては、世界的に見て独自に森林管理を発展させて成功してきた。[55] さらに明治大正期から現代まで国土に占める森林面積の割合がそれほど変化しておらず、[12] このことはその間の著しい工業化と都市化を考えると驚くべき事実といえる。しかし、全体としてはこの期間に広葉樹林の減少と混交樹林の増加が顕著である。[12] これは、広葉樹天然林の減少と広葉樹林であったところに針葉樹の小規模な植林が増加したことを示している。この近年の森林利用のあり方は明治大正期とは大きく異なり、生物多様性と生態系サービスになんらかの大きな影響があったと考えざるを得ないとともに、これまでの人間社会と森林生態系を持続させてきた人間―自然相互関係が大きく変化したものといえよう。

五「賢明な利用」とこれからの課題

分野横断的研究の必要性

世界各地のさまざまな人間社会は人口が増えるとともに森林や自然環境に対するインパクトが過剰になって、生活の基礎となる生態系とともに崩壊し、資源の枯渇を招き、自然の浄化能力を超過するに至った。環境資源の乱用という罠からはどんな人間も逃れられない。[8] このような地球環境問題は、〝言葉の最も広い意味での人間の「文化」の問題〟であり、そのような観点から地球環境問題の解明は、〝人間と自然とのあいだにある相互作用環を解きほぐし、地球環境問題解決に資する新たなパラダイムをもとめる〟必要がある。[45]

人間が過去において、自然とどの程度、安定的に共生してきたかどうかは、依然として未解明な問題である。日本列島でも生物資源が枯渇してしまった歴史はなかったのであろうか。生物資源を持続可能な形で利用していくという意識や知恵はどのくらい日常的なものであったのであろうか。さらには、特定の生物資源の枯渇によって、大きく人間社会が変化したことはなかったのであろうか。

これらの三つの問いに対しては、ある歴史的断面や地域、あるいは特定の研究分野にかかわる事象に限って論じられてきたことはある。たとえば、北海道に生息するエゾシカの増減と人為的攪乱要因の変化に関して、開拓時代のエゾシカの保護管理は、場当たり的な乱獲と禁猟の繰り返しであったことが知られている。[18] また、鹿児島県屋久島の山中では島津氏によって保護されていた美林が、大正から昭和の間に、はじめは斧であったが、後にチェーンソーで皆伐されるとともに、伐採拠点集落も衰退したことが知られている。[56]

生物資源を持続可能な形で利用していくためには人間と自然の関係が重要であるということを議論してきた研究例はあるものの、直感的記述であって文献的・科学的証拠に基づいているとはいえない。歴史家から見た自然観と生態学者が見た自然観は大きく異なり、それらを統合する必要がある。このように、生物多様性の危機への対処に必要な分野横断的な取り組みが十分に進展していないことは、三つの危機（三三ページ参照）を深刻なものとしている。[30]

日本列島が南北に長く、標高が高い山地があることに起因する気候帯の違いによって、日本列島の中でも自然のあり方や人間の基本的生業も異なり、自然と人間活動との相互関係も大きく異なっている。また、生物多様性を豊かにする三つの要因は、それぞれに取り扱う時間スケールが異なるために、すべての要因に配慮しつつ、多様性の形成過程を明らかにする作業は容易ではなく、文系理系横断型の学際的な検討と視点が必要不可欠である。しかし、過去の人間―自然相互関係を復元するにはさまざまな研究方法があるにもかかわらず、多様な環境条件を含む日本列島を十分カバーできるような範囲で、過去の原生自然から現在に至るまでの期間にわたる学際的なアプローチで検討されたことは、管見の限りではない。

さらに過去における人間と自然のかかわりを決定づける推進力としての人間の「思考・文化・知識」を明確にするためには、実際の「人間の行動」、たとえば代替品目の開発や集落の移動はどのような「考え」を元に行われたのかを知る必要がある。「知識の聞き書き」、「古文書」、「神事・伝統」、「実際の行動観察」、「科学的な証拠（森林生態調査、花粉分析、DNAから見た植物地理、安定同位体比など）」などの証拠を組み合わせることで解明する必要がある。

過去の生物資源の過剰利用や枯渇と克服の歴史

人々が個々の生物について培った知識と技術には、生物資源を持続的に利用するという思想と、資源枯渇をおそれずに収奪しようとする思想がともに含まれていると考えられる。民俗学的には、コモンズ管理や収穫制限による資源保全の考え方が指摘されるが、いつの時代からどの範囲の地域でどのような人々によって実践されてきたのか、あるいはどのような社会的条件で資源保全の考え方が優勢になるのかといった文化的な位置づけは、依然あいまいなままである。

歴史を通じて全般に温暖で豊かな降水量にも恵まれている日本列島ではあるが、過去の生物資源の過剰利用や枯渇と克服の歴史はどのようであったのだろうか。その歴史的過程の中で、個々の生物はどのように生き延びてきたのだろうか。

「豊かですが荒々しい自然を前に、日本人は自然と対立するのではなく、自然に順応した形でさまざまな知識、技術、特徴ある芸術、豊かな感性や美意識をつちかい、多様な文化を形成してきました。その中で、自然と共生する伝統的な自然観がつくられてきた」(30)という情緒的、感覚的あるいは思弁的な言説を超えて、これらの問いに証拠をともなって答えることが求められている。

日本列島で人間の存在が確認されている最終氷期以降において、人間活動の影響で自然がいかに変遷してきたか、その過程で生物相の変化はどうであったのか、また、自然や個々の生物に関する人間の認識・知識・技術はいかなるものであったかを歴史的・文化的過程として復元して、今後の人間—自然相互関係がいかにあるべきかを考えることが必要である。特に予想される近未来の生物の大量絶滅をどのように予防するかについて、具体的な方策を示すことが、これまでプロフェッショナルとして日本の生物や生物多様性を研究してきた私たち生態学者に課せられた大きな課題である。

第2章　日本列島での人と自然のかかわりの歴史

辻野　亮

はじめに

人は長い歴史の中で自然からさまざまな恩恵を受けて生きてきた。しかしながら、私たちが恩恵を受けてともに生きてきた「自然」とはいかなるものだったのだろう。美しい森林や豊かな恵みを与えてくれる豊穣の土地だったのだろうか。現在生きている私たちも、さまざまな自然の恵みを享受することで生きている。そのような自然の恵みや多様で豊かな自然環境は現在の私たちだけでなく、世代を超えて将来の人たちも同じように享受されなければならない。少なくとも現在世代にはこの責任がある。

しかしながら、現代では人と自然との不調和がさまざまな環境問題という形で現れている。たとえば「生物多様性国家戦略二〇一〇」によると、自然の恵みの基礎となる日本列島の生物多様性には三つの危機の構造が指摘されている。[4] 第一に人間活動や開発行為が直接的にもたらす生物多様性の危機、第二に社会経済の変化にともなって自然に対する人間のはたらきかけが減退したことによる生物多様性の危機、第三に外来生物や化学物質など人為的に持ち込まれたものによる生物多様性の危機である。[4] 現代とはこういう時代だからこそ、人と自然のよりよい未来の関係を描き出さねばならない。

「現在」は常に「過去」のコンテクストの延長上に成り立つ。ではどのようなコンテクストの帰結として、現在の人と自然の関係が成り立ったのだろうか。近世以前の人々は自然と調和して生きてきたが、近代になってからそれが崩れて、現代になると不調和が決定的なものになったというイメージを私たちは抱くかもしれない。そして、過去における森林は今より広く原生的であったとか、山野にあふれんばかりの野生動物がいたと想像してしまう。でもそれは本当だろうか。現在の生物多様性の危機を理解するためには、どのような過去の帰結として現在が成り立っているのかを理解することが不可欠であり、さらに、人と自然のよりよい未来のかかわり方を明らかにするためには、人と自然のかかわりの長期的な歴史を明らかにすることが必要である。

人から自然へのはたらきかけだけでなく、自然から人にはたらきかける恵みや災いなどの要因を意識して、人と自然がどのようなかかわりをもってともに歩んできたのかを描写した歴史のことを、ここでは環境史とよぶことにする。

日本列島の環境史を明らかにするためには、単一の生物資源や生態系だけを取り上げて詳細に調べるだけでは不十分である。人々の生活は森林の木材だけに依っているのではなく、森林に生きる野生動物や森林を伐り開くことで成り立つ草地などにも依っている。それゆえ、森林や野生動物、草地などの領域を超えた相互の関連性を明らかにしてゆくという視点をもつ必要がある。

したがって本章では、まず日本列島における自然利用の大きな位置を占めてきた森林利用[39]や狩猟と獣害[35,36]、草と草原の利用に注目して、前後の見返し（表紙裏）部分に載せた「環境史年表」を見ながら、日本列島の環境史の通史を概観する。そして、各領域が相互にどう関連しているかをふまえて、現在の自然に至った歴史的ないきさつを明らかにして、人と自然のよりよい未来を考える礎とすることを目的とする。

一　森林利用

森林は日常の煮炊きに用いる燃料や家を建てる建材、道具を作る材料を供給するだけでなく、さまざまな生き物の生息の場になっている。森林と人とのかかわりを以下に見てゆく。

縄文時代（一万二〇〇〇～二三〇〇年前）には人々は森の堅果類・山菜・キノコや哺乳類、川魚などを狩猟採集して生きていた。その他にも、土器を焼くため、あるいは日常の煮炊きをするための薪、住居やさまざまな道具を作成するための材など得る目的で、石斧を用いて樹木を伐採して森林にはたらきかけていた。たとえば、縄文時代前期から中期（六〇〇〇～四〇〇〇年前）の三内丸山遺跡に住んでいた縄文人たちは、集落近辺の林にクリやオニグルミ、ウルシを植えて維持管理していたともいわれているし、[40,24] 縄文時代後期から晩期（四〇〇〇〜二三〇〇年前）にかけては焼畑による稲作が行われていたと考えられている。[10] 山野に火を放って草地を維持したことはあっただろうが、後の時代のように、大規模に伐り拓いて森林改変するには至らなかったと考えられる。

縄文時代が終わって弥生時代が始まると、他のいろいろな文化要素とセットになった特定の水田稲作が大陸から伝来して日本列島に広がり出した。当の水田稲作が開始した時期は紀元前三世紀頃と考えられてきたが、近年では新しい発掘年代観によって紀元前八世紀頃ではないかと考えられつつある。[10] 次第に鉄製農具も伝来し、[9,27] 当初は舶来の鉄器を再加工して用いていたが、年代が進むにつれて製鉄技術が北九州から瀬戸内以東へ伝播して、古墳時代から古代にかけて（四〜七世紀頃）鉄器と製鉄技術が各地に普及した。[16,42] それにともない、鉄器による森林伐開と開墾が広がったと考えられる。

当時行われていた砂鉄を利用したタタラ製鉄法では、鉄二トンを得るために、砂鉄二四トンと木炭二八トン（薪にして一〇〇トン）という膨大な量の資源が必要となり、砂鉄精錬する地方では森林が伐り開かれて荒地になってしまった。[25] 鉄製の斧によって森林を伐採する速度も格段に速くなったと考えられる。その結果として、鉄を産出する地域では古代から強烈な樹木伐採の圧力がかかっていただろうと想像される。下流地域には侵食された砂が堆積していっただろう。

仏教が六世紀中頃に伝来したことと、アジア大陸から大規模建築の技術が導入されたことによって、法隆寺や東大寺などを建立するという当時としては途方もない建築ブームが起き、木材伐採が増加した。古代・中世では、斧や手斧《ちょうな》、槍鉋《やりがんな》などで樹木の伐採から製材までをこなしていた。そのため、スギやヒノキのように木目が通って割りやすい針葉樹が建造材として利用されていた。当時はまだ森林資源は豊富で優秀な大材にも十分恵まれていたことは、現存している多くの文化財を見ればわかる。[17]

藤原京や平城京、長岡京、平安京などに遷都するためにはそのたびに膨大な木材を必要としただろう。すると間もなく木材の不足が起こってきた。[17] その証拠に、世界最大の木造建築物である東大寺大仏殿を建立するために、はじめは近畿圏のヒノキの巨木を使ったが（天平勝宝四（七五二）年）、二度目は遠く山口県まで良材を探しに行き（建久六（一一九五）年）、三度目の一七〇〇年代にはヒノキではなく、九州霧島山系で見つかったアカマツを用いて建築した。[17] さらに言えば、昭和四〇年代以降に行われた大仏殿の改修をはじめさまざまな社寺の新築や改修に、大量のヒノキ良材を供給したのは台湾中央部の山岳であった。[34]

数世代の栄華の後建築や都の造営ブームは去り、伐採圧はやや弱まったものの、大和盆地周辺の材木はずいぶん伐られてしまい、略奪的な濫伐による木材不足と水害という問題を招いた。[17]

話を古代に戻す。日本最古の成文法典である大宝律令(大宝元(七〇一)年)には「山川藪沢の利は、公私これを共にせよ」と書かれており、耕作地などを除く山野や内水面は国家が独占してはならず、民衆にも利用権があると定められていた。しかしながら、三世一身法(養老七(七二三)年)や墾田永年私財法(天平一五(七四三)年)によって農地を私有することができるようになって、農地開墾が奨励されるとともに、材木を切り出すために設置されていた古代の杣《そま》も伐り開かれて、平安時代後期には近畿圏を中心に耕地化された荘園となっていった。

中世日本では鉄は非常に貴重であったが、一一世紀頃から鉄の生産量が非常に多くなると安価に供給されるようになった。農民が鉄製の農耕具を持つようになると、さらに開墾が進んだ。開墾された農地で生産性を維持するためには山野の柴草が必要となる。平安時代末期(一二世紀後半頃)からは日本の社会経済が発展し、肥料として入れる山林資源(刈敷や堆肥材料)の需要が増した。地域によっては不足した山林資源の確保をめぐって紛争が起きるようになったために、後山・近隣山という里山の原型が資料に現れるようになっていった。[15]

一三世紀には人口が増加したために農地が拡大し、農業技術の変化で肥料として用いられる柴草が大量に必要となった。[39] 農業的な山林利用が増えたために中世後期には山野の囲い込みが起こるようになった。ところで、荘園領主たちは次第に樹林地を失って武士たちの手にわたり、武士たちは一三世紀末あたりから地域の領主になり、山野を支配するようになった。[39] しかしながら激化する山林利用を統制する森林政策が必要であるにもかかわらず、支配者層たちは効果的な管理を行わず、林地をどのように管理するかは村落の共同体にゆだねられることになった。

一三世紀以降、共同体の土地は入会《いりあい》として区別されるようになり、林地管理がなされるようになってきた。とはいえ、この時期の伐採圧力は、森林を破綻させるには至らなかった。[39] その理由は、第一に一般庶民が森林に期待した需要は森林に深刻な影響を残すほどの大きさはなかったこと、第二に高木林の伐採を求めた支配者層の力では、列島の隅々まで収穫するには至らず、選択的な伐採にすぎなかったこと、第三に最も損傷を受けやすい山地には容易に入ることができず、収穫も困難であったことなどから、伐採はゆっくりとしたペースで進展し、森林が受けた傷が癒されるだけの時間的な余裕があったからである。[39]

室町時代に始まった戦乱（応仁の乱、応仁元（一四六七）〜文明九（一四七七）年）においては、戦略的に森林が伐採されたであろうと想像される。さらに、鎌倉時代に材木を横に切断できる横挽き鋸が普及したり、[42]室町時代に大型縦挽き鋸「大鋸《おが》」が普及したりすると、木目の通った針葉樹だけでなく、木目の通らない広葉樹までも加工が可能になった。また、木材輸送の点でも技術が改善されたために、より遠くから、より地形の険しい場所から材木を運ぶことができるようになった。この技術革新によって、板や角材は安価に普及するようになり、以後の木材消費に拍車をかけることになった。一五五〇年には、国土の約四分の一、地域としてはおもに畿内や東海地方、瀬戸内地方などの本州中央部と四国東部が伐採されてしまったが、他の場所（東北地方や甲斐・信濃・飛騨の中部山岳地帯、紀伊・四国・九州の南西地帯）ではまだ低地林や原生林が豊かに保たれていた。[39]

織豊時代の一六世紀末から未曾有の規模で木材消費が拡大した。一五七〇〜一五八〇年代にかけて巨大な城がいくつも建てられ、その周辺には城下町がつくられた。[39]また、豊臣秀吉は大坂城の造営を始め、文禄・慶長の役のための艦隊をつくり、西九州に城郭を設けた。さらに京都に聚楽第や大仏を収める方広寺を建設し、比叡山の寺院群や多くの社寺の再建に富をささげた。その結果、広域の原生林で木材が伐採された。[39]

江戸時代初期（一七世紀初頭）から享保期（一七一六〜一七三五年）にかけて、平和になった日本の人口は急速に増加し、[7]都市の建築と城郭や寺院の建築が一気に増えた。急増する人口とそれを支える農地開墾のために大規模な森林伐開が行われた。戦乱の時代に培われた城砦建築のための土木技術は、それまで洪水にしばしば見舞われていた平野部や湿地を農地（干拓・開拓）にする土木技術へと転用されて、これまで利用されなかった森林や平野部、湿地を水田に変えていった。おそらく、農業を支えるためのたくさんの山野草や柴、秣《まぐさ》が必要だったので柴草山を残しつつ、当時の技術で開拓しうる土地はすべて田畑に変わってしまっただろう。

近世初期（一七世紀頃）の略奪林業による森林破壊は猛烈な勢いで広がり、一八世紀初頭までには本州、四国、九州、北海道南部の森林のうち、当時の技術で伐採できる森林はほとんど失われた。[39] 一七世紀の儒学者で岡山藩政に力を尽くした熊沢蕃山《くまざわばんざん》の言を借りれば、「天下の山林十に八尽く」状態だった。[34]

国土の森林が裸になって台風被害の激化や河川氾濫、土壌侵食が起こるようになると、治水工事や保安的林業の展開が余儀なくされて、後に必然的に育成林業をすることを迫られた。領土の劣化以上に問題だったのは都市民（燃料・木材）と農民（木材・燃料・刈敷・秣・萱屋根用の萱）の間に森林利用をめぐる競合が激化したことである。森林利用を規制する動きも現れた。一方で林野から得ていた柴草などの代わりに、干鰯や油粕などの金肥（購入する肥料）を使用することで森林への圧迫が多少軽減された。[3] また、それまで以上に魚介類を食料として利用したり、アイヌとの貿易を拡大することで燻製サケや乾燥ナマコ・アワビ、昆布、鹿皮、カワウソの毛皮などを輸入したりすることで、国内の森林を圧迫していた農業への過剰な依存を軽減するようになった。[3]

近世初期には、略奪林業を続けていたために森林の回復がうまくゆかなくなり、一七世紀の木材不足は規制中心の管理体制を生み出した。[39] 一八世紀になると各地で幕府や大名の山奉行などが積極的な植林政策を展開し広めるようになった。宮崎安貞による『農業全書』（元禄一〇（一六九七）年）をはじめとする林業について書かれた書物が刊行されるなど、一八世紀末までには萌芽更新や実生造林、挿し木造林などの育林技術が確立されていった。[39] そして程度の差こそあれ、ほとんどすべての森林が何らかの目的をもつ規制や管理の対象となった。一九世紀になると植林が急速に普及して、木材の主要供給源となっていったとともに、山に森林が戻ってきたことによって洪水や土砂災害の被害が少なくなっていったものと思われる。

しかし、江戸時代後期には産業として製鉄・製塩・製陶・製炭が盛んになるにつれて、それらに必要な木材を得るための伐採が進み、幕末には全国的に禿山や草地が増えて洪水や土砂災害などが起こりやすくなった。さらに明治になってからの殖産興業と富国強兵によって軍需用の木材需要が増加したために、河川流送を基軸とする森林開発方式に加えて、森林鉄道・軌道あるいは林道が登場して、それを基軸として奥地林開発も展開されるようになった。[45] また一方では、造林も行われるなど、基本的には近世の林野利用の形態を残しつつ、木材資源利用地の拡大が行われた。(45)この傾向は、日清戦争（明治二七（一八九四）年）～太平洋戦争終了（昭和二〇（一九四五）年）まで続いた。

明治期や第二次世界大戦後には大洪水災害が頻発したために、治山治水の必要性が現れ、明治期には治山三法（河川法一八九六年、砂防法・森林法一八九七年）、第二次大戦後には保安林整備臨時措置法（昭和二九（一九五四）年）や治山治水緊急措置法（一九六〇年）などが制定された。(45)

終戦後は、戦後復興などのために木材需要が急増し、国内の天然林が急速に伐採された。さらに一九五五年頃からはチェーンソーが導入されて、森林伐採が択伐から皆伐へと変化して天然林伐採を加速した。一方で一九五〇年から国土緑化運動が始まり、一九五〇～一九七〇年代にかけては拡大造林政策が行われた。全国にスギを主とする針葉樹人工林が仕立てられ、一九八〇年頃までに国土のおよそ一〇〇〇万ヘクタールに人工林が広がることになった。今日の豊かな森林は第二次世界大戦後の数十年で仕立てられた森林である。

一九五五年頃から始まった高度経済成長にともなって、建築用木材の需要増加が起こり、国内の天然林伐採と針葉樹植林が盛んとなった。ところが、一九六〇年代後半から木材輸入が自由化されたために、供給の不安定で枯渇しつつあった国産材よりも、供給が安定していて安い南洋材がよく用いられるようになっていった。そのため五〇年くらいで伐採されるはずであった植林木はコスト高のために伐採することができなくなり、林業として成り立たなくなった植林地は放置されることになった。また、これまで日常の煮炊きには薪や炭を用いていたが、一九五五～一九六五年頃にかけて起こった燃料革命によって、生物資源ではなく化石燃料が大々的に用いられるようになった。日々の生活に必要だったさまざまな道具やこれまで草や堆肥によっていた肥料もまた、石油製品や金属製品へと転換していった。

燃料革命と高度経済成長にともなう化学肥料と化石燃料の普及によって里山の経済価値が失われ、一九六〇年代に入ると次々に伐採されて宅地化され、消滅した。宅地化を免れたコナラやミズナラ、アカマツ、シイ、カシの薪炭林（雑木林）や焼畑地、草地、竹林が打ち捨てられて放置されるようになると造林が進み、草地や焼畑地は二次林へと変貌、竹林は拡大していった。戦前から見られた松枯れによるアカマツの枯損や、人間の関与が失われたことによる植生の変化が起こるとともに、落葉広葉樹のコナラでさえも放置されて、カシノナガキクイムシによるナラ枯れ被害で枯れている。現代の日本の森林は、植林や里山的利用が放棄されることで、人の手が入らなくなった。

　このように日本列島では縄文時代以降、幾度も森林が伐採されてそのたびに二次的な森林がある程度回復するということが繰り返されてきた。しかしながら伐採技術および木材運搬技術の革新と増大する木材需要をともなって原生林は現代まで着実に面積を減らした。かつては国土のほとんどが原生林に覆われていたと思われるが、現代では原生林と考えられる面積は国土の一七・九％にまで減少してしまった。[5] 一方で、これまで人によって管理されてきた二次林と植林地、二次草原はそれぞれ二三・九％と二四・八％、三・六％を占めているものの、[5] 管理は行き届いていない。これらはそれぞれ、生物多様性国家戦略二〇一〇でいう、第一と第二の危機である。

二　狩猟と獣害

　野生哺乳類と人間の関係には、二つの側面がある。ひとつは狩猟による動物利用である。人々は古くから野生動物をタンパク源として狩猟して食べていたし、骨角や毛皮などの体の一部は道具や衣料品などを作るための優良な材料であったために、野生動物は人々にさまざまな恵みをもたらしていた。もうひとつは害獣による農林業被害である。人々が農業を始めると野生動物の生息する森林を伐り開くために、どうしても動物と農林業が接触して農林業被害が発生してしまう。野生動物と人とのかかわりを以下に見ていく。

　日本列島の縄文時代の人々は狩猟採集や漁撈を中心とする生活をしており、槍や落とし穴、弓矢を用いて狩猟が盛んに行われていた。[10][27] 旧石器時代の終わり（最終氷期最盛期）から縄文時代にかけて気候が温暖になって以降、日本列島に生息する、特に中大型哺乳類の種類はほとんど変わっておらず、ニホンジカやイノシシ、カモシカ、ヒグマ、ツキノワグマ、ニホンザル、オオカミ、キツネ、アナグマ、タヌキ、テン、カワウソ、ノウサギなどが日本列島のさまざまな地域に生息していたと考えられている。人々はこれらの哺乳類を狩猟することで、食肉、毛皮や皮革、伝統的な薬などを調達していた。

　『日本書紀』（六七五年）や『続日本紀』（天平二（七三〇）年）、『令義解』（天長一〇（八三三）年）には狩猟の記述があり、飛鳥時代に仏教とともに殺生禁断や肉食禁忌の教え、穢《けが》れの意識が日本に伝来しても肉食は続いていたと考えられる。六七五年に出されたいわゆる「天武の肉食禁止令」は、五畜（牛・馬・犬・猿・鶏）の肉食を禁止しているのであって、イノシシやニホンジカは対象外であった。[28]さらにその後にも東大寺大仏造立を発願して肉食が禁止されたし（聖武天皇の詔、七四五年）、大仏開眼直前の禁令（七五二年）が期限つきで出されていることからすると、一般庶民は狩猟や肉食をしていたであろう。天皇などは鷹狩や大規模な巻狩、薬猟を行っており、一方で民間では罠猟や追い込み猟を行っており、階層による狩猟スタイルと目的の分化が起こっていた。また一方で、古代から中世の北海道と沖縄には、律令国家の天皇制と結びついた殺生禁断の観念の影響はおよばず、肉食文化が広く維持されていた。

　平安時代に地域の有力者として成長し、歴史の表舞台に登場してきた武士は、狩猟を軍事的な訓練としても行い、鎌倉時代初期には、源頼朝が行った「富士の巻狩り」のように、大規模な形でも催行されるようになった。殺生罪業観が各地で広まったにもかかわらず、さまざまな思惟的方便を編み出しつつ、根強く狩猟が続けられた。[28]

　また、民衆の世界では、平安期に拡大した荘園において、シカやサルなどによる鳥獣害が引き起こされていたことが、すでに平安時代末期には記録されている。これを承けて、農村部で害獣駆除のために猟師も雇われるようになった。

　室町時代や江戸時代においても引き続き、野生哺乳類は狩猟の対象となり、食肉や皮革の素材として利用されていた。たとえば、応仁の乱が終わった直後の文明一二（一四八〇）年頃に一条兼良が執筆した『尺素往来《せきそおうらい》』には、イノシシやシカ、カモシカ、クマ、ウサギ、タヌキ、カワウソなどは美味であると記されているし、[2]江戸時代初期の料理書『料理物語』にもシカやイノシシ、ウサギ、タヌキ、クマ、カワウソ、イヌなどの調理法が書かれている[11]（著者不明、一六四三）。室町時代後期、つまり戦国時代には武具や武器の材料として鹿皮の需要が高まり、野生のシカが減少していったであろう。[22]さらに江戸時代に入り朱印船貿易が始まると、東南アジアからキョンなどの小型のシカ類の安価で良質な皮を大量に輸入するに至ったと推測される。[22]これらのキョン皮はおそらく、江戸初頭に流通していた皮足袋に用いられたのではないだろうか。朱印船貿易が寛永一二（一六三五）年に終わり、明暦（明暦元（一六五五）〜万治元（一六五八）年）以降は木綿の足袋が用いられるようになっていった。

室町時代後期にはもうひとつの画期があった。鉄砲の伝来（天文一二（一五四三）年）がそれである。鉄砲は軍需用に全国に広くいきわたり、それはまもなく狩猟に転用されるようになった。豊臣秀吉による刀狩（天正一六（一五八八）年）に始まり、戦国時代が終わって江戸時代が始まると、鉄砲や刀を含む武器が規制対象になり、鉄砲の管理と狩猟の規制が行われるようになった。とはいえ、その規制の実効性は疑わしい。「鉄砲改め（延宝八（一六八〇）年）」や「諸国鉄砲改め」、「関東鉄砲取締令（寛文二（一六六二）年）」などを経ても、害獣駆除と狩猟のために鉄砲は常に必要とされ、村々には戦国時代をしのぐ数の鉄砲が備蓄されていた。

干拓・開拓によって耕地が拡大した一七世紀の末からは、森林に生息する野生動物と農民との衝突が多くなり、鳥獣害が激化した。たとえば、対馬ではイノシシやシカによる農作物被害が激増した結果、「生類憐みの令」（延宝六（一六七八）～宝永六（一七〇九）年）が徳川綱吉によって公布されていたにもかかわらず、大規模な駆除が行われてイノシシを全滅させたし、[42]秋田の男鹿半島でもやはり獣害駆除として安永元（一七七二）年にシカが二万七一〇〇頭も捕獲された。[2]一八世紀半ばの仙台藩や八戸藩では、天候不順で農作物が不作だった年に、収穫前の雑穀をイノシシに食べられてしまい、「猪ケカチ」とよばれる過酷な飢饉を経験することになった。[6]また、各地でシカやイノシシが農地に侵入しないように「シシ垣」が築かれて、獣害の少なくなる一九世紀中頃まで維持されていった。[8]

一方で鉄砲は、一八世紀の中頃以降、「武家の使用する武器」から「鳥獣害対策の農具」へと認識が変化し、鳥獣害対策として動物を脅かすための「威し鉄砲」と狩猟のための「猟師鉄砲」という区分で管理されるようになった。一七世紀後半から一八世紀前半の獣害の激化にともなって、雇われ猟師による田畑の防御的狩猟と市場流通目的の積極的狩猟へと狩猟の二重構造が一八世紀後半に明確化していった。[35]

一九世紀初頭から、漢方薬の需要の高まりと野生動物の肉を食べる「くすり食い」の流行によって拡大した市場を支えるべく、シカやイノシシの肉や熊の胆などが宿場や市、湯治場、江戸市中に出荷された。その頃江戸市中の四谷麹町や神田平岩町などには「けだもの屋」と称する獣肉を扱う店があった（文政一二（一八二九）年完成の「御府内備考」）。

明治新政府が成立するとこれまでの狩猟規制が著しく緩和された。一六歳以上の者はだれでもどこでも年中銃猟をしてよくなったし、対象鳥獣種や数量に制限はなく、狩猟によって得た獲物も自由にしてよくなった。鳥獣保護法（一八七三年）や狩猟規則（一八九二年）などによって徐々に規制されてゆくが、少なくとも明治期前半は狩猟がしやすい時代であった。[2] さらに、一八八〇年に開発された国産初の元込め銃である村田銃が一八八四年から猟師に普及するようになったことがさらなる狩猟圧の上昇に寄与した。[12,26,36]他にも、日清戦争（一八九四年）や日露戦争（一九〇四年）、シベリア出兵（大正七（一九一八）年）などの寒い地域に大量の兵隊や軍属を送り込まねばならない戦争が起こるたびに防寒用のコートや帽子が大量に必要となり、特定の哺乳類（カモシカやノウサギ、キツネ、タヌキ、イタチ、カワウソなど）の毛皮が大量に必要になった。[26] その一方で、戦争によるヨーロッパ毛皮市場の混乱にともない、国内需要だけでなく輸出目的の毛皮の需要も急上昇した。昭和初期に入っても軍需は収まらず、軍部は戦時体制下の統制狩猟を行うべく、大日本連合猟友会を組織させて、毛皮収集のための流通機構を整備した。[36] しかし野生動物の捕獲だけでは毛皮供給が追いつかず、ノウサギや外来種のヌートリアを飼育することで毛皮需要を満たそうとした。

明治に入ってからの狩猟圧の高まりは当然ながら野生哺乳類の減少と地域絶滅を引き起こした。毛皮や肉、伝統的な薬として用いるために哺乳類が狩猟され、たとえば青森県ではシカやイノシシ、オオカミが一八八〇〜一九二〇年代頃にかけて相次いで絶滅し、ニホンザルも個体数を減らした。東北地方ではシカやイノシシ、ニホンザル、オオカミなどが、地域絶滅または激減したと考えられている。また良質な毛皮がとれたことからカモシカに過剰な狩猟圧がかかり、絶滅が危惧されるようになったために、狩猟禁止（一九二五年）、天然記念物に指定（一九三四年）、特別天然記念物に格上げ（一九五五年）などの措置が相次いでなされた。[41]

カワウソも同様に良質な毛皮のせいで過剰な狩猟圧がかかり、狩猟禁止の措置がとられても密猟が続いたことと、一九六〇年代以降の経済成長にともなった生息環境の悪化が要因となって一九九〇年頃絶滅したと考えられている。[2]一九二〇〜一九七〇年頃までは、中大型哺乳類の生息数は非常に少なかっただろう。

太平洋戦争後は、狩猟対象の中大型哺乳類が激減していたことと、鉄砲所持禁止令（一九四六年）が公布されていたことから、狩猟圧はおそらく低かっただろう。その頃、拡大造林政策による大規模な天然林伐採と植林がなされたことで、にわかに大面積が開かれた。このような環境はノネズミやノウサギにとって好適な環境であったし、捕食者であるキツネやオオカミ、タヌキ、テンなどの中大型肉食哺乳類が激減していたこともあって、ノネズミやノウサギが増えて、造林地での林業被害が特に一九五〇～一九七〇年代にかけて目立って発生した。

燃料革命以降の日本で、集落近辺の森林に入らなくなったことや拡大造林による野生哺乳類の生息環境変化、戦後の低い狩猟圧などの影響で、一九七〇年代くらいからシカやイノシシ、ニホンザル、クマ類の分布拡大と個体数の増加が始まった。高度経済成長の時期を経た一九六〇年代後半から一九八〇年代にかけて、スポーツハンティングブームが沸き起こり、登録ハンター数がそのまま狩猟圧と相関するわけではないが、登録ハンター数が一時は五〇万人を突破した。しかし富裕層の狩猟ブームがゴルフブームにおき換わる一九八〇年代くらいから、じわじわとシカやイノシシによる農林業被害が報告されるようになり、鳥獣被害対策としての狩猟が再び行われるようになった。そして中大型哺乳類の分布拡大と農林業被害は今も続いている。[29][46]

人が野生動物を狩猟する関係は、時代を経るにしたがって槍や落とし穴、弓から鉄砲を中心にした狩猟に変化はしたものの、縄文時代以前から続く、獣を利用するための狩猟と、農業を本格的にするようになった頃から存在する農業被害を減らすための害獣駆除という二面性を常に秘める形で継続した。そして、近代に入ってからは技術革新と社会変化などによって過剰な狩猟がなされたために、日本列島各地で野生動物が激減する事態に陥った。しかしながら現代では、野生動物利用が減ったことや彼らの生息地に人があまり出入りしなくなったことなどの要因で野生動物は増加しつつあり、森林植生への悪影響や農林業被害、人間との不幸な接触が起こるようになってきた。

三　草原と草の利用

草地は人々の生活にとってなくてはならない存在だった。田畑に入れるための草肥や屋根を葺くためのススキなどが必要だったし、機械化される前は農耕を助ける牛馬を飼育するためには、放牧地が必要だった。人口が増えるにしたがって田畑が増えて草と草地への圧力も大きくなっていったであろう。以下に草原と人とのかかわりを見てゆく。

日本列島で比較的まとまった面積の草原は、高山や海岸、絶え間ない火山活動や河川の氾濫、蛇紋岩地、石灰岩地、雪崩斜面によって成立する。温暖で雨のよく降る日本列島の気候の下では、一時的に草原ができたとしても、時を経て森林に遷移していくので、上にあげた特殊な条件下で成立した草原以外の多くの草原は、長い歴史に及ぶ人間の営みによって維持されてきた半自然草地である。

草原を維持する方法には大きく分けて三つあり、火入れ・放牧・採草である。半自然草原である阿蘇くじゅうの草原や信州の霧ヶ峰、東北の放牧地（牧）などはこれら三つの方法のうちのいずれか、または全部が、歴史時代を通じて綿々となされてきたために、現在まで維持されてきた。

草原に火を入れると、草原から森林へと植生遷移する移行段階が押し戻されて、森林への移行が妨げられる。さらに植物が枯れている頃に火入れをすることで草原に残っていた立ち枯れや枯れ草が取り除かれるために、地表の光条件がよくなり、翌シーズンの植物成長が助けられる。過去一万年にはそれ以前に比べて火事が多発していることが明らかになっており、人間活動による火入れとのかかわりが考えられている。[37]

日本のさまざまな地域において縄文時代以降の人間によって森林から草地への植生改変が行われ、数千年にわたって黒色土が形成されている場所もあり、火を使った恒常的な草地の維持・管理が行われてきたと考えられる。[23] たとえば、諏訪湖南岸にある黒ボク土層の形成年代は一万一六〇〇年前（縄文時代）～七八〇〇年前（平安時代）までであることから、縄文時代人やそれ以降の人々の火の使用をともなう生業活動などとかかわりをもつと考えられる。[30] 草原に火を放って行われた狩猟（焼狩り）はたびたび朝廷から禁止されたし、中世阿蘇では大規模な火入れをともなう狩猟神事である「下野の狩」が行われていたことを考えると、火を用いた狩猟はもともと普通に行われていたのだろう。

三世紀前半から中頃にかけての日本を記述したとされている『魏志倭人伝』には日本には牛・馬・虎・豹・羊・鵲《かささぎ》がいないと記されているし、考古学的な資料から考えて、牛馬は古墳時代以降に日本列島に渡来したと考えられている。五世紀以降の古墳から馬具や牛馬をかたどった埴輪が出土するので、その頃から牛馬の放牧が始まったのだろう。[30] また、六七六年には牛馬を含む五畜の肉食が天武天皇によって禁止されていることから、その頃には牛馬が身近な存在になっていたと思われる。

一〇世紀に編纂施行された『延喜式』によると、牛馬の放牧地が平安時代の日本列島各地に存在していた。古代から朝廷や駅馬・伝馬に用いる馬を供給するまとまった面積の草原があったと考えられる。馬は平安時代の競馬《くらべうま》に使われたりもした。鎌倉時代の『吾妻鏡』（治承四（一一八〇）～文永三（一二六六）年までの鎌倉幕府の事績を記す。正安二（一三〇〇）年頃の成立）に挙げられている信濃国の二八牧のうち、一三牧は『延喜式』と同じ牧であることから、古代に牧として利用された草地は、中世以降にも引き続いて利用された場合が多かっただろう。[30]

平安時代後期（一〇世紀頃）に武士が誕生すると、東国では源氏につながる「弓射騎兵型武者」が興り、[1]軍用馬や軍事演習地の必要性、名馬を作る需要が重要になっていった。[30]例えば、日本の代表的な馬産地である南部地方は、国内外から良馬を導入して南部馬を生み出した。室町時代後期の戦国時代にも引き続き馬や馬を生産する放牧地は重要な役割を果たした。しかしながら、江戸時代中期の平和な時代がおとずれると軍用馬の需要は減り、一方で経済の発展にともなって農用馬や荷馬が用いられるようになった（たとえば中世の馬借）。

刈敷き・萱場の利用はいつから始まったかはわからないが、奈良時代の『播磨国風土記』に水田への緑肥の投入についての記載がある。[33]さらにそれより前の弥生時代後期の遺跡から出土する大足は、刈敷を田に踏み込む用具と考えられることから、[14]少なくともその時代には行われていただろう。刈り取りによる草肥などの資源利用が、半自然草地の維持に果たす役割において量的に大きく比重を占めるようになったのは、近世初期（一七世紀）や近代（一九世紀後半～二〇世紀半ば）の人口と耕地面積が急増した時代である。[7][21]特に近世初期には人口と耕地面積が大きく増えたために、山野に対する生物資源の利用の圧力が大きく増加したので、山野が入会地として管理・利用されるとともに、資源をめぐる紛争が頻発した。[31]

江戸時代後期の日本列島には四〇〇万ヘクタール以上の農地があったと考えられ、また農地に肥料を入れるために必要とされた草地は農地の五～一〇倍必要であったことから、農地のすべてに草肥を与えていたとすると、当時は二〇〇〇～四〇〇〇万ヘクタールの草地が必要だったことになる。[19]しかしながら、沖縄や北海道を含まない江戸時代よりも、国土面積が広がった現在ですら、国土の面積は約三七七八万ヘクタールしかない。草地に対する過度の需要があったために限界まで草地を利用しつつ、人糞尿や魚肥、金肥が当時の農業を支えていたと考えられる。[19]

近世から近代初頭（一七～一九世紀末）にかけては、禿山や草山、柴山とよばれた二次植生が全国各地に広がっており、これらの場所から田畑に入れる刈敷などの肥料や牛馬の飼料、屋根を葺く萱などの草や柴が盛んに採取されてきた。[18,30]火入れの際に延焼防止するための防火帯や田畑周縁の畦畔は、刈り取りによって維持されており、一つひとつの面積は小さくとも膨大な面積の草地が事実上存在していることになる。[33]

江戸時代の頃は森林の割合は今日に比べてかなり小さく、火などによって維持されていた広大な草山が広がる地域が多かった。[14]火入れによって草原を維持するのは一般的であったらしく、江戸時代の頃は野火や山焼きがなされて、その火がしばしば林地へ燃え移り、被害が問題になり、幕府や各藩は法令を発するなどして対応したが、山林火災が減少することはなかった。[14,20]

明治初期には森林保護の目的を見据えて、政府が森林法（一八九七年）によって火入れの制限と禁止を行った結果、明治中期以降には草原的植生は減少して森林が急速に増えることになった。[20]それにともない、草肥供給量も減少したものの、明治期以降は魚肥・大豆粕・化学肥料の普及によって採草地は不足するどころか、相対的に過剰化する傾向が出てきた。

明治になると富国強兵政策と国際戦争（日清戦争（一八九四年）や日露戦争（一九〇四年）など）が始まったために、再び軍用馬の需要が伸び、太平洋戦争時には軍用に不向きな農用馬まで徴用された。戦後復興期に日本国内の道路網が整備されて自動車が普及するまで馬には大きな需要があったものの、それ以降は急速に需要が減り、国内の馬飼育頭数は大きく減少した。終戦直後の一九五〇年頃にはおよそ一〇〇万頭強の馬が飼育されていたが、一九五五年あたりから徐々に減り始め、一九七〇年代半ばになると一〇万頭を下回るようになった。[44]

社会的な変化から馬の需要が激減するなかで、たとえば三〇〇年以上にもわたって青森県尻屋牧野に放牧されてきた伝統品種の寒立馬は、一九七二年にはわずか九頭まで減少した。[32]その一方でこれまで労役や農用に使われていた牛は、酪農の発展にともなって一九五〇年代から乳牛が増加し出し、役肉用牛は一九六〇年代の燃料革命の頃までは増え続けたが、一九六〇年代半ばまでに飼養頭数が落ち込んだ後、一九六〇年代後半から再び増え出した。おそらく戦後すぐから燃料革命が終了するまでにかけて、用途が農業関連の労役から食肉牛へと変貌して、労役牛はいったん増えて減り、食肉牛が増加したのであろうと考えられる。たとえば青森県では、一九四六年頃を境に食生活の改善を求めて、乳牛や肉牛の飼育を積極的に推し進め、飼養頭数が大きく変化した。[32] 乳牛や肉牛の飼養頭数増加にともない、草地の改良が施されて一九五二〜一九七五年頃にかけて、青森県では放牧地が人工草地へ積極的に転換されていった。[32] 全国的にも畜産用の草地は維持されたが、一九六〇年代頃から始まった草地改良事業によって、牧草地が外来の牧草や肥料を用いて人為的に生産性を高めた人工草地に大きく改変されていった。さらに牛が放牧ではなく、配合飼料を用いた舎飼になり、草地に対する需要が減少した。

燃料革命や高度経済成長で石油に大きく依存する時代になると、自前で刈って調達していた秣や草肥などに代わって、輸入飼料と化学肥料が使われ出した。屋根葺用のススキを収穫する目的で管理される萱場においても、萱屋根が高度経済成長の頃からトタン屋根などに代わったために、需要がなくなっていった。このようにして草としても草地としても経済的な価値を失った草地は、宅地や農地、スギやヒノキ、カラマツなどの植林地に改変されるとともに、利用放棄されて二次林化していき、面積が減少していった。そして、東北地方や関東の台地、中部山中・四国山中、九州南部などの放牧が盛んなところで、かつて牧として使われた原野が畑として開かれていった。[13]

「荒れ地」や「原野」などとして記録されていた野草地や灌木地の面積は、二〇世紀初頭には国土の一割を超え、一九〇〇年代前半には全国でおよそ四〇〇万ヘクタールほどあった。[19] 全国各地に残っている明治初期や二〇世紀初頭の写真や図画を見ると草地や荒地が広がっており、手近な山にはほとんど木が見られないという状況はありふれた風景だったようだ。しかしながら、それまで民間で最もよく使っていた刈敷・秣・萱屋根の用途がなくなったために、近年では草地面積は徐々に減り、一九八〇年代には一〇〇万ヘクタールを下回るようになっていった。[19] 一方、一九八〇年代からはスキーやゴルフブームが沸き起こり、スキー場やゴルフ場などが草地として維持されるようになっていった。

人口が増えて田畑が増えるにともなって、草と草地に対する需要も常に増加した。この需要を満たすために、草地の面積を広げるとともに、草と草地への圧力も大きくしていった。それは一方で森林を草地に改変することをも意味した。近世半ばになると、魚肥や金肥を用いることで草地への圧力を緩和するようになった。しかしながら、高度経済成長を経ると、これまで草に頼っていたさまざまな事柄が化学肥料や輸入飼料などに頼ることができるようになったために、突然草地に対する需要は大きく失われ、放棄されるに至った。

最近では、半自然草地がもっている農畜産資源の価値や生物多様性を保全する意義、景観の美しさなどが見直されつつある。[38] 河川氾濫原などの草原が成立しうる環境は、人間による治山治水事業や土地利用変化によってほとんど失われてしまったために、人が利用して作り出した半自然草地は、自然草原に依存していた生物の逃避地になっていると考えられる。[30] 他にも、現在残っている半自然草地は景観が観光資源として高い価値を有し、近年では火入れや放牧、刈り取りによって全国各地で保全活動がなされている。[30] 半自然草原は人が開発によって失ってしまった河川氾濫原や海岸などの自然草原を代替して、そこに生きてきた生き物を養ってきた。草地に依存していた農業生活から、化学肥料や輸入飼料に依存する農業に変貌した現在においては、かつての利用形態を簡単には復元できず、経済活動と切り離して草地や生物種の保全を考えていく必要もあるだろう。[38]

さいごに

本章では、日本列島の環境史を三つの側面から複眼的にとらえることを試み、各領域の歴史を通史的に俯瞰することができた。これによって日本列島の自然が一貫した自然の姿というものもがなく、それぞれの領域で、人と自然のかかわり方を大きく変えるような画期が何度か見られたことがわかった。たとえば森林利用では、鉄器の導入や縦挽鋸の導入、土木技術の発達、燃料革命、そして狩猟関連だと、鉄砲伝来や明治に入ってからの狩猟規制の緩和、また草原利用では、金肥・干鰯の利用と肥料の普及、草地改良事業が最も大きな画期であろう。このような画期の生じた時期が生物資源利用ごとに異なるのは当然ながら、逆に明治新政府の樹立や高度経済成長などは、さまざまな生物資源利用で重なっていた。なかでも、①古代の略奪期、②近世初期の略奪期、③明治前半の自然管理体制欠如、④高度経済成長にともなう社会システムの変化、⑤市場のグローバル化と地球環境問題の顕在化は、人と自然のかかわり方を大きく変えてきただろう。

古代の略奪期には、地域が畿内に限定されていたものの、たび重なる都の造営や巨大な記念碑的建築によって畿内の森林が伐り開かれると、そこが開墾されて田畑ができて鳥獣害が記録されるようになった。

近世初期に訪れた平和な時代には人口増加をともなって、薪炭・建築用材・柴草を得るための過剰な林野利用が行われ、開発の奥地化と草山・禿山の増加が林野の荒廃をもたらした。

明治に入ると、これまで幕藩体制で確立されていた森林利用に対する規制や管理の体制がなくなってしまい、森林管理に関して無政府状態になってしまった。そのため、森林の濫伐や中大型哺乳類の乱獲が起こって森林が荒廃した。

第二次世界大戦が終わって高度経済成長を迎えると、社会システムの変化にともなって、薪炭や柴草をほとんど利用しないようになってしまった。そのため集落近辺で管理されていた里山や草地などは経済的な価値を失い、放棄または宅地化していった。さらに戦後復興のために木材需要が増加したために、これまで以上に奥地まで木材伐採を行うようになるとともに、全国的に針葉樹人工林が仕立てあげられていった。その人工林でさえ、外材の輸入増加によって経済的価値が薄れて管理が滞っている。それと同時に、国内の森林などの枯渇が避けられ、伐採圧力が軽減されたために、日本の自然保護上は有利になったものの、市場のグローバル化によって今度はその圧力が国外の原生林に向けられている。

このようにして奥地へ開発が延びていき、日本列島の原生な自然は失われて、生物多様性が危機に至るとともに、近年では人里近くに残されていた二次的な自然ですら放棄されて、荒廃または宅地化されて生物多様性が失われている。

過去の人々は常に豊かな自然と調和して生きていたわけではなかった。自然を利用してさまざまな自然の恵みを収穫しつつ、自分たちの都合に合わない自然を利用しやすいように一方的に手を加えるとともに、逆に改変された自然はそれに応じて災害や獣害、資源枯渇などを通して、人間生活のあり方を変化させていくというかかわりを保ってきた。林野の過剰利用によって洪水や土砂災害が頻発することで、治山治水と自然の保全管理が必要であることを学んで森林を回復させてきたはずなのに、荒廃問題が繰り返されてきた。(44) こういった作用と反作用が相互に行き来する相互作用環を、歴史を通じて常に持ち続けてきたのである。自然環境を管理する仕組み（環境ガバナンス）や社会経済システムの変化、技術の発達、環境変動など、さまざまな画期を経て、一時は調和的だった人と自然のかかわり方はいく度も破綻に追い込まれた。

結局のところ、日本列島の過去における人と自然のかかわりは一貫して調和的だったわけではなくて、むしろかろうじて調和的だったかかわり方が破綻して、また別のかかわり方に移行することを繰り返していた。自然環境の強みが日本列島にあるからといって、これからも破綻を繰り返すことはできない。しかしながら、破綻を乗り越えて、萌芽更新施業や入会制などのように持続的な生物資源利用の方法を獲得できた場合も歴史上あった。

環境史を学ぶことによって、どのような社会的経済的な条件で人と自然の調和的なかかわりが実現し、何がそれを破綻させるのかを歴史的事実として受け止めて、さらに客観的な分析を加えることができる。このような環境史をふまえて行動することができれば、単に成り行きまかせで最終的な破滅を待つのではなく、繰り返される間違いを回避して、人と自然のよりよい未来をつくることができるかもしれない。

第1部

生物多様性と「賢明な利用」

第3章　生物文化多様性とは何か

今村彰生
湯本貴和
辻野　亮

はじめに

生物学的多様性（以下、生物多様性）と文化的多様性（以下、文化多様性）は人類文明存続のために不可欠な両輪である。これらはそれぞれに独立した重要な概念としても捉えられるが、むしろそれらの関連性を重視した概念である生物文化多様性としてとらえなおすことができる。生物文化多様性とは、生物多様性と文化多様性の単なる和ではなく、両者の相互作用、言いかえれば「生物多様性と文化多様性のつながり」をふくむ概念である。[12][13][14][21] すなわち、「ある土地の生物とその恩恵を受けてきた地域住民の文化」が互いに影響を及ぼし合う過程を通じて維持されてきた多様性を指している。[1]

「生物多様性と文化多様性のつながり」に注目すると、たとえば「食文化」がその代表として挙げられる。古今東西、それぞれの土地の気候風土や社会事情などに合わせて、食文化が築かれ、変化しながら受け継がれ伝播してきた。[23] 生物資源を利用するということは、生物と文化との相互作用そのものであり、そのかかわり方は多様である。

本章では、生物文化多様性とは何かという問いに対して、生物と文化という両輪の相互依存や相互作用が、人類の持続的発展のために重要であるという捉え方からとりかかり、この概念を生物多様性と文化多様性、そしてそれらの相互作用という点から説明する。人と自然環境とのつながりを生物多様性と文化多様性とのつながりという点で再評価することで、人間と自然のよりよい関係に対して生物文化多様性がどれほど重要であるのかを明らかにすることができるだろう。

一　生物多様性とは？

わたしたちの生活は生物多様性の恩恵によって支えられてきた。とはいえ、わたしたちはふだん生物多様性のことをあまり意識することはない。ここで改めて、生物多様性というのはいったい何なのかを考えよう。

生物多様性とは、ともすれば貴重で希少な生物のこと、あるいはさまざまな生物種がいることと思われがちである。「生物」が「多様」なのだからこのような誤解が生まれるのは当然である。「生物多様性」という言葉が、はじめて衆目に触れたのは一九九二年の生物多様性条約締結からである。この年にはブラジルのリオデジャネイロで、環境と開発に関する国際連合会議（地球サミット）が開催され、気候変動枠組み条約と同時に生物の多様性に関する条約（生物多様性条約）が採択された。そう考えるとまだ二〇年弱しか経っておらず、その大切さが広く認識されるまでには到っていないのも、無理からぬことだろう。しかし、二〇一〇年一〇月に名古屋で開催された生物多様性条約第一〇回締約国会議をひとつのきっかけとして、市民や企業の関心が高まりつつある。

一九九二年の地球サミットでは、今日広く使われている生物多様性の定義が与えられた。すなわち生物多様性とは、「陸上、海洋およびその他の水中生態系を含め、あらゆる起源を持つ生物、およびそれらからなる生態的複合体の多様性。これには生物種内、種間および生態系間における多様性を含む」と定義されている。種や個体群は最も具体的で扱いやすい生物的実体であることから、しばしば生物多様性の代表として取り扱われることも多い。けれども、遺伝子の多様性が種・個体群内外の多様性に影響するし、群集や生態系は種・個体群に加えて、生物間相互作用と生存環境によって構成される。さらに、多様な生存場所としての生態系が地形や植生、生物群集を空間的に組み合わせて、相互作用をすることによって景観の多様性を生んでいる。つまり、生物多様性とは単に種数や多様度指数などによって表される単純な概念ではなく、ある地域における遺伝子・種・生態系の総体であって、遺伝的多様性や生物間相互関係を含む広い概念である（図1）。さらに地域に固有の歴史を背景にした自然があり、それぞれに特有の生物がいる。そしてそれらがつながっていることこそが、生物多様性であるといえる。

ここで大事なのは、生物多様性の保全とは、生物の種数

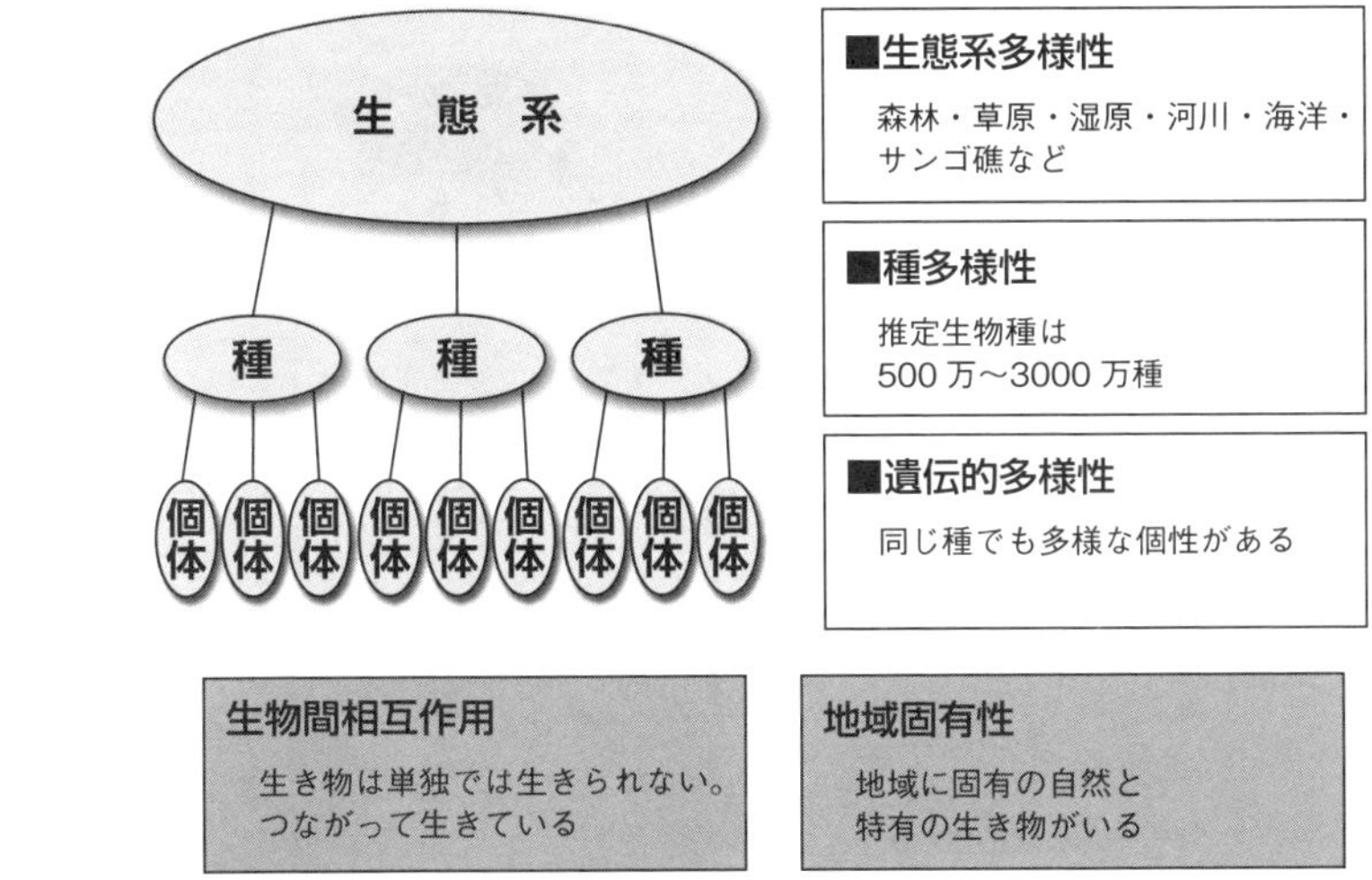
生態系
種
種
種
個体
■生態系多様性
森林・草原・湿原・河川・海洋・サンゴ礁など
■種多様性
推定生物種は
500万～3000万種
■遺伝的多様性
同じ種でも多様な個性がある
生物間相互作用
生き物は単独では生きられない。つながって生きている
地域固有性
地域に固有の自然と特有の生き物がいる

図1　生物多様性の構造と生物間相互作用
■は生物多様性の階層構造の要素

が多ければよいという単純な話ではないことである。たとえば動物園や植物園は非常に狭い面積に多様な動植物が生きていることから、言葉の上では非常に多様性が高い場所といえるだろう。でもだれしも本来の生物多様性とは何か違うと感じるはずだ。生物多様性とは遺伝子・種・生態系という階層的な生物概念の中で構成要素が多様であるばかりでなく、長い進化の歴史を経て有機的なつながりを持った生物たちの生物間相互関係によって結ばれたネットワークであることが重要なのである。動物園や植物園には確かに多様な動植物が生きているものの、生態系におけるネットワークが意識的に排除されている。動植物の生態展示ということで生態系の一部を再現しているように見える場合もあるけれども、食物連鎖という生物たちが織りなす生態系の基本的なネットワークはない。展示されている肉食獣が草食獣を食べ、草食獣が展示されている植物を食べてしまえば、動物園や植物園は大混乱である。

生物はつながっている

ここで視点を日本の里山の生き物に移してみよう。田畑や林がモザイク上に入り込む里山生態系において、たとえば小鳥は昆虫や木の実などのさまざまな生物を食べること

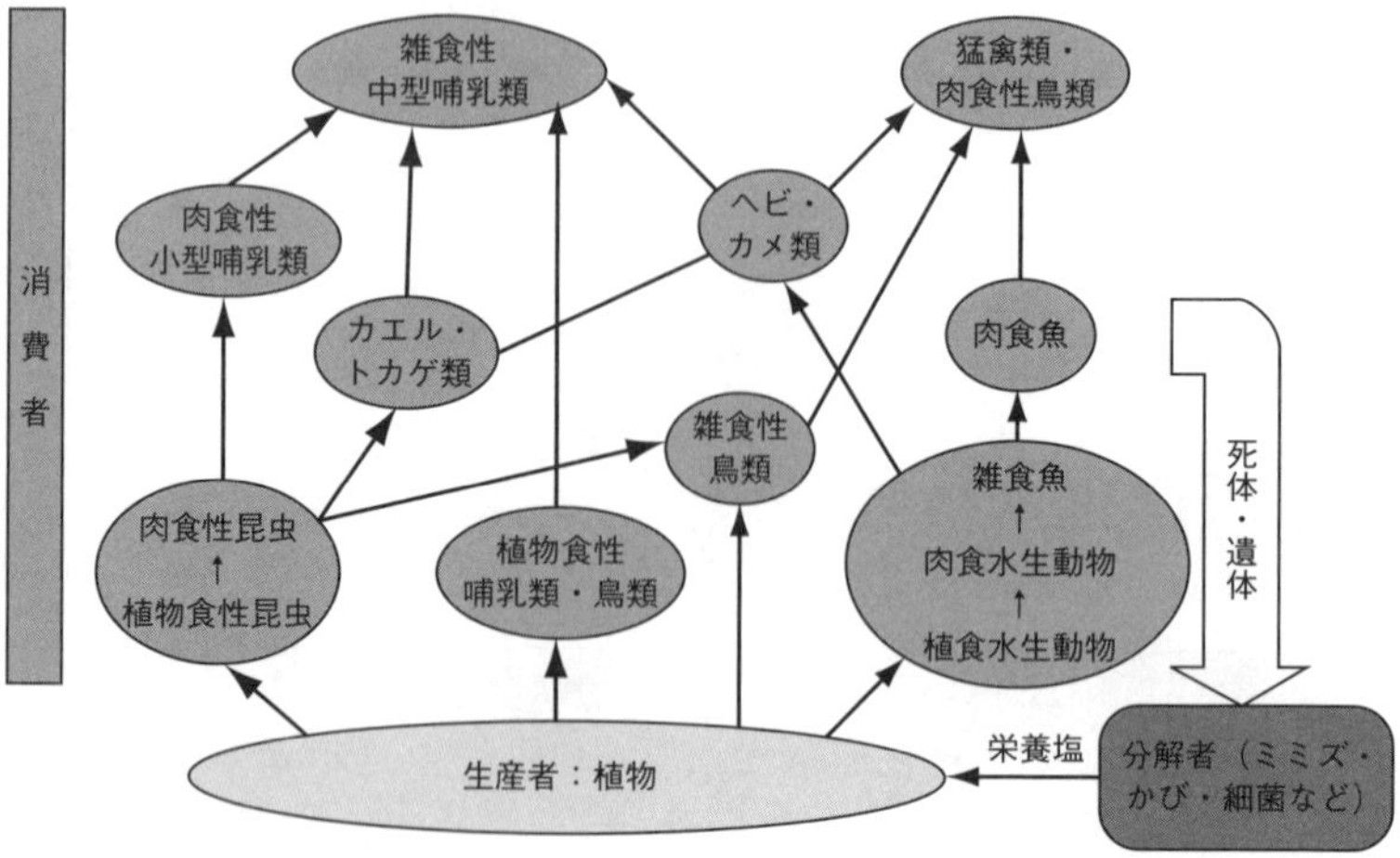

図２　里山生態系の食物網

で生きている。一方で、猛禽類などは小鳥を食べることで生きており、田んぼにはたくさんのカエルが生きており、田んぼにすんでいるさまざまな昆虫などを食べる。一方でカエルはヘビや鳥類に食べられる。カエルのほかにも田んぼの水の中にはびっくりするくらいたくさんの生物が生きている。たくさんの微生物、それを食べるミジンコやユスリカの幼虫、それを食べるトンボの幼虫やメダカたち、なかにはイネの害虫のウンカやイナゴもいる。それらを食べてカエルは生きている。さらにカエルを食べるヘビや鳥類がいる。田んぼを中心とした里山では、食べる食べられる関係で生物がつながっている（図２）。このような生物のつながりで里山の生態系は形作られている。ここでは里山の自然を例に挙げたが、もっとも基本的な生物の織りなすネットワークである食物連鎖は、どの生態系でも同じことである。生態系とは、多様な生物たちの織りなす多様なつながりが多種多様な生き物を育む世界のことである。

最近、田んぼの生物が減ってきている。前よりもカエルを見なくなり、昆虫も「害虫」として駆除される。昆虫がいなくなることでカエルの食べ物がなくなり、カエルの数が減ってくる。問題はそればかりではない。東南アジアなどから初夏になって渡ってきた夏鳥たちが、日本の田んぼでひと休みしながら自分たちのえさを探そうとしても、カエルが見つからない……。日本の田んぼの問題は日本だけの問題ではなくて、地球全体の問題につながっているのである。あらゆる生物は地球上でつながっている生態系のネットワークの中にある位置を占めている。とはいえほとんどの種は生態系のネットワークにとって不可欠というわけではない。たとえば昆虫が一種絶滅しても生態系はそれほど変わらないだろう。その種がいなくなっても別のよく似た種がその種に取って代わって数を増やすからだ。互いに補いながら、生態系は全体として長期的に安定的に機能する（複雑適応系）[11]。しかし、相互関係の鍵となっている生物種（キーストーン種）が絶滅してしまうと、その生態系と生物多様性は著しく変化する。生物の絶滅は、その種が絶滅してしまうという危機のみに留まらず、生物のつながりを介してさまざまな生物に影響をもたらしてしまう。わたしたちにとって、「有害」であると思われている生物や、いやなイメージのある生物であっても例外ではない。そのような生物であっても、生物同士はつながっているので、まわりまわってわたしたちに影響をもたらす可能性がある。

二　文化多様性とは

文化という言葉は多義的でさまざまな定義があるものの、二〇〇一年一一月にＵＮＥＳＣＯの総会で採択された「文化の多様性に関するユネスコ世界宣言」によると、「文化とは、特定の社会または社会集団に特有の、精神的、物質的、知的、感情的特徴をあわせたものであり、また、文化とは、芸術・文学だけではなく、生活様式、共生の方法、価値観、伝統及び信仰も含むものである」と定義されている[20]。その上で、「文化は時間・空間を越えて多様な形を取るものであるが、その多様性は人類を構成している集団や社会のそれぞれの特性が、多様な独特の形をとっていることに表れている。生物における種の多様性が、自然にとって不可欠であるのと同様に、文化の多様性は、その交流・革新・創造性の源として、人類にとって不可欠なものである。こうした観点から、文化の多様性は人類共通の遺産であり、現在および未来の世代のために、その意義が認識され、明確にされなければならない」としている。こういう意味での文化は人間活動のほとんどを包含する概念であり、その多様性である文化多様性には、①慣習（儀式や生産システム、知識伝達システム)、②社会制度(団体や法体系、リーダーシップ、土地所有制度を含む社会システム)、③価値体系(宗教や倫理、精神性、信念、世界観)、④知識(ノウハウや技能)、⑤言語、そして⑥芸術表現(芸術や建築、文学、音楽)などが含まれると理解されるだろう。[21]

このような文化多様性は、言うまでもなくわたしたちの歴史を通じて作りだされてきたものである。ヒトという種は、赤道直下の熱帯から寒冷な北極圏まで、さらに年間降水量一〇〇ミリメートル以下の乾燥地帯にまで、単独の種として生存している点で、他の多くの哺乳類と異なる。多くの生き物がさまざまな環境の元で体の形を変えることで生存を可能にしているのに対して、ヒトはさまざまな環境下で身体的にはそれほど大きな変化を遂げていないが、それぞれの気候風土に適応して暮らしている。DNA配列の違いで評価した遺伝的多様性は、遺伝的に近いチンパンジーに比べ顕著に低い。[5][6] 一方でヒトでは、衣食住や生業技術体系、環境認識、宗教、言語などが著しく分化している。すなわち、ヒト以外の生物が遺伝的な変化(つまり進化)によってのみ環境に適応できるのに対して、ヒトは皮膚の色に見られるような遺伝的な変化だけでなく、多様な文化を発展させることによって、さまざまな環境に社会的に適応した。さまざまな環境への人間の社会的適応は、言葉の最も広い意味での文化である。

文化多様性の尺度

文化は変化するものである。変化することによって、社会あるいは政治経済、気候、自然環境の変動に暮らしを適応させてきたのが文化だからである。ではこのように変化に富む多様性を測る尺度にはどのようなものがあるだろうか。個々の文化を定義づける必須要素である言語の多様性、すなわち言語の数はひとつの目安と考えられる。[24] このような文化要素の豊富さを総合的に評価する尺度が文化多様性の指標として用いられている。[12]

地域の生物資源に依存していた多くの伝統的社会では、自分たちの生活にかかわる数百種類の生き物の名前や生態を把握しており、これらの知識の多くは数百〜数千年にもわたる彼らの自然とのかかわりの中で蓄積されて、言語による口承によって代々伝えられてきたものである。このような言語の外的機能に対して、人間の思考や世界認識のパタンが言語によって作られているという内的な機能は、思考のバックボーンとして存在するものであり、個人のアイデンティティを支えている。[16] つまり、言語が失われるということは、その言語が表象してきた生活様式や環境への社会的適応様式、価値体系が失われることであり、その言語を伴っていた文化の大部分が喪失することに等しい。その意味で言語の消滅は文化そのものの消滅と考えることが可能であるし、言語の多様性が文化多様性の最大の目安といえる根拠でもある。[24]

米国・プロテスタント伝道団体の夏期言語協会が発行する「エスノローグ」によると世界には六九一二の言語があると考えられている。[17] しかしこの数字は多くの言語学者によってコンセンサスの得られる答えではなく、『言語学大辞典』にははっきり「世界の言語の数はわからない」と書かれており、しかも現存する言語のうち、少なくとも半数は次の一〇〇年で消滅するであろうとされている。[17]

生き物を利用する文化

世界中に多様さが見出される文化の中でも、生き物を利用する文化はどのような地域の人々にも重要な位置を占めているだろう。

世界各地の地域にはそれぞれ独自の歴史があり、長い年月をかけてその環境条件に適応した生物たちが生きて、地域固有の生物多様性と生態系ネットワークを築いている。また地域に生きている人々はそのような生物多様性を利用して生きている。端的な部分では各地の生業に用いられる食用や薬用、道具用の動植物の種類が異なるし、人間文化の違いが強調される部分に生き物は関与している。

たとえば雨緑樹林に暮らす人々は、農地と森林と水辺を生活基盤として、栽培植物に加えて野生の動植物を巧みに利用してきた。[8] ラオス北部のある村では、焼畑耕地や休閑林に自生する一二三種類の野生植物が、食べ物や嗜好品、糊・染料、屋根葺き材料、歯磨き、薬用、魔よけ、お守りなどに利用されている。休閑林はヤケイ（野鶏）やイノシシなどの狩猟場であり、河川や湖沼、湿地などでは、魚類に加えて水草類が利用されており、生き物を利用する文化が伝統的生態知識として継承されて、人々の生活や文化に埋め込まれている。[8]

照葉樹林帯に形成される常緑広葉樹林という自然環境を基盤にした照葉樹林帯文化では、根菜類の水さらし利用や陸稲栽培、モチ食、麹酒《こうじざけ》、納豆やなれずし、魚醤などの発酵食品、鵜飼、漆器、絹、茶などの生業や食文化を共通して持っている。[25] ブナやナラ類などの落葉広葉樹林という自然環境を基盤とする夏緑樹林帯文化と比較すると、照葉樹林文化では焼畑耕作などの栽培作物を中心とした文化であることが注目される。これは単に人々の文化や嗜好の問題だけではなく、生物相の性質に起因する部分が大きい。たとえば、常緑樹は動物による被食防御として化学物質を蓄積したり物理的防御を行っているために、人間の食料として用いることを困難にしていることから、野生の食べられる食材は限られている。

三　生物文化多様性とは？

地域固有の生物多様性を源泉としてその地域に固有の文化が涵養されてきた。それとは逆に、人々が地域の生き物を利用することで地域の生物相が変化を受けたり、別の地域で栽培化に成功した栽培植物や家畜を人々が導入することで、それぞれの地域の生物相や生物多様性に変化が生じる。言い換えれば、それぞれの地域の生物資源を利用することで形成されてきた文化と、その文化によって維持・改変されてきた地域の生物多様性との相互作用の結果として生物文化多様性が生じる。「生物文化多様性」とは、すべての階層での生物多様性と文化多様性、さらにこれらすべての相互作用をあわせたものである。[12][13][14][22] 私たちは地域の生物多様性に依存して生活してきたのだから、地域の生物多様性が刻んできた長い歴史には人間の痕跡も残っていると考えるのが妥当だろう。人間の暮らしには地域の生物多様性を利用する文化が地域独自の歴史として刻まれているはずであり、地域の生物多様性は地域の文化を育む素地になり、逆に地域の文化は地域の生物多様性を改変・維持することで人々の生活の質を高めようとしている。

相互作用と相互依存

それぞれの文化は生物相を一要素とする地域の風土に即して形作られてきた。一方、人々の生業や社会システムを支えるものは生物多様性であり、逆に、人々が生物多様性を利用することで地域の生物相や景観を改変する。また、人間の生活空間における生物相には、人間が持ち込んだ栽培植物や園芸植物、家畜、伴侶動物などをはじめ、文化が作り上げてきた生物やその生息環境といった要素が含まれており、人間の文化と生物相は相互に密接に影響を及ぼしあって変化してきた。生物多様性と文化多様性の相互作用の結果として生じる生物文化多様性の射程にはさまざまな分野が含まれる[22]（表1）。たとえば言語の中には自然に即した言葉や概念が見出される。生物多様性が豊かであるこ

表1　生物多様性と文化多様性が相互依存している分野

1. 言語と言語多様性
　言語（例：自然に関連する用語や概念，カテゴリ）.
　言語多様性（生物学的多様性への言語多様性の関係）.

2. 物質文化
　物質文化（例：精神的あるいは宗教的な信念や目標，技術を反映したものを含むような生物多様性から形成された物または表現する物）.

3. 知識と技術
　技術とテクニック（例：自然素材の利用に関する習慣と過程）.
　伝統的な知識や地域的な知識（例：場所や資源，伝統的な医術，生態的な知識としての早期警戒方式やリスク管理，天災に対処する方法）.
　ある世代から別の世代への知識や技能の伝達（例：公式／非公式な教育）.
　伝統的な知識を活性するためのメカニズム.
　新しい知識と技術，技術移転を適合するためのメカニズム.

4. 生業維持の方法
　自然資源利用や資源に依存した暮らし，資源管理（例：農業，近代農業，園芸，アグロフォレストリー，田園趣味，釣り，狩猟，遊牧民的な行為，焼畑農耕）.
　土地／海の利用と管理（例：火を用いた伝統的景観管理や慣習的な海域利用制度）.
　植物の栽培化と動物の家畜化や品種改良（例：遺伝的多様性の創造と維持：動植物の品種や，たとえばヨーロッパのワインとチーズのバラエティーや，ジャガイモやトウモロコシ，コメのバラエティーなどのような遺伝的多様性の維持に関連する地域的・伝統的な知識）.
　経済的・社会的に意味のある補充的な経済的生業活動（例：狩り、釣り、ベリー摘みやキノコ狩り）.

5. 経済関連
　経済関連（例：しばしば生態的な境界を超える天然資源取引きに基づくパートナーシップ）.
　共有的資源の管理.

6. 社会関連
　場所に付属する情報（例：国立公園や神聖な場所のように，自然の場所に記された文化的アイデンティティ）.
　社会関連（例：資源共有や特異な資源利用に関した社会的役割を通して維持された系図）.
　ジェンダー（例：ジェンダーと生物多様性管理と損失，「野生食料」採集，薬用植物，ジェンダー特異的な環境知識）.
　政治関連（例：特異な資源への関与手法の制御）.
　法的機関（例：資源・土地への関与手法や現代的または国家の法律，条約の法的側面などを統べる慣習法）.

7. 信念体系
　儀式や作法（例：季節ごとの祝いの行事、葬式を執り行う作法）.
　神聖な場所（例：神聖な森林の保全）.
　神話や世界観、宇宙論、精神性（例：人間 - 自然関係の表現、宇宙的次元を維持するシンボリックな行為）.
　自然界を用いてあるいは通してアイデンティティを構成すること（例：トーテム信仰、ナワル信仰、色調主義）.

とによって、生き物を表象する言葉や概念が形成されて文化多様性を高めている。他にも作物や家畜、景観、信念などが生物文化多様性の例として挙げられる。

作物と家畜

地球上に存在するおよそ三〇万種の植物のうち、食用として用いられてきた植物は一万種ほどと見積もられ、繊維用や薬用などの何らかの形で人類によって利用されてきた植物をあわせると数万を超える。[22] その中から選び出したいくつかの植物は、地域固有の農具や農法、植物の管理技術によって、大きな実りをもたらす特性が引き出されて利用されるに至った。[22] 民族文化や農法の特徴の違いを反映した地域固有の栽培品種を育み、目的に対応して多様化していった。[23] 古来、日本列島に自生する野菜はセリとミツバ、ワサビなどに限られていたが、さまざまな野菜が歴史的に外から持ち込まれたことによって現在の豊かな食卓を支えることにもつながっている。[4]

また、人類は狩猟採集や農耕という自然への働きかけの中で家畜を誕生させた。家畜化は、野生種から集団を切り離し、時とともにその生殖を人間社会の環境下に移行させていく文化的過程と、その結果として生じる動物側の進化的変遷過程を意味する。[10] たとえば、ブタはイノシシがヨーロッパや中国などで家畜化されて広がった家畜と考えられているが、実際には地理的にいくつかの起源を持ち、その分化過程では数種の野生原種が関与しながら各地の民族へと伝播し、その過程で家畜はさまざまな形質の多様性を獲得していった。[10]

景観管理

オーストラリアのアボリジニの野焼きは乾燥林の大規模な火災を避け、草食獣の個体数を増やすのに有用な技術である。燃料となる枯れ葉や枯れ枝が大量に蓄積される前にこまめに燃やすことで壊滅的な大火事を防いでいると同時に、林床の光環境を改善して草食獣の餌である草本の成長を促進している。[9] このアボリジニの野焼きによって改変された景観こそが、生物文化多様性のひとつの現れであり、日本を含む東アジアの里山的景観やヨーロッパの田園的な景観と同様に、ここを生息場所とするさまざまな動植物を擁することになる。

事実、日本の里山ではさまざまな有用な動植物を人々が意図的に維持しているとともに、多様な生態系サービスを利用するためのモザイク状の土地利用は、意図せずして多くの生物にすみかを与え、高い生産性と高い生物多様性を両立させる二次的自然による社会生態学的生産ランドスケープ（socio-ecological product landscapes）をつくりだしている。東アジア、東南アジア、あるいはヨーロッパの伝統的な農業生態系も同様である。二〇一〇年一月に提唱された「ＳＡＴＯＹＡＭＡイニシアティブ」に関するパリ宣言によると、このランドスケープは世界のさまざまな地域に存在し、フィリピンではムヨン（muyong）やウマ（uma）、パヨ（payoh）、韓国ではマウル（mauel）、スペインではデーサ（dehesa）、フランス他地中海諸国ではテロワール（terroirs）、マラウイやザンビアではチテメネ（chitemene）、日本では里山（satoyama）という名称で呼ばれている。

日本各地に見られる里山といえば、田んぼや畑、薪や草を採る山、材木を効率的に生産するための植林地、奥山などの土地利用が空間的に散らばった風景を思い浮かべるに違いない。しかし、同じような里山の景観があったとしても、もっと微視的に地域の生物種を見てみると、薪炭林を構成する樹木は地域によって異なる。東北や中部地方ではミズナラだが、東北の太平洋側や関東、東海、山陰地方ではコナラ、近畿や瀬戸内地方ではアカマツやコナラであり、房総半島や南紀、四国・九州南部ではシイ・カシ萌芽林である。気候が異なるのだからそこに生育する樹木の種類が変わるのは当然だし、薪炭林を利用する人口が異なれば森林に対するインパクトの大きさが変化して、それに対応して生き存える樹木の種も異なってくる。里山は長い歴史を通じて人が作り上げてきた二次的な自然であり、そこに生きている生物や生物多様性も人間の影響を大きく受けているのである。

信条・信念

伝統的生態知識は、単なる個別の伝承ではなく、それが自然との共存システムの体系をなしていることも多い。[3] アボリジニの神話はドリーミングとよばれ、それによれば最初は大空と大地があっただけだが、文化的英雄である始祖たちが旅をすることによって、地形を造り、大地の形を整えていった。始祖たちは人間であると同時に、それぞれカンガルーやエミューといったさまざまな動物の特徴を備えており、「増殖の場」とよばれる特定の場所に降りて行ったとされる。[2]

アボリジニのある集団はカンガルーを始祖とし、別の集団はエミューを始祖とするなど、トーテミズム信仰をもつといってよい。人々は、自分たちの集団のトーテムである生物の個体数を積極的に維持することに加えて、時期に応じてその生物を殺したり食べたりすることが禁じられる。とくに「増殖の場」にはさまざまなタブーがあり、それぞれの生物の繁殖地保全につながっている。

以上のような神話やタブーを含む、世界各地の人々が持つ信条・信念もまた、生物文化多様性の要素である。

四 多様性の危機と地球環境問題

多様性が大切な理由

わたしたちは日常生活を通して生物多様性や生態系とかかわっている。その自然の中には身の回りに何百・何千という生物であふれており、わたしたちはそれらの生物と深く関わって生きている。生物とかかわらずに、あるいは生物の恩恵を受けずに生きていくことは不可能である。わたしたちは毎日の生活を生物多様性によって支えられている生態系や生物そのものに大きく依存して生きている。このような生物多様性や生態系の価値には、「生態系サービス」という考え方に要約される経済的に評価可能な価値と、非経済的価値という二つの側面がある。

生態系サービスとは、生態系が提供する機能のうち、人々の役に立つ機能のことである。生態系サービスには、①暮らしの基盤を支える機能（供給サービス――食材、木材、医薬品、品種改良）、②わたしたちの暮らしを守る自然の機能（調整サービス――気候・病気・洪水の制御、山地災害、土壌流出の軽減）、③豊かな文化の根源（文化サービス――精神性、レクリエーション、美、発想、教育、地域性豊かな文化、自然に関する知恵と伝統）、④すべての生物の存在基盤としての機能（基盤サービス――酸素の供給、気温・湿度の調節、水や栄養塩の循環、豊かな土壌）の四つに分類される（図３）。生態系サービスの価値は現在すでに使われているサービスの顕在的な価値だけでなく、将来使うかもしれないサービスの潜在的な価値も有しており、生物多様性や生物間相互作用によって維持される生態系サービスは、人間が生きてゆくうえで必要不可欠である。生物多様性によって維持されてきた生態系サービスにわたしたちはこれまで依存してきたし、次の世代も豊かに暮らしてゆけるように生物多様性を残していかねばならない。

このような生態系サービスは、経済的な価値で評価できる。一方、むしろ経済的には評価できない倫理的な側面こそが重要であるという立場がある。多様な生き物や多様な自然があるからこそ豊かで地域固有の人間の文化が涵養されている。生物多様性によって涵養された人間の文化とは、わたしたちのアイデンティティそのものである。自然を守るということは、ひいてはわたしたち自身のアイデンティティを守ることにつながっている。このような倫理観にも

暮らしの基盤
（供給サービス）
食材や木材
遺伝資源：医薬品への応用，品種改良

暮らしを守る自然
（調整サービス）
気候・病気・洪水の制御，山地災害・土壌流出の軽減

豊かな文化の根源
（文化サービス）
精神性，美，発想，教育，地域性豊かな文化，自然に関する知恵と伝統

生き物の存在基盤
（基盤サービス）
酸素の供給，気温・湿度の調節，水や栄養塩の循環，豊かな土壌

図３　生態系が提供するさまざまな生態系サービス[15]

とづいて、生物多様性の必要性が主張されている。ミレニアム生態系評価においても、種を絶滅させることは倫理的に支持されないと述べられている。[15]

一方で文化多様性はなぜ必要なのだろうか。この問いに対しても、経済的価値と非経済的価値の両面から答えることができるだろう。経済的価値、あるいは人間にとっての有用性という立場からは、地球上のさまざまな環境条件に社会的に適応するためには多様な文化が存在していなければならないという点が上げられる。自然界でも異なる環境条件には異なる生物が生息しているし、大きな環境変動が起こった場合には生物種が交代することが当然予測される。このことは生態系のレジリアンス（外的な攪乱を与えた場合のシステムの持つ耐性あるいは復元力）と生物多様性が大きく関係していることを示唆している。[26] これと同じように多くの伝統的農業で見られるように、それぞれの農家が栽培植物や家畜の品種の多様性を高い状態で維持することで、異常気象などの影響下でも安定な食糧生産を保つことになる。[23] また、野生動物でも家畜でも遺伝的な多様性を保つことで病気や気候変動に対するレジリアンスを高めているといえる。[10] 文化多様性が維持されてきたからこそ、人類は過去のさまざまな環境変動を乗り越えてきたと考え

られるし、将来の環境変動に対しても社会的な適応をなしえるだろう。したがって文化多様性は人類にとって遺産的価値があると同時に長期的な持続に必要となるのである。そしてそのような文化多様性には生物多様性の存在が前提条件であり、生物多様性と文化多様性のつながりである生物文化多様性が大切であることにもつながっている。

生物文化多様性の機能的価値は、多様な自然環境への適応と多様な天然資源の持続的管理の考え方を含むことにある。数百年あるいは数千年にもわたる彼らの自然との関わりのなかで蓄積されたこれらの知識のなかには、多様な天然資源に関して、資源量のモニタリングや収穫制限、あるいは特定の生物種や特定の発達段階の保護や、生息地、なかでも繁殖地の保全など、伝統的生態知識に基づく資源管理あるいは生態系管理の知恵が含まれている。

生物は生息できる地域や環境が限られているからこそ、生物多様性に大きく依存しているわたしたちにはその地域固有の生き物を利用・認識する固有の知識や文化が不可欠である。世界に多様な気候風土があって人々がそこに定着している以上、生物文化多様性が大切であることは間違いない。

多様性の喪失

地球上にいるおよそ一五〇万種程度の生物にラテン語の学名がつけられている。これらを記載種と呼ぶ。しかし、生物学者にとって未知な種、いわゆる未記載種がどれくらいいるのかはわからない。数千万から一億種以上いると推定されてはいるものの、同時にいま地球上から猛烈な勢いで生物が絶滅しつつある。実はこれは人間活動が密接に関係している（図４）。大きなスケールでいえば、地球規模の気候変動によって野生生物がこれまで住んでいた生息環境が失われて絶滅する。他にも、森林開発や海洋汚染などによって生物の生息地を破壊する行為は、そこに生きている生物を絶滅させることにつながる。人間が資源として生物を乱獲してしまうとその直接的な行為によっても生物は絶滅の危機にさらされてしまう。外来種の問題も大きな影響力を持っている。生物を本来の生息地ではないところに移送させてしまうと、移送された場所の生態系を乱してしまうからだ。こういったさまざまな要素によって非常に多くの生物は絶滅の危惧にさらされている。

ただ、生物は人為的影響がなくても自然に絶滅していくことが知られており、地球規模の大量絶滅事件が地質学的

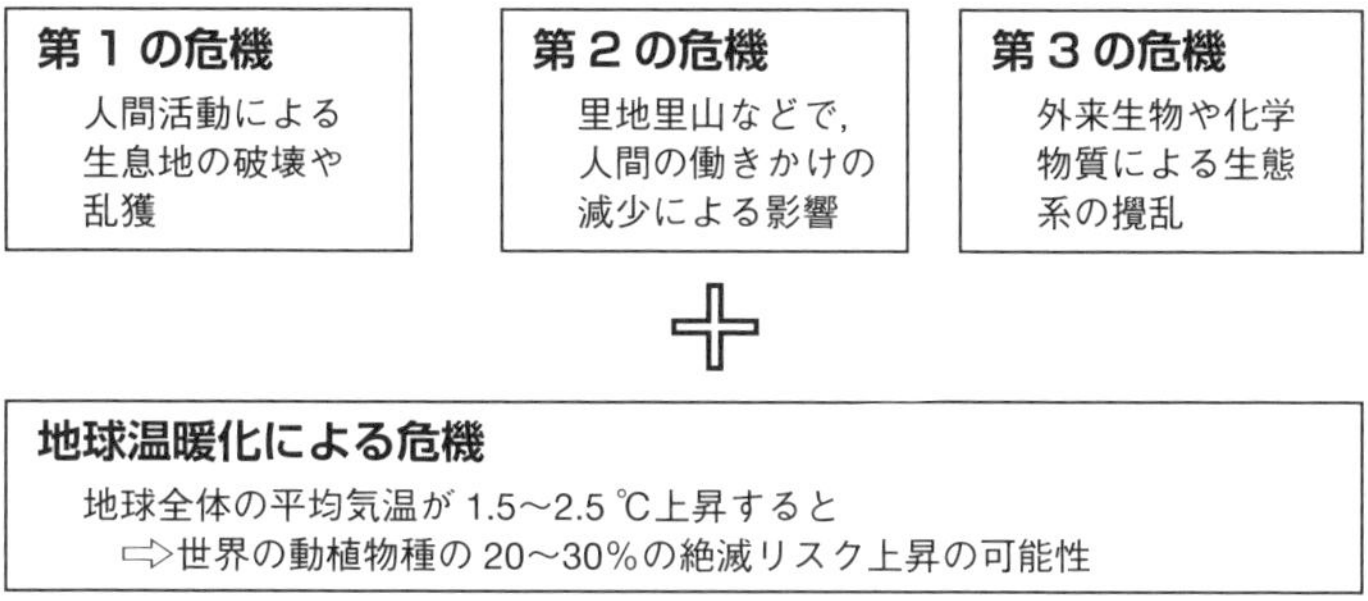
第１の危機
人間活動による生息地の破壊や乱獲
第２の危機
里地里山などで，人間の働きかけの減少による影響
第３の危機
外来生物や化学物質による生態系の攪乱
地球温暖化による危機
地球全体の平均気温が 1.5〜2.5 ℃上昇すると
⇨世界の動植物種の 20〜30%の絶滅リスク上昇の可能性

図４　日本における生物多様性の消失理由の原因(7)

な時間スケールの過去に五回ほどあったと考えられている。もっとも有名なものは、恐竜を滅ぼした白亜紀末の大量絶滅である。だからといって現代の大量絶滅が自然現象であり、看過してよいというものではない。人類が原因となったこの絶滅劇は、過去の絶滅スピードと比べると一〇〇倍も速いスピードなのである。[15]

　もしも生物多様性を損失させてしまったからといって、異なった歴史的背景をもった外来種でその損失分を埋めるようにすると、在来生態系が大きく攪乱される可能性がある。そう考えると、地域をまたいで生物多様性を保全することは難しい。たとえば里地里山としてわたしたちが思い浮かべるものには多様な地域性と歴史性が含まれており、わたしたちの暮らしは地域固有の生物多様性に依存していると同時に、地域の生物多様性に影響を与えている。したがって、地域の生物多様性の損失は単に生物が絶滅するという問題だけでなく、その生物とつながっていた別の生物や、人間の文化のあり方にまで重大な影響をもたらすのである。

　生き物を利用する文化という点では、長い年月によって獲得されてきた家畜や作物の品種が失われるという点があげられる。伝統的農法のもとで多様化した栽培品種は、導入育種や近代育種による品種の展開によって地域固有性をなくし、栽培方法と消費者ニーズの均一化によってさらに単純化する。[23] 近年地方品種が見直され、いくつかの作物では品種の減少に歯止めがかかっているが、多様性の低下傾向には変化がなく、作物の多様性は、作物の種と栽培品種の双方のレベルで失われつつあるのである。[23] とくに戦後、石油消費社会が到来すると、化学肥料や農薬、加温施設などで栽培環境をコントロールし、加えて機械による栽培・収穫で生産性の向上を図ろうとする近代農法が、国や国際機関の主導で世界的に広まった。また、生産・流通・消費の効率化のために、形質が不ぞろいな在来品種に変わって、品種内の遺伝的多様性が小さい固定品種やF1品種といった近代品種が用いられるようになった。現在、人類の食料の約八〇%は生産量も作付面積も大きいイネやコムギなど二〇種の作物によってまかなわれており、一つの作物種は少数の品種によって占められている。[23]

グローバル化と地球環境問題

人間は単に資源管理や収奪を行っているだけでなく、積極的に生態系を改変して生態系サービスを引き出す生態系改変者として大きな作用を及ぼしてきた。約一万年前に農耕を開始してから、人間は飛躍的に自然を改変することになった。

現代社会では、生物多様性も文化多様性も共通の原因で喪失している。文化の均質化と単純化を推し進めているのと同じ力、たとえば多国籍企業や農業の近代化、グローバルな市場といったものが、生物相の均質化と単純化を進めている。この半世紀、世界各地で地域の生物資源で衣食住とエネルギーの大半をまかなってきた生活が消えていき、そのかわりに低廉なエネルギーを使って、地域の気候風土とは必ずしも調和しない生活を受け入れてきた。蒸し暑い日本の夏に背広とネクタイを着用する衣生活や、北極圏で一〇〇%輸入に頼るコムギと牛肉を使ったハンバーガーを常食する食生活、熱帯域や亜熱帯域でわざわざ気密性の高い建物に住んで冷房を効かす住生活は、そのわかりやすい例といえる。

もちろん、グローバル化によって、豊かで便利な生活が普及し、飢饉や災害には即座に海外からの援助を得ることができ、多くの人々が最新の医学や薬学の恩恵を受けるようになった。しかし、それは資源やエネルギーを際限なく消費し、大気や土壌、水中に化学物質や汚染、温室効果ガスを多量に排出する生活でもある。それにもまして、グローバル化した市場における競争を通じて地場産業が衰退し、地域の有用資源が使われなくなり、地域間・地域内の経済格差が広がっている。このような経済原理に沿った、わたしたちの行動そのものが、地球温暖化や生物多様性の喪失などの地球環境問題を産み、経済成長がもたらす利益の公平・衡平な享受を妨げ続けているといえる。

このようなグローバルな市場が持つ、生物文化多様性を均質化する圧力の強さを考えると、生物文化多様性を守ることは一見きわめて困難に見える。しかしながら、強いグローバル化の圧力に抗して、いまなお高い生物文化多様性が保たれているという事実にも目を向ける必要がある。図5は各言語を話す人口比を示した円グラフである[19]（公用語ではなく母国語に関する集計）。英語は世界各地で公用語として使われているものの、母国語として英語を話す人の割合はわずか六%にすぎない。一方、世界の人口の約半数は、主要一〇か国語以外の言語を母国語としている。このような言語の多様性が、他の文化要素の多様性や、生物多様性と深く結びついていることは言うまでもない。

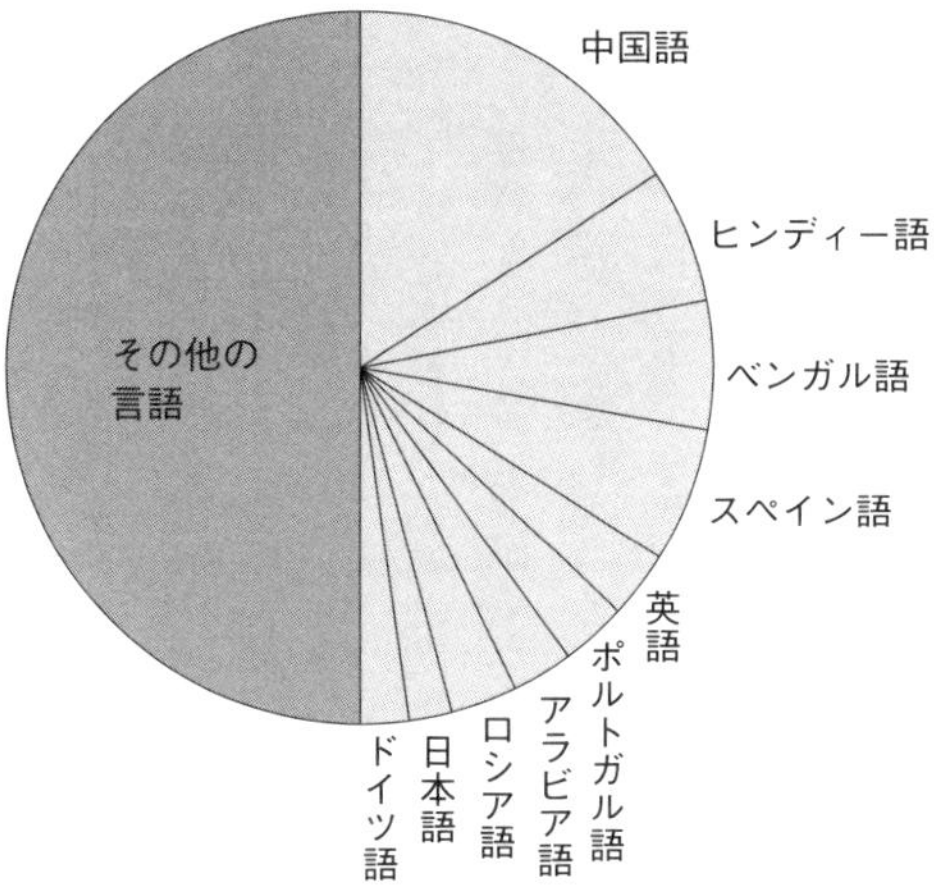

図５　言語から見る文化多様性[17]

さいごに

人類史的にみて、現代は石油バブルの時代である。石油を利用した文化は世界中に広がり、プレ石油時代に蓄積された豊かな自然とそれを用いる生物文化多様性は蹂躙されている。しかしながら、ポスト石油時代、すなわち石油が枯渇し、石油に頼れない時代はいずれやってくる。プレ石油時代に培われた生物を用いる文化がポスト石油時代にきっと必要になる。そのときには伝統的な方法に新しい技術を加えることでポスト石油時代にふさわしい科学伝統混合技術を利用していかねばならないだろう。そうなるならば、現代の石油バブル時代において、プレ石油時代の生き物と生き物を使う文化が蹂躙されるのを野放しにしておくわけにはいかないし、生物多様性と文化多様性、それらの相互作用が失われるのを防ぎつつ、ポスト石油時代に向けてそれらを発展的に継承してゆかねばならない。

生物文化多様性を発展的に継承することは、決して「過去へ帰れ」というノスタルジックなものではない。言語の多様性に代表される文化の多様性を維持しながら、多様な自然や風土のなかで、長年培われてきた再生天然資源の枯渇を招かず、さまざまな生態系サービスを持続的に利用してきた知恵を活かすことで、環境負荷を抑えた、しかも豊かな生活を推進するという極めて現代的な課題の解決につながっていくはずである。

生物多様性と文化多様性が相補的関係にあるという認識は、「リオの地球サミット」で出された「世界生物多様性保全戦略」にすでに言及されている。副題は「地球の生物的な富を持続的かつ公平に守り、研究し、利用するための指針」とされ[28][18]、生物多様性が基盤サービスであるという概念と通じている。また、地球サミットで合意された生物多様性条約条文の第八条では、先住民や地域共同体の生物多様性に関する伝統的知識の尊重・保全に締約国が責任を負うことが明記されている。ただし、「生物文化多様性」という概念が文書で正式に提唱されたのは、一九九八年に開催された第一回国際民族植物学会のベレン宣言が最初である。[13] このベレン宣言に端を発する生物文化多様性保全の取り組みを通じて、一九九六年にはTerralinguaという国際的な科学者のネットワークが組織され、UNESCO、WWFなど他の国際機関やNGOと連携をはかりながら、現在も活発に活動を続けている（http://www.terralingua.org/html/home.html）。

文化多様性と生物多様性の関係性とはすなわち、生物多様性を利用の対象と捉えることであり、生物文化多様性とはそのかかわりあい方の多様さである。生物多様性を保全するということは、現在、そして未来にわたって利用のポテンシャルを高く保っておくことに繋がる、と捉えられていることもみてとれる。

言い換えれば、生物多様性も含めた自然資源を「持続的に」現在から未来にわたって利用していくために必須のもの、として文化多様性が位置づけられている。つまりは、生物学的な多様性があれば利用可能な資源としてのポテンシャルが高く、しかも文化多様性をはぐくむ基盤としても機能する。逆に、文化多様性が高いということは、個別性や多様性を有した地域の生態系から資源を持続的に利用するのに必要な「伝統的知識」が保証されている、という位置づけである。これが本章冒頭の、生物多様性と文化多様性の相互依存や相互作用を生物文化多様性と捉える、ということの意味である。

生物文化多様性とは何かという問いに対して、生物多様性と文化多様性という両輪の相互依存や相互作用が、人類の持続的発展のために重要である、という捉え方からとりかかった。これからの課題のひとつとして、現在のわたしたちにとって現実味のある生物の多様性とのかかわり方を具現化できるかということが挙げられる。以下の各章も通じ、それを描き出す端緒となることを期して、本論を締めくくる。

第4章　人類五万年の環境利用史と自然共生社会への教訓

矢原徹一

はじめに

人間の歴史は、自然破壊の歴史だったと言っても過言ではない。しかしその歴史の中で、自然を大切に考え、自然を守る営みが続けられてきたことも確かである。人間は、どのようなときに結果として自然を壊し、どのようなときに結果として自然を守ったのだろうか。日本における自然利用の歴史を比較研究することで、この問いに答えることが、私たちのプロジェクトの大きな目的だった。本シリーズはその成果をまとめたものだ。

本章では、プロジェクトの成果も参照しながら、より広い視点でこの問題を考えてみたい。このため、空間的には地球全体を視野におき、時間的には人間がアフリカを出た約五万年前まで歴史をさかのぼることになる。これは壮大なチャレンジであり、一自然科学者の手に負える問題ではないかもしれない。しかし私は、生物進化という、再現性のない歴史を対象とする自然科学の一分野を研究してきたので、進化生物学の方法論を人間の歴史に応用することはできる。そして幸いなことに、進化生物学の方法論を人類史に応用する試みは、ダイアモンドの著作『銃・病原菌・鉄』によってその基礎が築かれている。本章では、ダイアモンドが築いた基礎のうえに立って、上記の問題を考えてみたい。

いま、人間の歴史は大きな曲がり角にある。拡大を続ける人間活動が、地球環境に大きな負荷をかけていることは、いまや誰の目にも明らかである（表1）。したがって、人間活動を持続可能なものに変えることが、人類的課題となっている。日本政府の「二一世紀環境立国戦略」（二〇〇七年決定）では、社会を持続可能なものに変えるための目標として、低炭素社会、循環型社会、自然共生社会という三つの目標が設定されている。これらの目標は、温暖化の危機、資源浪費の危機、生態系の危機*1に対応しており、持続可能な社会に向けての私たちの課題をわかりやすく整理している。これら三つの目標のうち、本章では特に自然共生社会に注目する。なぜなら、温暖化の危機、資源浪費の危機は近代社会になって顕在化したものだが、生態系・生物多様性の危機は、古い歴史を持っているからである。人間の歴史を通じて、「自然を守る」ことは、生態系・生物多様性を守ることにほかならなかった。人間は、どのようなときに生態系・生物多様性を守ったのだろうか。これが、本章で取り上げる基本問題である。

表１　12の環境問題ダイアモンド[7]を改訂

- 天然資源の枯渇：
  - ①ハビタット（森・湿地・さんご礁・海底など）
  - ②野生の食糧源（魚介類など）
  - ③生物多様性（土壌生物・ポリネータ（花粉媒介者）など）
  - ④土壌（農地での侵食は森林比で500～１万倍）
- 天然資源の限界：⑤化石燃料　⑥水　⑦光合成能力
- 人間が作り出した有害物：
  - ⑧有害物質　⑨外来種　⑩温室効果ガス
  - ⑪人口増加
  - ⑫１人あたりの環境負荷量の増加

なお、自然共生社会とは、多種多様な生物資源と限りのある地球環境を持続的に利用しながら、物質的にも精神的にも豊かな生活を実現する社会だと私は考えている。低炭素社会、循環型社会が、主要には工学的技術の改良により達成可能な目標であるのに対して、自然共生社会の達成には、生物資源を持続的に利用するという物質的な面での追求に加え、教育・レクリエーション・文化活動などを通じての精神的な豊かさの追求が必要とされる。両者は密接に関連しており、「自然を守る」行為には、有用な生物資源の保全という経済的側面と、お金に代えられない存在としての自然を大切にしようという側面がある。このため、自然共生社会という社会目標には、経済的な数値目標として設定可能な面だけでなく、未来社会のあり方に関するビジョンが含まれる。そこで、人間が生物資源をどのように利用し、生態系をどのように変えてきたかを概観し、上記の基本問題について考えたうえで、人間の歴史を通じて生まれた自然観を比較し、自然を守るうえでの自然観の意義についても検討する。

一　ダイアモンドの方法

まず、人間の歴史に対して、進化生物学の方法がどのように有効かについて、整理しておきたい。それは、ダイアモンドが二冊の著作[5][7]（『銃・病原菌・鉄』と『文明崩壊』）で用いた方法を整理することでもある。

生物進化のプロセスは、系統樹とよばれる二分岐の樹状図で表現することができる。図1は、その一例として、類人猿とネアンデルタール人（ホモ・ネアンデルターレンシス）、ヒト（ホモ・サピエンス）の系統関係を示したものである。このような系統樹はある種のモデルであり、複雑な事実関係を抽象化したものである。たとえば、ネアンデルタール人とヒトの間には交雑があった可能性があるが、図では両者が一回の歴史的イベントで二つに分かれたように描かれている。このように抽象化されているとはいえ、系統樹は進化のプロセスで生じたイベント（たとえば種の分岐）の前後関係を表現する方法として、とても有効だ。系統樹の枝上には、特定の性質が進化したポイントを書きこむこともできる。たとえば直立二足歩行という性質は、チンパンジーにはないが、ネアンデルタール人とヒトには共有されている。したがって、この性質が進化したポイントは、ネアンデルタール人とヒトが分岐する前の枝に位置すると考えられる。

この方法を人間（ヒト）の歴史に応用してみよう。人間は、約五・二万年前にアフリカから西アジアに移住した。[11] その後、一方ではヨーロッパに、他方では東南アジアに広がり、東南アジアへの移住者の中から、オーストラリアに移住し

＊1　生態系と生物多様性は、生物が関与する自然を表す類似の概念である。生態系は生物と環境が互いに影響し合うシステムであるという点に、生物多様性は自然界がたくさんの種で成り立っているという点に注目した表現である。ただし、森林・草原・河川・湖沼・海洋などの景観区分を生態系とよぶことがあり、この場合にはシステム的な考え方は特に注目されない。生物多様性条約では、生物多様性を遺伝子・種・生態系レベルの多様性、と定義しており、最近ではこの定義が広く用いられている。この定義に従えば、生物多様性は生態系を含む概念である。一方、「二一世紀環境立国戦略」が指摘した「生態系の危機」には、生物多様性の減少も含まれている。このように、両者は一方が他方を含む意味で用いられることが多い。両者の区別を特に強調する場合には、「生態系・生物多様性」という表現が用いられる。

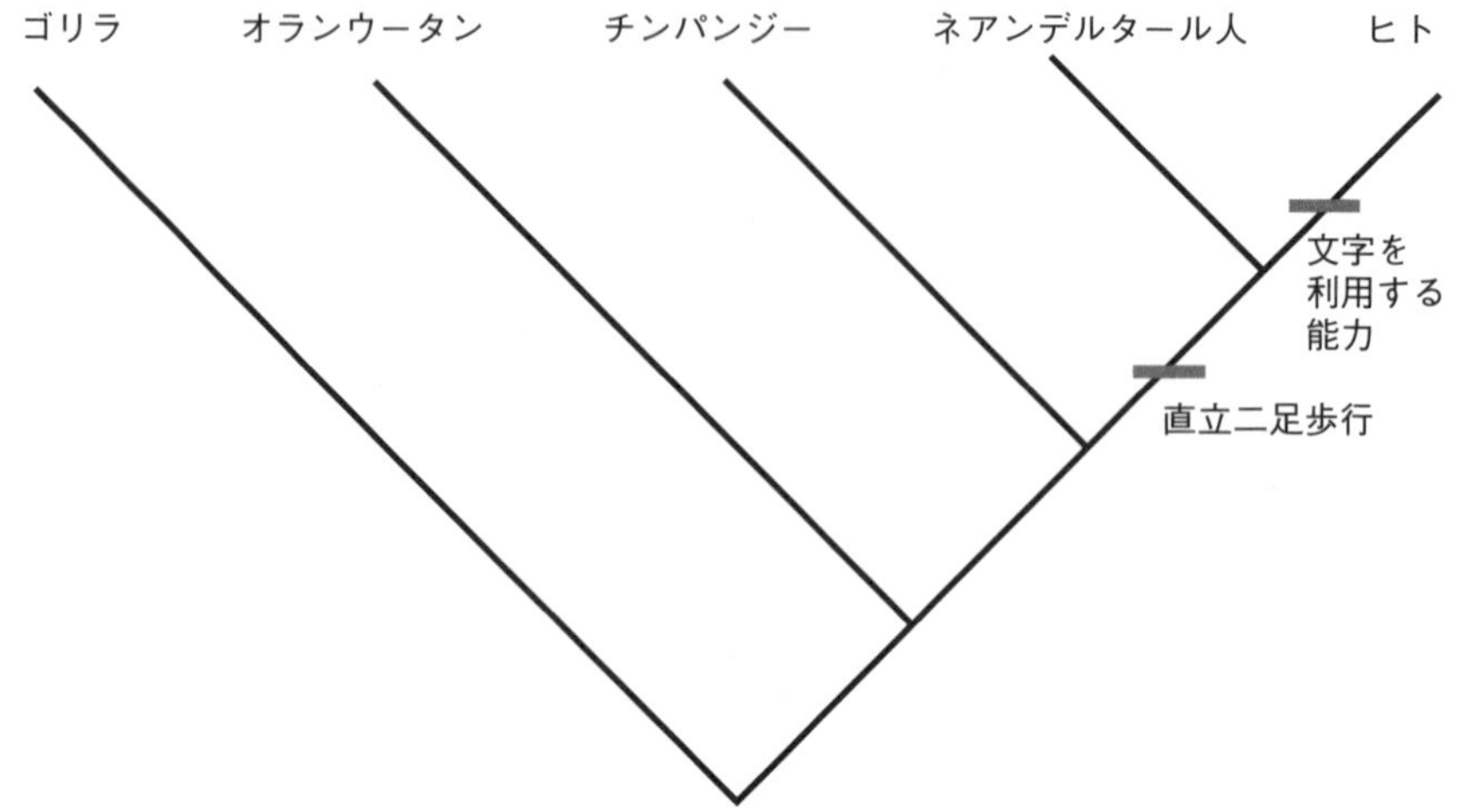

図１　類人猿とネアンデルタール人、ヒトの系統関係を模式化した樹状図

たグループと、中国からさらにアメリカ大陸へと移住したグループが分かれた。このような移住のプロセスは、系統樹と同様に二分岐の樹状図に表すことができる。

図2は、農耕が独立に開始された五つの地域へのヒトの移住の歴史を樹状図で表したものである（農耕起源地ではないオーストラリアは省かれている）。この図にはまた、各地域で飼育・栽培化された動植物が記入されている。この図から、植物の栽培化は五つの地域で独立に起きたが、家畜の飼育は西南アジア〜ヨーロッパ（具体的にはメソポタミアを中心とする肥沃な三日月地帯）と中国の二地域でだけ起きたことがわかる。家畜は、食用としての利用だけでなく、農地開墾・土木工事などの動力源として利用された。動力源として威力を発揮するウシを家畜化できたのは、メソポタミアと中国だけだった。メソポタミアではさらにヒツジ・ヤギが家畜化された。[*2]オオムギ・コムギなどの原種とともに、ヒツジ・ヤギの原種が生育していたのは、チグリス・ユーフラテス川の源流に位置する山岳地帯だった。この地理的有利さこそが、西南アジア〜ヨーロッパに移住した人間が他の地域に先んじて農耕を開始できた主要因であり、そしてこの先発性が、他の地域に先んじて産業革命を成し遂げる有利さを生み、ひいては他の地域の植民地

化と経済支配を可能にしたというのが、『銃・病原菌・鉄』[5]においてダイアモンドが展開した主張である。

ダイアモンドはまた、人間に感染症を引き起こす病原菌の多くは家畜起源であるという事実[28]に着目した。西南アジア〜ヨーロッパに移住した人間は、ウシに加えて、ヒツジ・ヤギを家畜化し、牧畜を営む生活を長く続けたために、家畜由来の感染症に対する抵抗性を獲得した。しかし、新大陸に移住した人間は、ウシ・ヒツジ・ヤギなどの家畜を持たなかったために、これらの家畜由来の感染症に対する抵抗性を獲得する機会がなかった。その結果、コロンブスの新大陸発見以後にヨーロッパから持ち込まれた病原菌は、インカ帝国で流行して甚大な被害をもたらした。ピサロ率いるスペインの部隊がインカ帝国に侵攻する前に、インカ帝国の人口は感染症によって大きく減少し、その国力は衰退していた。インカ帝国最後の皇帝アタワルパは、先代皇帝や次代候補が次々に病死したために、若くして即位したという。このような感染症の流行が、わずか一六八名のピサロの部隊によって軍勢では圧倒的に上回るインカ帝国が滅ぼされた主因のひとつだとダイアモンドは主張した。[5]

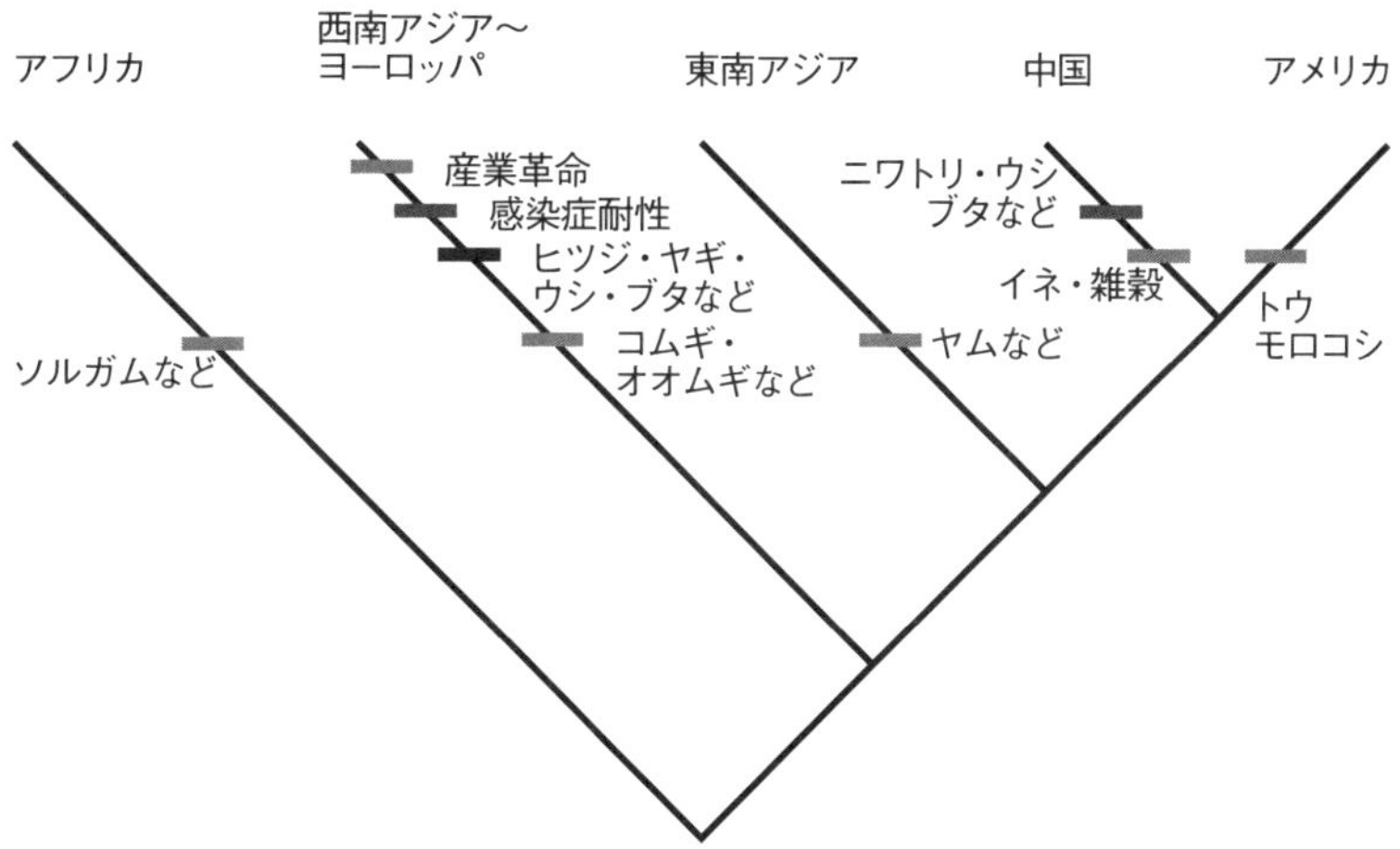

図２　農耕開始地へのヒトの移住の歴史を模式化した樹状図

＊2　ウマは中央アジアで家畜化され、後にメソポタミアや中国にもたらされた。

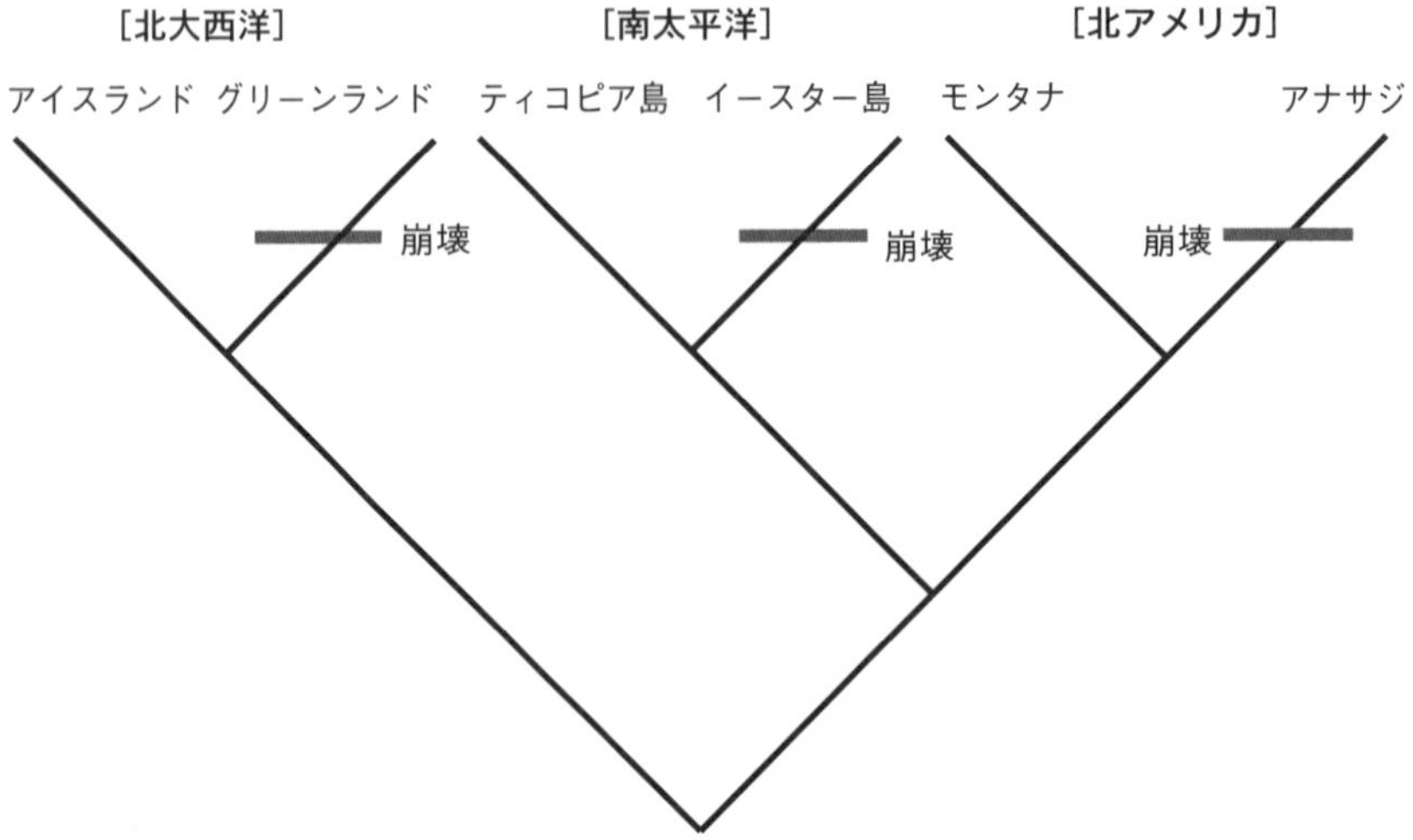

図３　崩壊した社会と持続した社会の歴史を模式化した樹状図

このようなダイアモンドの立論は、著作中で図示こそされていないものの、図2のような樹状図に基づく進化生物学的比較法に依拠している。進化は歴史なので、実験的に再現することはできない。しかし、過去の進化において繰り返し生じたイベントには、共通の要因が関与しているだろう。一方で、ある系統だけで生じたイベントには、その系統に固有の要因が関与しているだろう。このように考えることで、歴史に関する仮説を検証する道が開かれる。今や進化生物学は、系統樹に依拠した仮説を、高度な統計学的手法で検証する方法論を築きあげた。人間の歴史に関しては、まだ仮説を統計的に検定するところまで、方法論が整備されていない。ダイアモンドの推論は、進化生物学的比較法に依拠しているとはいえ、定性的な段階にとどまっている。それでも、人間の歴史の研究に進化生物学的比較法を適用し、歴史上の因果関係を推論する一般的な枠組みを提示した意義は大きいと言えよう。

このような進化生物学的比較法は、『文明崩壊』(7)でも採用されている。この著作で、ダイアモンドは、「独立に」崩壊した社会を比較している。「独立に」という意味は、個々の崩壊した社会に隣接しながら、崩壊しなかった社会があるという意味である（図３）。崩壊した社会に見られるが、それに隣接しながら、崩壊しなかった社会には見られない要因の中に、文明崩壊の原因がひそんでいるはずである。このような要因の中から、共通性が高いものを選び出すことで、文明を崩壊させる一般的な原因を探ることができるだろう。
　このような視点で「独立に」崩壊した社会を比較した結果、それらに共通するのは、人口増大と森林破壊であった（表2）。同じ視点で、崩壊せずに持続した農耕社会を比較してみると、自然環境の強み、育林（育苗をともなう林業）、および人口制限を含む指導者の長期的判断が共通要因として浮かび上がった。より厳密な検証のためには、さらに比較する例数を増やし、共通性が統計的に支持されるかどうかを調べる必要があるが、農耕社会の持続性と崩壊を分ける要因について、有力な仮説が提示された意義は大きい。

表2　崩壊した社会と持続した社会を分けた要因[7]

〈崩壊した社会〉

アナサジ：人口増大・森林破壊＋旱魃

マヤ：人口増大・森林破壊＋旱魃＋外敵＋社会の失敗

イースター島：人口増大・森林破壊＋内戦

ノルウェー領グリーンランド：環境被害＋気候変動＋外敵＋友好国の支援の消失＋社会の失敗

〈持続した農業社会〉

ニューギニア：自然環境の強み＋育林＋人口制限

ティコピア島（南太平洋）：自然環境の強み＋育林＋人口制限

江戸時代の日本：自然環境の強み＋育林＋指導者の長期的判断

アイスランド：指導者の長期的判断（厳格な自然保護）

二　農耕以前の人間による自然破壊

　ダイアモンドは、上記のような方法で、農耕開始以後の人間の歴史を包括的に検討した。その結果、人口増大、森林破壊、自然環境の強み、育林、指導者の長期的判断が、農耕社会の持続性と崩壊を分ける共通要因として抽出された。では、農耕開始前の人間は、自然をどのように利用し、社会をどのように持続させ、あるいは崩壊させたのだろうか。ここでは、農耕開始までの人間の歴史を振り返り、「人間の自然保護活動は、なぜ、いつ頃から始まったのだろうか」という問題について考えてみたい。
　人間がアフリカから西アジアにわたり、ヨーロッパや東

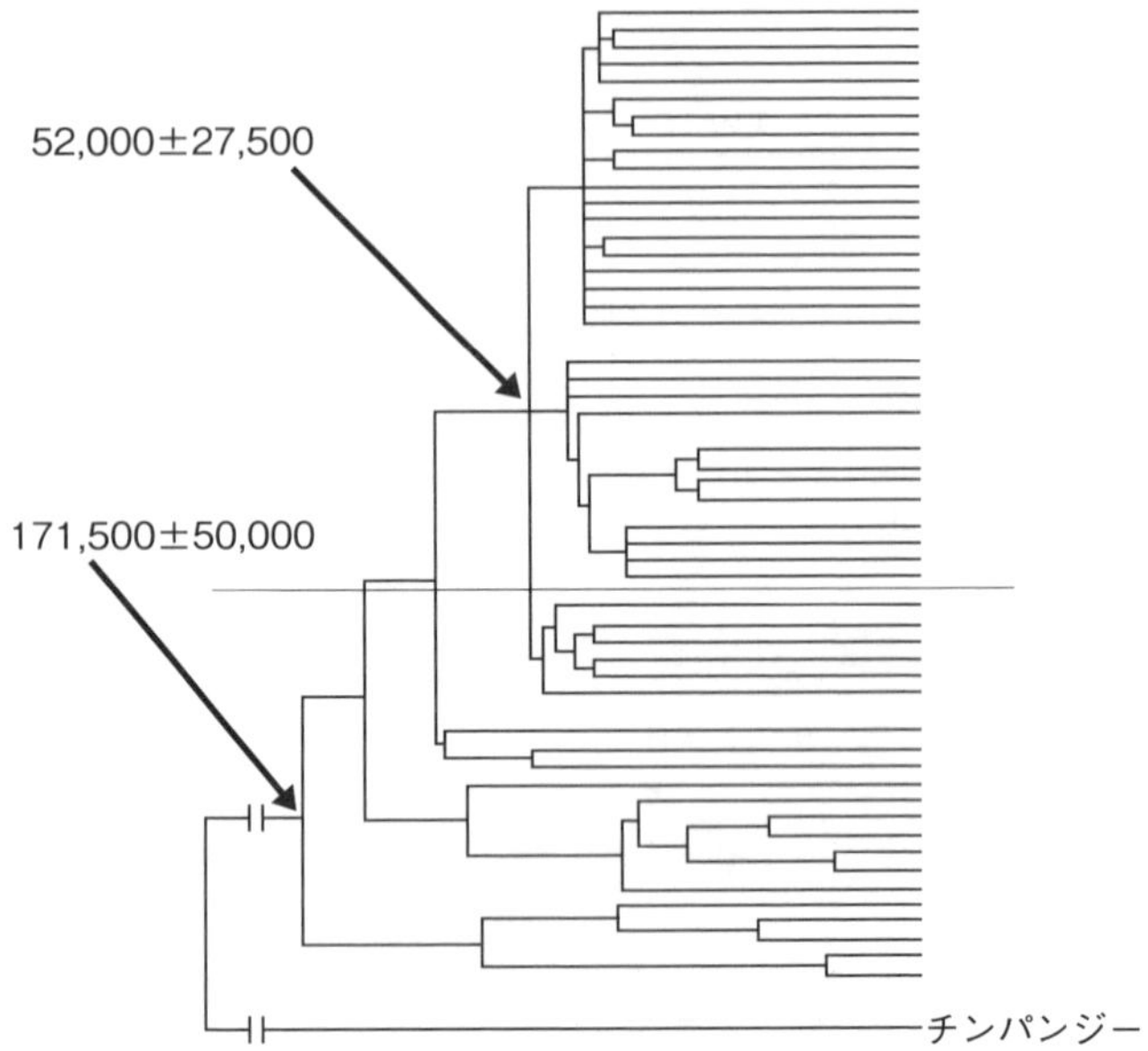

図4　ミトコンドリアDNAによるヒトの系統関係[11]

南アジアへの移住を開始したのは、約五・二万年前のことである。ミトコンドリアDNAの配列にもとづく系統樹（図4）によれば、大部分のアフリカ先住民と、アフリカ以外に住むヒトとの分岐は、五万二〇〇〇±二万七五〇〇年前と推定されている。[11]

一方、レバント（現在のレバノン周辺）の遺跡調査データによれば、約一三万年前にヒト（ホモ・サピエンス）があらわれ、ネアンデルタール人とおよそ五万年間共存したが、その後約八～五万年前にはネアンデルタール人だけの状態が再来し、次にヒトの遺跡が出現するのは約五万年前である。[21]つまり、ヒトは一度アフリカからレバントに移住したものの、おそらくネアンデルタール人との競争に敗れてレバントから姿を消し、今日に続く移住が生じたのは約五万年前と推定される。この結果は、ミトコンドリアDNAの配列にもとづく推定とよく合っている。[14]また、レバントへの移住とほぼ同じ時代（約五万年前）に、ニューギニア・オーストラリアでもヒトの移住を示す証拠が得られている。したがって、二度目にアフリカを出た後の移住はきわめて速かった。おそらく船を使って、沿岸域に沿って移住したものと考えられる。

アフリカを出たヒトは、約四・五万年前までには中国に到達した。日本では三・五万年前の火山灰層の下から旧石器人の遺物が出土する。この時期にはまだ、九州と朝鮮半島はつながっていなかったので、やはり海を渡って移住したと考えられる。その後寒冷化が進み、二万年前には九州と朝鮮半島が陸続きとなり、大陸系の動植物が九州に南下した。阿蘇くじゅう地域に見られるヒゴタイなどの草原性植物は、この時期に渡来したものと推定される。アラスカにはこの時代に、ベーリング陸橋を伝ってヒトが移住した。しかし、アラスカから南には、大規模な氷河が発達していたために、ヒトが移住することはできなかった。氷河が溶け、カリフォルニアへの移住ルートが開けたのは、約一万二〇〇〇年前のことである。その後ヒトは、ほぼ一万年前には、南米大陸の南端まで移住している。

このような移住の過程で、ヒトはマンモスをはじめとする大型哺乳類を狩り、多くの大型哺乳類を絶滅させた。その絶滅の時期は、ヒトの移住時期とよく一致することがわかっている。[1] たとえばオーストラリアでは、五万年前から四万年前にかけて、大型有袋類が六種絶滅している。当時は気候が安定していた時代なので、絶滅の原因は人間による狩猟だと考えられる。これらの絶滅種の中には、現存する有袋類の種よりも大きな、ゾウのような巨大種もいた。このような大型哺乳類は、大型であるゆえに発見されやすかった。また、人間が移住する前には、大型哺乳類に対して大きな脅威となる捕食者がいなかったために、捕食者に対する逃避行動を持っていなかった可能性が高い（現存種でも、植民地時代まで無人島だった島の大型動物は、逃避行動を発達させていない場合が多い）。その結果、大型の哺乳類ほど、人間によって滅ぼされやすかったと考えられる。

北米では、ヒトが南下した直後の一・二万年前から一万年前にかけて、マンモスを含む一五種の大型哺乳類が絶滅している。この時期は、氷河が後退した気候変動期にあたるため、絶滅の原因として、人間による狩猟と気候変動のいずれが重要だったかについて論争があった。しかし、オーストラリア、北米、南米、ヨーロッパのいずれにおいても、人間の移住時期に大型哺乳類が絶滅しており、これらの時期は気候変動期とは限らない。進化生物学的比較法にもとづけば、過去に四回繰り返し生じたイベント（大型哺乳類の絶滅・図5）に共通している要因は、人間の移住である。ただし、北米ではおそらく人間による狩猟と気候変動の両方が絶滅を促進したと考えられる。[1]

このように、農耕開始以前の人間は、大型哺乳類のハン

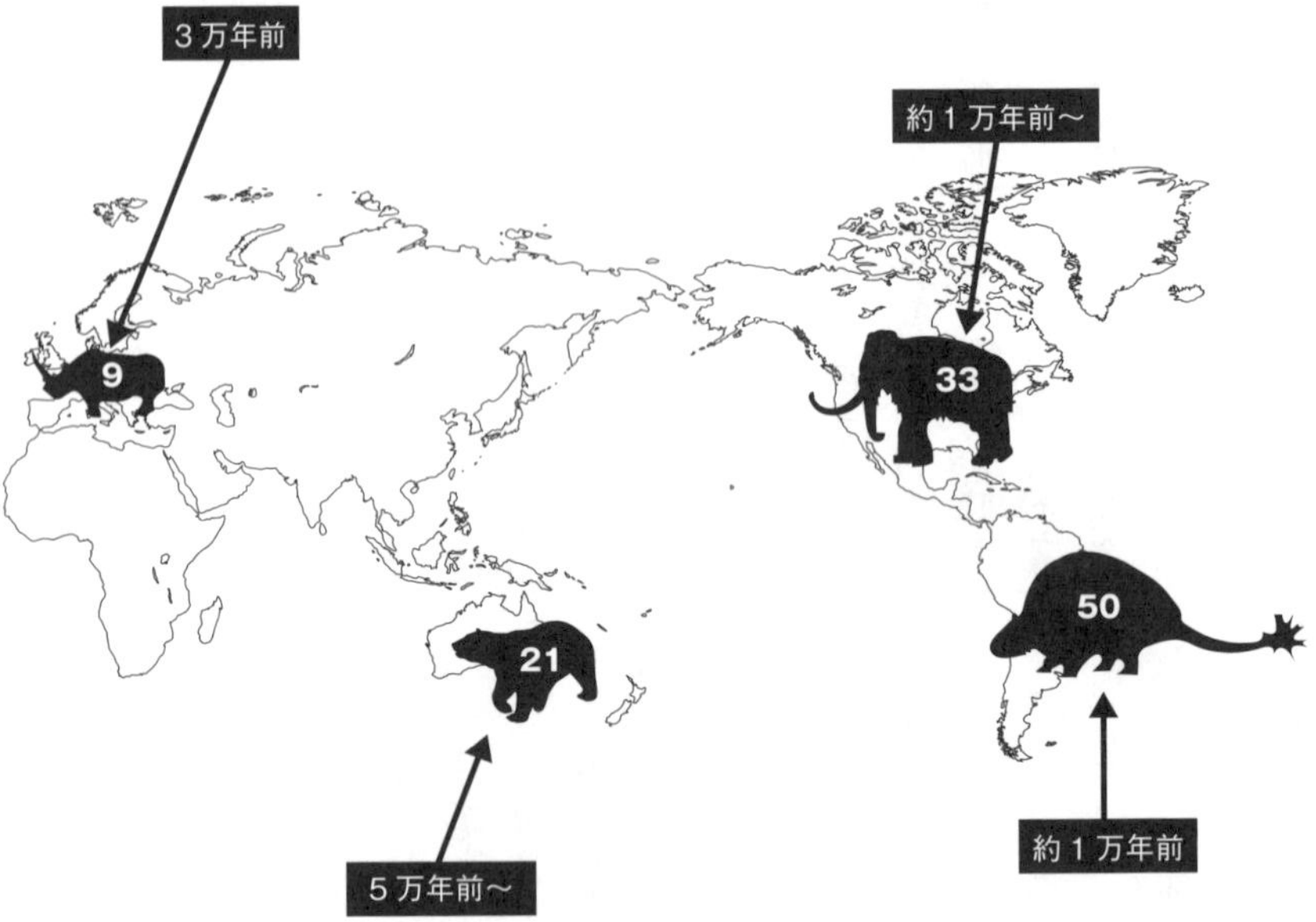

図5　ヒトの侵入と大型哺乳類の絶滅（(1)より改変）

ターとして、多くの種を絶滅させた。おそらく農耕開始以前の資源利用は、ある場所での資源が減れば、次の場所に移住するというものだった。これは、長期的判断をせずに餌をとる多くの動物の行動とほぼ同じである。ただし、人間は動物と違って道具を使い、高い狩猟技術を持っていたために、ほぼ狩り尽くしに近い資源利用をしたものと考えられる。そして、発見しやすく狩りやすい大型哺乳類が狙い撃ちにされ、次々に滅ぼされたのだろう。大型哺乳類は草食獣であり、多量の植物を食べることを通じて、生態系の状態を決める役割を果たす。したがって、大型哺乳類の絶滅を通じて、生態系の状態は大きく変化したと考えられる。このように、農耕開始以前（狩猟採集生活時代）の人間は生態系の状態を大きく変えた点で、自然環境の破壊者だった。農耕の開始が人間による環境破壊の始まりだとする見解があるが、これは正しくないだろう。

三　農耕の開始が持つ意味

農耕は、少なくとも五つの地域で独立に開始された（図6）。最も早かったレバント（肥沃な三日月地帯の地中海側斜面）では、約一万三〇〇〇年前には開始された（紀元

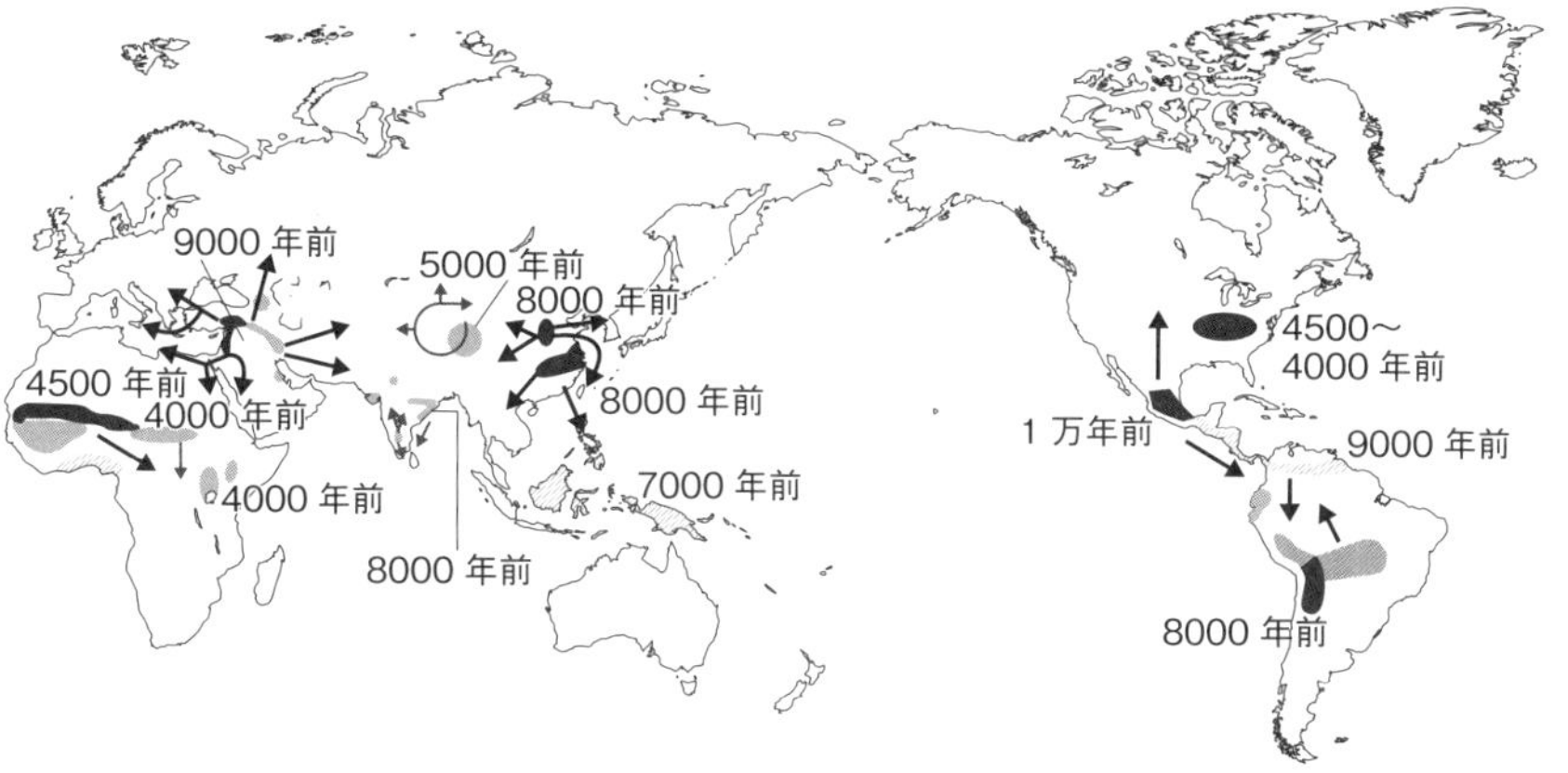

図 6　農耕の起源地とその伝播（(8)より改変）

前一万七〇〇〇年から栽培型ライムギが出土する）。その後、中国とニューギニア高地で九〇〇〇年前に、メキシコ（中央高地）とアフリカ（サハラ南部）で五〇〇〇年前に開始された。[8][18] 農耕の開始を促した要因については、さまざまな説がある。レバントにおける農耕の開始時期は、ヤンガードリアス期とよばれる気候変動期（紀元前一万一〇〇〇年に始まる急速な寒冷化が起きた時期）とほぼ一致するため、気候変動による生物資源の減少が引き金になったと考える研究者が多い。[2] ただし、栽培型ライムギが出土した遺跡はヤンガードリアス期直後から約千年間放棄された。また、栽培型のコムギやオオムギが多量に出土するようになるのは、紀元前八五〇〇（一万五〇〇〇年前）のことである。[3] 世界的には、農耕が開始された時期には一万三〇〇〇年前～五〇〇〇年前という大きな地域差があり、農耕開始と気候変動の時期は必ずしも一致していない。これらの理由から、気候変動が農耕の開始を促した共通要因とは考えにくい。[6]

共通要因として可能性があるのは、①人口増加、②大型哺乳類の利用度低下、③食材の多様化、[*3] などである。おそらくこれら三つのプロセスが、互いに影響しあいながら進行したものと考えられる。旧石器時代のヒトは食材を多様化させ、カメや貝類のように捕獲の容易な小動物を利用す

表3　メソポタミアにおける主な植物資源

- アマ
  繊維（リネン）、種子（亜麻仁油、食用、薬用）
- ナツメヤシ
  果実（デーツ）、種子（飼料）、繊維、材
- ブドウ
  ワインの原料
- オリーブ
  食用、薬用、香水、ランプの油
- ニラ、タマネギ、レンズマメ、コムギ、オオムギ
  食用；チグリス・ユーフラテス流域の肥沃な土壌で栽培された

表4　河姆渡遺跡で出土した植物資源

- ヒョウタン
  容器、漁具、種子油
- どんぐり類（マテバシイ属・アカガシ亜属）
  種子（貯蔵可能な食糧）
- チャンチンモドキ
  果実（食用、薬用）
- 野生モモ（*Prunus davidiana*）
  果実（食用）
- オニバス
  茎・根（野菜）、種子（デンプン）
- エンジュ
  葉・根（薬用）、果実（染料）
- ハトムギ（ジュズダマ）
  種子（貯蔵可能な食糧）
- トウビシ（*Trapa bispinosa*）
  種子（貯蔵可能な食糧）
- イネ
  種子（貯蔵可能な食糧）

るとともに、ウサギのようなより捕獲しにくい小型哺乳類や、調理により手間を必要とする植物も利用するようになったことがわかっている。このような食材の変化は、レバント、カリフォルニアなどの旧石器時代の遺跡で共通して確認されている[4,22,23]。その結果、ヒトの生活は、狩猟中心から採集中心へと変化した。カリフォルニアでは、どんぐり類の利用がさかんになった。レバントでもどんぐり類が利用されたという推論[13]があるが、確実な証拠はない。海岸から三〇〇〇メートル級の山岳への勾配を持つレバント地域には、穀類（オオムギ、コムギ、ライムギの原種）、豆類（エンドウマメ、ヒヨコマメなど）、カシ類（どんぐり）が自生していたので、おそらくこれらがすべて採集の対象となっただろう。メソポタミアでは、低地のステップ草地でウマゴヤシなどの小型豆類が、六〇〇〜一五〇〇メートルの山地帯ではオオムギ・コムギの原種や、カシ類、アーモンドなどの堅果が採集されていた[9]。中国（浙江省跨湖橋《ここきょう》遺跡や河姆渡《かぼと》遺跡）でも、哺乳類の狩猟に加えて、穀類（野生イネ、ハトムギなど）、カシ類、ヒシやオニビシの種子、野生モモやチャンチンモドキの果実など、多様な植物種の種子・果実が採集され、利用されていた[31]。

これらの多くは貯蔵可能な食糧であり、実際に貯蔵され

ていた。このような貯蔵食物（種子・果実）を利用する食生活は、より安定した食糧供給をもたらし、より定住的な生活を可能にした。また、種子・果実の貯蔵は、播種による栽培行為を準備したと考えられる。

狩猟採集社会から農耕社会に移行する過程では、①貯蔵食物（種子・果実）への依存度の増加、②定住性の増加、③人口増加、④社会的分業・技術革新による生産力の向上、⑤居住地周辺の資源利用度の低下（環境破壊）、⑥栽培・飼育への依存度の増加、などの変化が生じた。これらの変化は、あるとき急激に生じたというよりも、連続的なものだった。本格的な農耕開始前の社会においても、ヒトはある程度の定住性を発達させ、植物を栽培していたことが知られている[9][19][23]。これら六つの変化は、互いに正のフィードバックをもつ関係にあった。すなわち、貯蔵食物の利用は定住性を高め、人口増加をもたらし、人口増加は生産力を向上させる一方で環境破壊を激化させ、栽培・飼育への依存度を高めたと考えられる。気候変動や災害もまた、栽培・飼育を促進する要因になったと考えられるが、その影響の大小や、効果をもったタイミングは、個々の農耕社会によって大きく異なっていただろう。

農耕の開始は、環境破壊の開始と見なされることがしばしばある。この点について、メソポタミアを例に考えてみよう。メソポタミアの農耕は、レバント（地中海側斜面）で紀元前八五〇〇年に本格的に開始された農耕が、チグリス・ユーフラテス川流域に展開したものと考えられる。楔形文字が使われ始めた前期青銅器時代のメソポタミアの記録を調べると、メソポタミアの人たちはオオムギ、コムギ、アマに代表される一年草だけでなく、ニラ、タマネギなどの多年草（球根植物）、オリーブ、ナツメヤシ、ブドウなどの木本性植物を栽培していたことがわかる[30]（表3）。これらは自然状態では同じ場所には生育しない。このため、狩猟採集時代の（栽培を始める前の）メソポタミア人は、これらの資源が得られる生育地を求め、低地のステップ草原（一年草や球根植物の生育地）からザクロス山地のカシ

＊3　食材の多様化は、人口増加や大型哺乳類の利用度低下のもとでの、調理技術の進歩の結果として生じたと考えられる。ただし、この結果が原因となって、さらなる人口増加や調理技術の進歩が生じ、これらの要因間の正のフィードバックを通じて、農耕の開始が促された可能性がある。

林（木本性植物の生育地）まで、数百キロメートルの距離を移動していた。[9] オオムギ、コムギの種子にせよ、ニラ、タマネギなどの球根にせよ、生育地における略奪的な利用が進めば、減ってしまう。植物は移動しないので、「採り尽くし」も容易である。このような略奪的な利用が長期的持続性を欠くことを学んだ結果、「栽培」という技術が開発され、多様な植物を隣接した場所で育てる行為（すなわち初期農耕）が開始されたのだろう。この点で、農耕の開始はむしろ、人間による自然保護（生物多様性資源の保全）の始まりだったと見なすことができる。もちろん、農地の拡大は森林伐採などの新たな環境破壊を生み出した。しかし、長期的な判断にもとづく資源の保全という、他の動物にはほとんど見られない資源利用戦略を人間が採用したのは、農耕の開始によってであった。

農耕の開始にともない、人間は農地の高い生産力を利用し、同じ場所に住み続けるようになった。その後の技術革新により、生産力の拡大とともに余剰食糧の貯蔵が進み、より高い人口密度が維持可能になった。このような農耕をともなう定住生活は、技術の高度化、社会的階層分化、中央集権化、軍隊の保持という四つの大きな有利さを人間の社会にもたらした。[8] その結果、これらの利点を持つ農耕民*4が農耕起源地から周辺地域へと移住し、狩猟採集社会にとって代わった。日本の場合、稲作・灌漑技術を持った弥生人が渡来し、縄文人にとって代わり、日本の稲作文化の基礎を築いた。その渡来期はまだ確定していないが、約三〇〇〇年前には渡来していたと推論されている。

農地の拡大は環境破壊をともなったが、その影響は地域によって異なった。メソポタミアなど降雨量が少ない地域では、農地の塩性化が深刻なものとなった。降雨量が少ない地域で灌漑農耕を続けると、作物による吸水の過程で土壌中の塩分が農地に集積される。その結果、作物を栽培することが難しくなる。このような土壌の塩性化が、メソポタミア文明の維持を困難にした主要な原因のひとつであった。[12] メソポタミアではこのほか、気候変動、森林破壊による洪水の頻発と、外敵との戦争が、文明衰退の大きな要因だったと指摘されている。一方、中国・日本などの東アジアでは、モンスーンによってもたらされる豊富な雨量のおかげで、塩性化問題は生じなかった。豊富な雨量は、東アジアにおける農業の持続可能性を支えてきた、重要な要因である。

東アジアにおける稲作農業がいつ、どのようにして成立したかという問題は、長年論争が続けられてきたテーマである。最近、上海市近郊に位置する跨湖橋（クアフーキャオ）遺跡から、稲作農業の成立前後にまたがる、かなり決定的な研究成果が発表された。(31) この研究によれば、跨湖橋遺跡が成立した九〇〇〇年前には、ヒトはまだ狩猟採集生活を送っていたが、七八〇〇年前にイネ科花粉の増加、カシ類の花粉の減少、微粒炭の増加、便虫卵の出現、居住地型への胞子類の変化がほぼ同調的に起きた。イネ科花粉の増加はイネの栽培化を示す証拠であり、カシ類の花粉の減少は森林伐採を、微粒炭の増加はヨシ原の野焼きを示す証拠である。また、便虫卵の出現は、他の証拠とも合わせて、ブタの飼育化を示すものと考えられている。

この跨湖橋遺跡は感潮域の河口に隣接しており、河川の氾濫や高潮の影響を受ける位置にあったが、土手や排水路などの灌漑治水工事により、これらの影響が回避されていた。このような農耕が開始された七八〇〇年前から七六〇〇年前にかけて、カシ類の花粉が少なく、微粒炭の増加が著しい時期が続く。しかし七六〇〇年前からは、微粒炭が減少し、ガマの花粉と便虫卵が増加する。この変化は、野焼きを減らすことで、食糧・飼料や繊維として利用できるガマ群落を増やし、ブタの飼育量を増やしたことを示している。またカシ類の花粉が増えるとともに、カエデ属の花粉が検出されるようになる。森林が回復した理由は定かではないが、植林が行われた可能性が示唆される。

このような治水技術をともなう稲作は、弥生人によって日本にもたらされ、日本の自然環境を大きく変えた。縄文人は、燃料としての木材と食糧としての堅果（どんぐり）を集めるために丘陵地の森林を主たる生活の場としていたが、弥生人は丘陵地の河川を改変し、小川やため池という人為的な水辺環境を作り出した。こうして、森と水田と、小川やため池が隣接する、里山の景観ができあがった。このような土地改変は、弥生時代から古墳時代にかけて続けられ、古墳時代の灌漑・治水工事は、農耕のための灌漑工

＊4　進化生物学において、「有利さ」とは淘汰上の有利さを指す。個体に作用する自然淘汰においては、「有利さ」は適応度、つまりある性質を持つ個体が生涯に残す子孫の期待値と定義される。ダイアモンドとベルウッドは、この考え方を人間の社会間の競争に拡張している。彼らの言う「有利さ」とは、競争関係にある社会間で一方が他方より人口増加率が大きいことであり、人間の価値観とは独立に決められる量である。狩猟採集社会よりも農耕社会のほうが社会として優れているという価値判断をしているわけではない。

事を越えて、より大規模なものとなった。たとえば五世紀には、河内平野の水を大阪湾に排水するために、難波の堀江が開かれた。この工事は、淀川の茨田堤《まんだのつつみ》築造とともに、日本最初の大規模な土木事業だったと考えられている。

このような土地改変は、森林面積を減らすなどの点で環境破壊としての一面を持つと同時に、里山の景観を作り出すことで、生物多様性を高める効果ももたらした。里山の景観は、森林におおわれた改変前の丘陵地景観に比べ、小川やため池という水域が多いこと、そしてこれらの水域に隣接するオープンな環境が多いことで特徴づけられる。今日の日本で里山に見られる生物の多くは、このような里山環境に適応している。

このような里山景観の創出が、「自然を守った」行為か、「自然を壊した」行為かは、容易には決められない。農耕開始を通じて、人間は自然（生態系）を管理する技術を発展させた。灌漑農耕と治水に関する技術は、経験的知識にもとづく将来への判断（初歩的な科学）に支えられていた。この点で、「自然を守った」行為と見ることもできる。しかし、小川やため池を造る灌漑工事は、生物多様性を高めることを意図したものではなく、稲作の生産力を高めるという目的で行われたものだろう。その結果、意図せずして、生物多様性を高めることになったと考えるのが妥当だろう。

世界的に見れば、メソポタミアにおける農耕のための土地改変は、塩性化による土壌の劣化と、森林減少による洪水の頻発をもたらした。このような環境劣化は、日本の里山環境が近代まで持続したこととは対照的である。ダイアモンド[(7)]は、日本において農耕社会が持続した理由として、降雨量の多さ、降灰量の多さ、黄砂による地力の回復、土壌の若さなどのおかげで、樹木の再生が早いことをあげている。この指摘は、類似の行為がメソポタミアでは環境を劣化させ、日本では劣化させなかったことを、よく説明している。

初期の農耕は、栽培・灌漑・治水などに関する初歩的な経験科学に支えられていた。この点で、農耕の開始は人間による自然保護（生物資源の保全・生態系管理）の始まりだったと見なすことができる。当時の経験科学は、育林技術を開発する水準にはおそらく達していなかった。このため、農地の拡大は森林の減少を招いた。その結果、環境が劣化し社会の持続性が損なわれた地域とそうでない地域があった。この違いは、樹木の再生速度を決める雨量などの環境要因によってよく説明できるのである。

四　産業革命による多様な生物資源利用の衰退

農耕開始後、産業革命にいたるまでの人間社会は、多様な生物資源に全面的に依存していた。食糧、飼料、木材、繊維、医薬品、嗜好品はほぼすべて生物資源に由来するものだったし、燃料は木材、動力源は家畜だった。食糧に関して言えば、本格的な農業が発展した後も、人間は多種多様な動植物を狩猟・採集し、利用した（日本に関しては第8章を参照）。飼料についても、伝統的な牧畜においては、多様な野生植物を利用してきた。木材の利用範囲はとりわけ広かった。[13] たとえば、自動車・蒸気機関車が登場するまで、荷車・船などの輸送手段はすべて木製だった。輸送用のコンテナが造られたのは産業革命以後であり、それ以前はころがせる木樽が、さまざまな物資の輸送に利用された。軍艦も木で造られていた。コロンブスによるアメリカ大陸発見を可能にしたサンタ・マリア号も、ダーウィンが乗船し世界を一周したビーグル号も、カシ類の材を多用した木製の船だった。

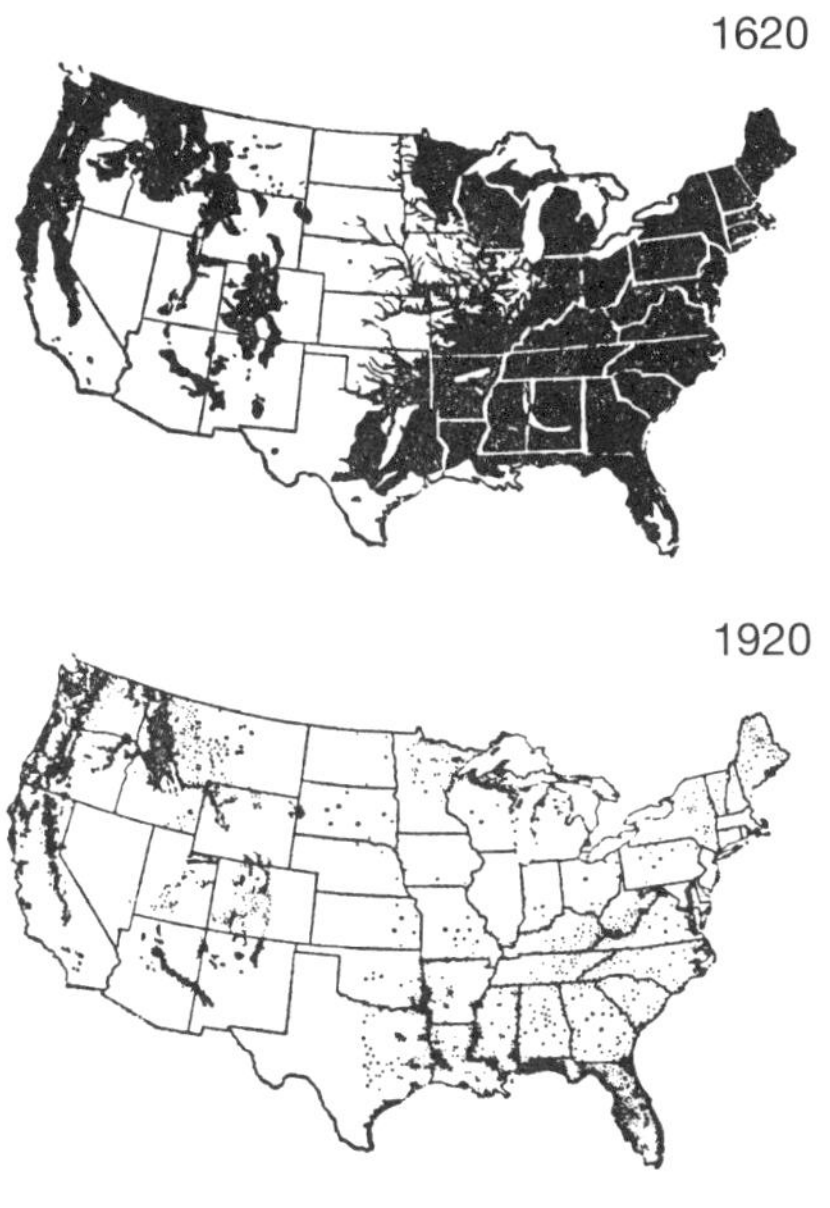

図７　合衆国での森林面積の減少[16]

　このような木材の多面的有用性ゆえに、生産力と人口の増加は、森林への利用圧を増やすこととなった。農耕開始以後産業革命に至るまでに、森林の利用拡大を促進する二つの大きな転換点があった。最初の転換点は製鉄の開始であり、第二の転換点は大航海時代の到来である。製鉄の開始によって、燃料用木材の需要が増大した。さらに、大航海時代の到来によって、造船用木材の需要が増大した。しかし、このような木材の需要拡大は、必ずしも森林の減少を招かなかった。むしろ、木材利用の持続性を確保するための林業が発展した。森林の減少を促進したのは農地拡大だった。木材利用の増加は、林業生産の持続性を高める方向に作用するが、作物生産へのニーズの増加は、森林の農地への転換を促すように作用する。このような森林利用と農地利用のトレードオフは、今日にいたるまで、森林減少の背景にある基本的要因である。

図7は、一六二〇年と一九二〇年のアメリカ合衆国における森林面積を比較したものである。[16] この図から明らかなように、合衆国への植民と、その後の開拓（農地開発）を通じて、合衆国の森林は激減した。同様な変化が、ヨーロッパではより早い時代に起きた。もともとはヨーロッパ大陸全域が森林に覆われていたが、現在では各地に草原的環境が広がっている。牧草地が広がるアルプスの景観は、人間による森林伐採の結果作り出されたものである。

すでに述べたように、『文明崩壊』におけるダイアモンドの分析によれば、農耕社会の持続と崩壊を分けた共通要因のひとつに、育林（育苗をともなう林業）がある。育林技術は、ヨーロッパ、中国、ニューギニアなどで独立に発展した。日本の育林技術は、おそらく中国から由来したものと思われるが、江戸時代には独自の発展を遂げ、高度な水準に達していた。

中国の農業書に学び、『農業全書』（元禄一〇（一六九七）年刊）を著した宮崎安貞《みやざきやすさだ》は、農作物の栽培技術だけでなく、樹木の育苗技術についても記述し、長期的視野で育林を行うように推奨している。たとえば、カシについては、「無類なる用木にて十五の能と云。雑木にくらぶれは、三倍五倍のみならず、薪にしての徳分は、勝ても計べからず」と絶賛し、「一度よく植付をきぬれば、千万年も絶えず、国を富し民をやしなふに大に益あり」と述べ、育苗法を詳しく解説している。このような育林に関する伝統知は、将来を予測し、長期的判断で森林を育てるという考え方に立脚していた。江戸時代には、里山の森林から堆肥用の枝・葉を採っており、その利用強度はかなり大きかったため、森林土壌が貧栄養化・酸性化し、マツ林が各地に広がった。歌川広重の『東海道五十三次』などに描かれた森林の多くは、マツ林である。このような強い利用の下でもマツ林が維持されたのは、自然環境条件のうえでの利点に加えて、長期的判断で森林を維持する技術が発展していたからである。

長期的判断で森林を維持する技術はヨーロッパでも発展し、育林技術や、育林と統合された形の牧畜技術が生み出された。ここでは一例として、スペインのデーサをあげる。デーサは日本の里山に似た伝統的景観である。デーサではヒツジなどの牧畜が行われるが、森林を皆伐せずにカシ類の疎林を残し、過放牧を防いでいる点に特徴がある。カシ類からはどんぐりが飼料として収穫され、木材も利用される。また、雨量が少なく日差しの強い地中海性気候の下で、カシ類による緑陰が家畜の休憩場として有効に機能している。デーサの歴史は古く、花粉分析の結果から、約六〇〇〇年前に成立したことが知られている。[24]

デーサに類似した、カシ類の疎林を残した牧畜は、メキシコの山地（一〇〇〇〜三〇〇〇メートル）にも広く見られる。この標高域では、カシ類とマツ類が混じる疎林がメキシコのほぼ全域に広がっているが、その林床ではウシやヤギの放牧が広く行われている。放牧密度が低く維持されているので、林床植生は密度、多様性ともに高く、私の研究材料のステビア属では約一〇〇種に及ぶ高い種多様性が維持されている。

このような長期的持続性をもった農耕社会を大きく変えたのは、木材燃料から化石燃料への転換に支えられた産業革命である。産業革命以後の世界では、①経済成長と市場の拡大、②科学技術の発達、③人口増加、④グローバル化、などの変化が同時に進行した。言うまでもなく、これらの変化は互いに正のフィードバックを及ぼし合う関係にあった。また、科学技術の発達と市場の拡大に促されて、農業の近代化（農業機械・化学肥料・農薬の使用拡大、単一品種大規模栽培）、輸送手段の近代化（鉄道、自動車、鉄製の船などの普及）、化学合成の工業化が進み、人間生活の生物多様性資源への依存度は大きく低下した。連続的な人口増加の下で作物生産へのニーズが拡大し、一方で木材の利用度が低下したために、森林から農地への転換が進んだ。この傾向は今日まで続き、特に熱帯アジア諸国では、熱帯林からアブラヤシ、パラゴムノキ農園への転換が森林減少を促進する大きな駆動因となっている。

今日の世界では、生物多様性への依存度が低い先進国と、生物多様性への依存度が高い発展途上国の格差が存在し、また先進国は貿易を通じて発展途上国の生物多様性損失を促進する立場にある。たとえば私たち日本人が利用する食材については、水産物（養殖が二割）を除き、飼育・栽培由来の商品が大部分を占めている。「春の七草」すら、栽培由来の七草セットが市場で売られている。食糧の自給率は四割であり、山菜として売られているワラビ・ゼンマイ、高級食材のマツタケなどを含め、多くの食材が輸入されている。日本人は、稲作開始後も多種多様な植物を野外で採集し、主食としてのイネや雑穀を補う食材として利用してきたが、このような伝統的な食生活は高度経済成長時代を通じて、ほとんど失われてしまった。また我が国の木材自給率は二割にすぎない。戦前の木材自給率がほぼ一〇〇%であったことを考えれば、劇的な変化である。このように、自生品の利用の減少と、国内資源の利用の減少という二つの変化のために、日本人は日々の生活が自然の恵みの上に成り立っていることを自覚しにくい状況にある。

一方、アジア諸国では、天然(山採り)、あるいは粗放的な栽培由来の植物資源が今でも広く利用されており、その多様性は現代日本人が利用する食材よりも高い。また、燃料を木材に依存している割合も高く、カンボジアの場合には国家のエネルギー源の九割が木材である。このように生物多様性への依存度が高い生活を営みながら、一方では多くの生物資源を先進国に輸出している。日本は、アブラヤシから作られる食用油(パームオイル)や、パラゴムノキから採取される天然ゴムの大口輸入国であり、これらの輸入を通じて、アブラヤシ農園、ゴム園拡大にともなう熱帯林の減少に間接的に寄与している。パームオイルは菓子、マーガリン、マヨネーズなどに広く利用されている食用油である。また、自動車のタイヤは天然ゴムと人工ゴムをほぼ等量混合することによって造られる。多くの日本人は、これらの事実をほとんど知らずに、日々の生活を送っている。

産業革命以前には、生物資源は多くの場合、地域社会における管理の下で利用されていた。このため、資源の枯渇や環境の劣化を経験的に把握することができ、地域社会においてより持続可能な利用が工夫された。これに対して、現代社会では、生物資源がグローバルな市場で取引されるようになり、地域の生物資源を域外の資本が利用する場合も少なくない。その結果、地域における持続可能性を損なうような資源利用が進み、生物資源の枯渇を含む生物多様性の喪失が地球規模の問題となっている。このため、生物多様性を地球全体で賢明に利用するには、伝統知を越えた科学的理解が不可欠となっている。

五　西欧的自然観と日本的自然観の違いとその意義

産業革命以後の近代世界では、さまざまな環境問題が顕在化した。このような環境問題の背景に、西欧的自然観があるとしばしば指摘されている。この見解においては、日本的(あるいはアジア的)自然観を、より環境調和的なものと見なすことが多い。確かに、日本社会には自然との共生を尊ぶ伝統的自然観があり、「自然共生社会」という日本政府の目標設定は、伝統的自然観に立脚している。最後に、このような伝統的自然観が自然保護に果たす役割について、考えてみたい。

まず、西欧的自然観と日本的自然観がどのように異なり、そしてその違いがいつ頃、なぜ生じたかについて考えてみよう。私は哲学や社会科学の専門家ではないので、哲学者や社会科学者によって書かれたいくつかの文献を参照しながら、考察を進めることにする。以下に紹介する文献は、経済学者の中谷[15]による著作、政策科学者の深谷・桝田[10]による論文、および西欧的自然観とアメリカ先住民の伝統知に関するピエロッティとワイルドキャット[17]の英文総説である。

西欧的自然観について、経済学者の中谷[15]は以下のように述べている。「自然を管理し、飼い慣らし、征服することが神から人間に与えられた使命であると考えるのがキリスト教であり、こうした思想を『スチュワードシップ stewardship』と言うが、こうした自然観があったからこそ、近代西欧社会は世界の覇者となりえたと言っても過言ではない。なぜか。それは自然への恐怖心がなかったからこそ、自然を客観的に、科学的に分析することが可能になり、近代科学革命が起こったという事情があるからである」。

深谷・桝田[10]によれば、このような西欧的自然観が成立したのは中世であり、西欧社会でもギリシャ・ローマ時代の自然観には、創造主と被創造物の区別はなく、神・自然・人間の一体性が見られた。たとえばアリストテレスは自然を「自分自身のうちに運動の原理をもつもの」と述べているが、ここでの自然とは人間と対峙するような存在ではなく、むしろ人間は自然の一部であると考えられていたという。その後一七世紀前後の中世キリスト教社会において、人間は神のために存在し、自然は人間のために存在するという思想が生まれた。デカルトやフランシス・ベイコンはこの思想の推進者であり、デカルトは自然と人間を分離する二元論を唱え、フランシス・ベイコンは自然は神から人間に贈与されたものであり自然を支配するのは人類の権利であると主張した。「こうした機械論的自然観や自然支配の思想こそが近代文明の根幹を支えてきたといっても過言ではないだろう」と深谷・桝田[10]は述べている。

一方、ピエロッティとワイルドキャット[17]は、西欧社会の自然観には二つの異なる思想があると指摘している。ひとつは利用主義（extractive approach）であり、自然は経済的価値を持つものと考える。これは、今日の「賢明な利用」につながる考え方である。もうひとつは保護主義（conservationist approach）であり、自然は人間の干渉から守られなければならないという考えである。これは、合衆国の原生自然保護法（US Wilderness Act）を支えている考えだという。このように、二つの異なるアプローチを区別したうえで、「見かけ上はさまざまだが、西欧の自然観には、西欧哲学のルーツに由来する共通性がある。アリストテレスであれ、デカルトであれ、カントであれ、人間は自然から自立し、自然をコントロールするものと見なしている」と述べている。

アリストテレスの自然観に関する評価は、深谷・桝田[10]とピエロッティ・ワイルドキャット[17]で異なっている。どちらの評価が妥当かを正確に判断するだけの知識は私にはない。ただし、「nature」の語源にあたるラテン語の「natura」は、人間・自然を問わず、生まれたままのものを指す言葉だった。これと対をなす「cultura（culture の語源）」は、「natura」を耕したものを意味し、やはり人間・自然を問わずに使われた（人間に対して用いられた場合、「cultura」は誕生後に学ぶものを指す）。現在でも、英語の「nature」、「culture」には、「自然」、「耕作」という意味に加えて、「性質」、「文化」という意味がある。ラテン語の「natura」、「cultura」の用法は、キリスト教以前の西欧世界において、自然と人間がより一体のものとしてとらえられていたことを示唆している。

「人間は自然から自立し、自然をコントロールするもの」という西欧的自然観はおそらくアリストテレスの時代からその萌芽があったが、創造主と被創造物を明確に区別するキリスト教の世界観がそれを強化したのだろう。そして、デカルトやフランシス・ベイコンがこの自然観にもとづく思想・哲学を発展させ、今日に至る西欧的自然観を確立したと考えられる。

このような西欧的自然観は、「自然を支配するのは人類の権利である」という自然支配の思想だけでなく、「自然を保護するのは人類の責務である」という自然保護の思想を発展させる礎にもなった。「スチュワードシップ」（受託責任）という考え方を背景として、今日の自然保護政策につながる二つのアプローチ（利用主義と保護主義）が発展したのである。

一方の日本的自然観について、深谷・桝田[10]は、そのルーツは中国にあると指摘している。日本語の「自然」という言葉は、中国語が移入されたものであり、もともとは「自分のままの状態」を意味した。自然界の森羅万象は、「自然」（ツーラン）ではなく、「天地」や「万物」とよばれた。日本で最初に「自然」という言葉が使われた『風土記』（紀元前八世紀頃）でも、「自然に」が「おのずからに」と訓じられており、やはり状態を指す表現だった。その後仏教が伝来すると、「自然」は「おのずから」だけではなく「じねん」や「しぜん」と読まれるようになり、あるがままの状態をよしとする思想（親鸞の「自然法爾」など）に結びついた。その後、江戸期に至って、安藤昌益《あんどうしょうえき》が森羅万象を意味する名詞（「nature」にかなり近い意味）としてはじめて「自然」を用い、独自の自然哲学を発展させた。「nature」の訳語として「自然」が用いられたのは、蘭日辞書『波留麻和解《はるまわげ》』（一七九六年）が最初であるという。

このように、「自然」という言葉はもともと対象世界ではなくあるがままの状態をあらわすものであり、この言葉を「nature」の訳語として用いた背景には、あるがままの状態をよしとする東洋思想があった。この点で、日本的自然観は、西欧的自然観とは確かに異なるものだと考えられる。このような日本的自然観について考察した寺田[24]は「日本人は、人と自然は合わせて一つの有機体であるという自然観を有しており、このような自然観があるからこそ自然科学の発展が遅れた」と述べている。しかし、寺田に代表されるこれまでの議論は、定量的な分析にもとづくものではなかった。

深谷・桝田[10]は、言葉の使い方に関する定量的分析手法（スクリプト分析法）を用いて、現代日本人の自然観を調査した。すなわち、新聞の投書欄から「自然」を含む投書のテキストデータを集め、その用法を集計した。その結果、以下のような傾向が浮かび上がった。

(1) 「自然は／が〜」の後には、「ある」「残る」といった存在表現が使われる場合が多い。これに次ぐ頻度で、「失われる」「壊される」などの受動系表現、「消える」「戻らない」などの自動詞表現が、いずれも否定的な文脈で使われている。

(2) 「自然を〜」の後には、「愛する」「守る」などの愛護・保護行為をあらわす表現が使われることが多く、次いで「破壊する」などの破壊行為をあらわす表現が使われる。

(3) 「自然に〜」の後には、「囲まれる」などの受動系、「対する」などの対面系、「親しむ」などの情動系の表現が多い。

(4) 「自然で〜」という用法は見られない。自然を主語とする表現では、「ある」「残る」といった存在表現が多いことから、現代日本人が自然を自律的存在と見なしていることがわかる。自然を動作の対象とした場合、「自然を愛する」「自然に囲まれる」など、自然に対してそのままの状態で接する表現が多い。「自然を破壊する」などの改変行為をあらわす表現は、どれも否定的な文脈で語られていた。また第四の点から、日本人は「自然」を動作が行われる具体的場所として表現しないことがわかる。この点は、〝in nature〟という表現を常用する英語とは対照的だ。

このような分析にもとづいて、深谷・桝田[10]は、現代日本人の自然観について、「自然を自律性を持つべきものととらえ、また一体感を感じている一方で、我々は自然を対象化・客体視している」と結論している。自然を対象化・客体視することは、自然を利用するうえでは不可欠であり、『農業全書』に代表される江戸農学発展の背景にもこのような態度があった。寺田[25]の主張は、日本的自然観の一側面を強調しすぎているように思う。

日本的自然観については、深谷・桝田[10]とは違った視点からの議論もある。中谷[15]は日本的自然観が「本地垂迹説《ほんちすいじゃくせつ》」（神道と仏教の融合を正当化した考え）によって確立されたと見なし、以下のように主張している。「この神仏を融合する日本独自の思想によって、日本人が古代から抱いてきた素朴な自然崇拝が本格的に日本文化の根本に位置するようになった。なぜならば、日本は神国であると同時に仏国土であるがゆえに、日本では道ばたに生えている名もなき草にさえ神性があり、仏性があると信じられるようになった。それはまさに『山川草木悉皆仏性《さんせんそうもくしっかいぶっしょう》』あるいは『草木国土悉皆成仏《そうぼくこくどしっかいじょうぶつ》』という言葉で表現されている。だから、森を人間の都合で伐採したりすることは罰当たりなことだとされたし、森に暮らす鳥の鳴き声、虫の音は、そのまま人間の成仏を祈るお経であると信じられた」。

ただし、このような自然観だけで自然が守られたわけではなく、「日本人もまた生活の必要上、樹を切り倒していたわけであるが、そうやって樹を伐った後を放置するのではなく、ちゃんと植林をし、地域共有の『里山』として維持していかねばならないというルールを持っていた。なぜなら、稲作を行ううえで、保水機能のある里山を持つことが不可欠だったからである。」とも述べている。

中谷[15]の議論は、もともとは安田[29]や梅原[26]によって主張されたものである。中谷[15]は『蛇と十字架』[28]を引用し、「キリスト教のような一神教が世界に普及したことで、人間と自然の関係が根本的に変わったことをさまざまな実例を通じて立証している」と述べている。梅原[26][27]は天台仏教の『草木国土悉皆仏性』という思想は日本仏教独自のものであり、人間中心主義の西欧近代思想とは異なり、自然中心の世界観だと主張した。

さて、このような日本的自然観*5は、果たして日本独自のものだろうか。ピエロッティとワイルドキャット[16]は、アメリカ先住民の伝統的生態知（Traditional ecological knowledge）について検討し、それが「人間は自然とつながっており、人間から独立した自然などないと考える」自然観に立脚していると指摘した。言うまでもなく、この自然観は「日本的自然観」と通じるものである。アフリカの伝統的社会にも、類似の自然観がある。おそらく人間と自然を一体のものと見なす考えは、約五・二万年前にアフリカを出て世界に広がった旧石器時代のヒト社会に由来する、世界共通の祖先的思想だろう。中世キリスト教社会においてこの考えが大きく修正され、自然と人間を分離する二元論が確立された。ただし、自然を対象化し、客体視する考え方は、現代日本人にも広く見られる。そのルーツは、主要には明治期における西欧思想や西欧近代科学の導入にあるが、江戸期において発展した日本独自の農学においても、自然を対象化し、客体視する考え方が採用されている。

中谷[15]は市場万能主義的な考え方の背景に西欧的自然観・価値観があり、資本主義が直面している課題を克服するうえでは、自然と人間の共生を前提とする日本的自然観・価値観を大切にする必要があると主張している。このように、現代社会の諸課題の原因を西欧的自然観・価値観に求め、それに対置する形で日本的自然観の意義を重視する考えは、安田[29]や梅原[26][27]の主張にも見られる。しかし、果たして日本的自然観は、日本の自然環境を守るうえで重要な役割を果たしてきたと言えるだろうか。

ダイアモンド[7]は、日本の農耕社会が長期間持続した理由を考察し、森林の再生が速いという自然条件の強みに加え

＊5　安田・梅原・中谷らの見解は、深谷・桝田の研究と異なり、ひとつの主張であって、日本人の自然観を必ずしも客観的に表現していない。また、明治政府が実施した神仏分離により、神社と寺が厳格に区分されたことから、現代日本人の自然観を「本地垂迹説」と結びつけることにも問題がある。しかし、安田・梅原・中谷らの見解は新聞などで取り上げられることがしばしばあるので、ここで言及した。

て、ヤギやヒツジなどの草食動物による摂食圧が小さかったこと、豊富な魚介類が利用できたためにタンパク質・肥料供給源としての森林利用圧が小さかったこと、政治的に安定した徳川幕府の下で長期的な見返りを期待できる状況があったことを、持続可能性の主要な理由にあげている。そして、「江戸時代中・後期の日本の成功を解釈する際にありがちな答え、日本人らしい自然への愛、仏教徒としての生命の尊重、あるいは儒教的な価値観は早々に退けていいだろう」と述べている。このように日本的自然観の価値を否定されるのは心地よくはないが、「これらの単純な言葉は、日本人の意識に内在する複雑な現実を正確に表していないうえに、江戸時代初期の日本が国の資源を枯渇させるのを防いではくれなかったし、現代の日本が海洋及び他国の資源を枯渇させつつあるのを防いでもくれないのだ」という指摘は重要である。

ダイアモンド(7)や白水(19)が指摘しているように、戦国時代や江戸時代初期には、日本の森林はかなり荒廃した。今も昔も戦争は巨大な環境破壊であり、戦国時代に繰り返された戦の下では、日本的自然観は環境破壊を防ぐうえで無力だったと言ってよいだろう。また、江戸時代初期には、まだ長期的視野で森林を育てる技術が発展していなかった。この時代の経験から学び、育林・管理技術を発展させたことが、江戸時代の森林を持続させた重要な要因だと考えられる。宮崎安貞が『農業全書』において、持続可能な森林利用を支える育林技術を記述したことは、すでに述べたとおりである。なお、『農業全書』は百姓（農民）への技術指南書として編集されたものである。江戸中期に、農民の一部が『農業全書』を読み、長期的判断を可能にする知識を身につけていたことは、注目に値する。このような知識は、農民が環境保全に対する意思決定(20)を行ううえで、役立っただろう。

日本的自然観と西欧的自然観を対置する主張においては、自然保護における自然観の役割を過大評価するとともに、両者の共通性や補完性を過小評価しているように思われる。自然と人間を一体のものと見なす自然観は、おそらく旧石器時代以来の伝統社会に共通するものである。ラテン語の「natura」と中国語の「自然（ツーラン）」とは確かに異なるが、「生まれたまま」という考えと「自分のまま」という考えには、相通じるものがある。中世キリスト教社会において確立された西欧的自然観の下でも、自然は開発されるだけでなく、保護もされた。今日の自然保護政策につながる二つのアプローチを発展させたのは、西欧社会だった。利用主義と保護主義という二つのアプローチは、もともとは自然と人間の二元論に立脚しているが、両者を統一的にとらえる考えは西欧社会においても広く支持されつつある。ピエロッティとワイルドキャット[17]は、アメリカ先住民の伝統知について、利用主義と保護主義の両方の要素を持つ第三の選択肢だと指摘し、その価値を高く評価している。

「スチュワードシップ」（受託責任）と「自然共生」は、持続可能な自然利用を追求するうえで、ともに有効な考え方である。私たちは、日本的自然観と西欧的自然観を対立的にとらえるのではなく、両者の補完性に注目すべきだろう。そしてこのような自然観を現実に生かすうえでは、長期的判断を可能にする科学的知識が欠かせない。たとえば徳川幕府が長期的視野で森林を管理できた背景には、江戸農学の発展があったのである。

六　自然共生社会に向けて学ぶべき教訓

アフリカを出て以後約五・二万年の間に、人間は熱帯から極地におよぶさまざまな環境に進出し、個体数を増やし続けてきた。この連続的人口増加を支えたのは農業生産量の絶えざる増加であり、それを可能にしたのは、化学肥料・農薬・農業機械などの利用による生産力の向上と、農地の拡大だった。その結果、森林の減少と水域の富栄養化という環境劣化が世界各地で進行した。

このような歴史を通じて、人間は、どのようなときに結果として生物多様性を守ったのだろうか。この問いに一言で答えるとすれば、「失敗から学んだとき」である。人間の自然利用の歴史を振り返ってみると、私たちは数々の失敗を繰り返してきたことがわかる。狩猟採集時代には、多くの大型哺乳類を絶滅させた。農耕開始後は、土壌の塩性化を引き起こし、また過度の森林伐採によって洪水などの災害を引き起こした。これらの失敗から学ぶ過程で、持続可能な森林管理を行う技術が発展し、一方で自然保護活動が発展した。いずれも、短期的利益の追求によって生じた失敗を反省し、科学的知識に依拠した長期的判断を行うことで、自然利用を持続させてきた。一方で、指導者が長期的判断を行うことに失敗した社会では、しばしば高度な文明が崩壊した[7]。

現代の環境破壊の現状を見ると、私たちの文明もいずれ崩壊するのではないかと心配になる。産業革命以後の驚異的な人口増加は今なお続き、毎時間約一万人の人口が増えている。現在の人口は六八億人（一八〇〇年比で六倍）だが、このまま推移すれば、二〇五〇年には九三億人に達すると予測される。このような人口増加に相関して、炭酸ガスの排出量が増え続け、地球温暖化の原因となっている。また、森林・湿地が減少を続け、水域の富栄養化が深刻化し、生物種の絶滅も増え続けている。一二の環境問題（表1）は、私たちが持続可能な環境利用に失敗していることを示している。私たち人間の未来は、この失敗から私たちが学び、持続可能な社会を築けるかどうかにかかっていると言えるだろう。

　幸い、私たちはいま、過去五万年の人類史を展望し、地球全体の環境変化を理解する科学的知識を手に入れた。このような科学的知識をもとに、持続可能な社会を築くための努力が開始されている。たとえば二〇一〇年一〇月に名古屋で開催された生物多様性条約第一〇回締約国会議では、二〇二〇年目標を含む新戦略計画が合意された。二〇二〇年目標には、「森林や他の生息地の減少・劣化を半減する」「陸域の一七%、海域の一五%を有効な方法で保全する」「既知の絶滅危惧種（脊椎動物と高等植物）の絶滅を防ぐ」「劣化した生態系の一五%以上を復元する」などの目標が掲げられている。このような目標の達成を可能にする技術開発を進め、国際協力の下で目標達成に貢献することが、議長国をつとめる日本の使命である。

　しかし、科学・技術だけでは、未来社会へのビジョンを生み出すことはできない。自然観の役割は、環境と社会の未来に不安を抱く市民に対して、希望のあるビジョンを提示することにある。この点で、「自然共生社会」というビジョンは、とても優れている。このビジョンは、人間と自然を一体のものとしてとらえる自然観にもとづくだけでなく、生態学的な意味での「共生（symbiosis）」（異なる生物どうしの持続的関係）という科学的概念に立脚している。産業革命以来の近代化がさまざまな環境問題を生み出したことへの反省として、多くの野生生物とともに生きる社会という目標を掲げることは、普遍性のある主張である。ただし、この目標に対する幅広い共感と支持を得るうえでは、日本的自然観と西欧的自然観を対置するのではなく、両者の共通性や補完性に注意を向けることが大切である。洋の東西を問わず、近代化とともに環境破壊は進んだし、一方で賢明な利用や自然保護の取り組みが発展した。「自然共生社会」という目標は、西欧的近代社会と東洋的伝統社会の長所を組み合わせた第三の選択肢と考えるほうがよい。

　持続可能な環境利用を実現するうえでは、科学的知識にもとづく戦略目標と、「自然共生社会」のビジョンに加えて、多種多様な生物に目を向ける文化を発展させることも、重要な課題である。近代社会においては、燃料・動力供給の点では生物多様性の役割はほぼ消失し、食糧供給の点でも、水産資源を除き、多様な野生種の役割はほぼ消失している。一方で、園芸、写真、デザイン、教育、科学などへの文化的利用においては、利用される生物種が増えている。また、先進国の家計で文化・娯楽への支出が占める割合（約一〇％）は、食費の割合（約一五％）に近づいている。これからの社会では、文化的利用における生物多様性の価値がますます大きくなるだろう。

文化の点では日本は、さまざまな生きものに目を向け、俳句、生け花、折り紙など、それを表現する独自の文化を発達させてきた。これらはすでに、国際的に幅広い共感と支持を得ている。このような文化的伝統は、生物多様性条約第一〇回締約国会議にも生かされており、会議のロゴには一六種類の生物の折り紙が使われている。人間の親子を中央に配置し、周囲にゴリラ、ラクダ、ジュゴン、カンガルー、ハト、ウミガメ、魚、蝶、花、木など一五種類の生物が配置されたそのデザインは、国内外の関係者にとても好評だ。

ほとんどの国民が折り鶴を折ったことがあるという国民性は、「自然共生社会」というビジョンを実現するうえで、かけがえのない財産である。人類史を展望し、地球環境を俯瞰する科学的知識を活用しながら、日本の伝統的な文化や知識を現代に生かすことで、私たちはきっと「自然共生社会」への確かな道をたどることができるだろう。

《補　足》

本稿の校正段階で、ダイアモンドが『銃・病原菌・鉄』と『文明崩壊』で用いた方法に関する次の本が出版された。Diamond J., Robinson, J. A. (eds). 2010. Natural experiments of history. Belknap Press of Harvard University Press.

本書は、本稿で紹介した進化生物学的比較法の歴史科学への応用例をまとめた本である。ダイアモンド自身による第四章では、イースター島を含む六九の太平洋の島々を統計学的に比較し、どのような条件のもとで自然破壊が進むかが分析されている。本稿では、「人間の歴史に関しては、まだ仮説を統計的に検定するところまで、方法論が整備されていない」と書いたが、ダイアモンドの研究はついに統計的検定をする段階まで進んだ。本書にはこのほか、ハワイなど三つの島における文化史の比較、世界各地におけるヨーロッパ人の入植者社会史の比較、新大陸における銀行史の比較など、人間の歴史に比較法を適用した興味深い研究事例が紹介されている。「ダイアモンドの方法」について理解を深めたい方は、ぜひ参照されたい。

《補足2》

本章では、「ヒト」という表現を、ホモ・サピエンスに限定して用いた。この場合、クロマニオン人（約四万年前にヨーロッパに到達した現代人の祖先、新人）は「ヒト」に含まれるが、ネアンデルタール人（ホモ・ネアンデルターレンシス、旧人）は、「ヒト」には含まれない。旧石器時代には、この二種以外にも別種の人類がいた可能性が指摘されてきたが、本章を執筆後に、第三の人類がいたことを示すほぼ確実な証拠が発表された（Reich *et al.* 2010）。すなわち、シベリアのデニソワ洞窟から発掘された人骨のゲノムが解読された結果、デニソワ人はヒトよりもネアンデルタール人に近縁だが、ネアンデルタール人とははっきりことが実証された。ネアンデルタール人はヨーロッパに、デニソワ人はシベリアに、ヒトよりも先に進出し、大型哺乳類を狩って暮らし、生態系を変える先陣を切ったものと考えられる。

Reich D. *et al.* 2010. Genetic history of an archaic hominin group from Denisova Cave in Siberia. Nature **468**: 1053-1060.

第5章　世界の自然保護と地域の資源利用とのかかわり方
―先住民の民俗知とワイズユースから―

池谷和信

一　自然保護思想の見直し

　二一世紀における地球全体の土地利用を見てみよう。ますます地球は、人間活動によって変化してきている。二一世紀における土地利用の変化では、人口の増大や工業・商業への発展にともない、農村から都市への移動によって都市域が拡大する傾向がある。一方で、都市から地理的に離れた周辺地域では、かつての農地が森林に戻るとともに、残された自然景観が保護区に指定されるという変化が起きている（図1）。具体的には、世界各国で指定された国立公園、世界自然遺産地域、動物保護区、森林保護区、トラ保護区などが該当する（図2）。そして、これら陸域の保護区の面積の総計は、一九九七年には陸地面積の約七％を占めていたものの、二〇〇〇年代には一〇％を超えている。[14] 今後も、自然保護区の指定を求める思想が地球の隅々に普及していくにともない、保護区の占める割合はさらに増大することであろう。[*1]

　これらの自然保護区の拡大にともない、現代の地球では、自然保護区の設立のために立ち退きを余儀なくされた人々の数が多く、社会問題になっている。[3] それは、保護区のあり方として自然を保護するには人間不在を必要とする「イエローストンモデル」（一九世紀に米国で設立された世界

＊1　二〇一〇年一〇月に名古屋で開催された生物多様性条約第一〇回締約国会議（COP10）では、地球の中での陸域と内水面の自然保護区の割合を一七％とすることが合意された。

図1　1997年における世界の自然保護区(13)

最初の国立公園名に由来）の考え方に基づいているからである。インドでは、約六〇万人の諸部族（トライブ）が、保護区の設立にともない、居住地の移動をしたという。アフリカ南部のボツワナに暮らすサン（ブッシュマン、バサルワ）の場合も、本来はイギリス保護領時代に動物と人との共生のために設立された動物保護区（ゲームリザーブ）ではあるが、動物観光を優先する政府の方針のもとで保護区内の住人を区外に移動させてきた。[12]

しかしその一方で、現在世界の自然保護思想のあり方が大きく変わってきている。自然と人間とを二分する自然観に基づくのではなくて、人間の利用を含めて自然を保護しようとする考え方が少しずつ浸透してきているのである。自然保護区の内外に暮らす地域住民の生活を考慮して、地域の自然保護政策が立案される事例も多くなった。アフリカ南部のジンバブエでは、野生動物の個体数調整として、保護区内で「スポーツハンティング」を実施している。[*2]これは、動物管理に住民を参加させる「キャンプファイヤー」とよばれるプロジェクトの一環である。同様に隣国のナミビアやボツワナでは、増えすぎたゾウを対象にして「スポーツハンティング」により、地元が収益を得て、肉もまた地元で消費されるなど、地域の動物資源利用と自然保護区と

図２　ケニアの野生動物保護区内の野生動物

の間に密接なかかわりを持たせている。また、北海道の知床では地域内に定置網漁場が見られるが、自主管理が評価されて、立ち退きも法的規制もされずに二〇〇五年に世界自然遺産地域に指定されたという経緯が知られている。これもまた、新たな動きとして注目される。

本章では、近年において、地域の自然資源の保護にあたり先住民・地域住民の伝統的知識が注目されているという人類学的研究に焦点を当てて、それらが生まれた背景や具体的な実践例などを示すことをねらいとする。そして先住民・地域住民の民俗知が、ある地域の自然資源利用計画の際に本当に有効であるのか否かについて考察する。これらを通して、世界の自然保護思想の普及と地域の自然資源利用の実際とはどのような関係を持つことが求められているのか、その問題に答えることができるであろう。

ここで、本章の基本概念を整理しておこう。まず、人間の手を入れない保護（preservation）と人間の手が入る保全

＊2　スポーツハンティングは、レジャーの一種として野生動物の狩猟を行うことを示す。ゾウ、バッファロー、ライオンなど、一頭の野生動物ごとに価格は異なるが、数十万円以上が支払われる。

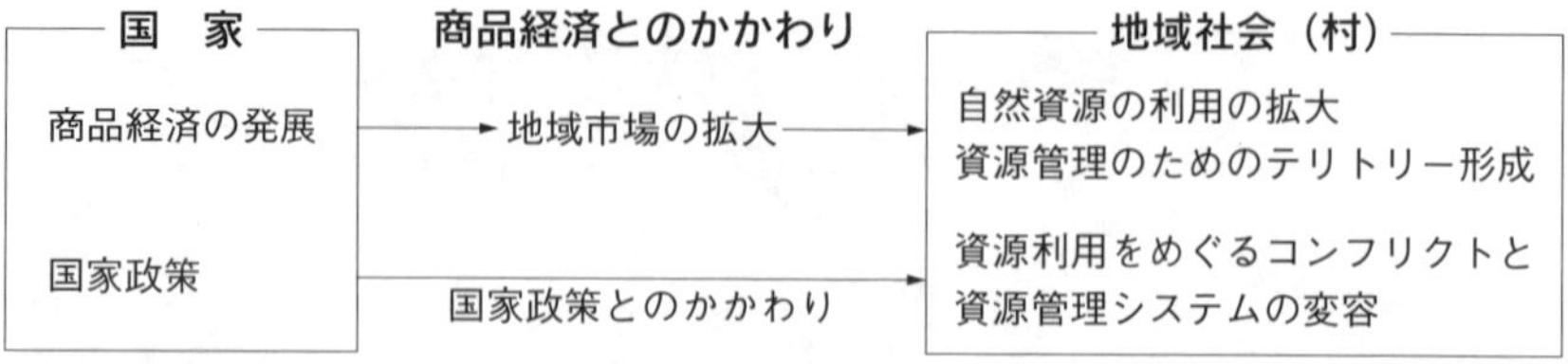

図３　地域社会と資源利用を把握する枠組み(11)

(conservation) とは大きく区別される。また、ある一定の手を入れながらよりよい状態にする保全を目指したものを「賢明な利用」(wise use) とする。これは、「生物資源の持続的な利用と管理」とも言い換えることができるであろう。現在、地球上の各地で主にさまざまな人間活動の影響によって自然の悪化や破壊が認められることが多く、「賢明な利用」が必要ではあるが、その中味が具体的に示されることはあまりない。特に「賢明な利用」の概念は、「世界の湿地の生態系を維持しつつ、人類の利益のために湿地のようなウエットランド (wetland) を持続的に利用する」というラムサール条約の中で提唱されたものである。しかし、この考え方は、砂漠、サバンナ、森林、ツンドラ、海洋、高山などの地球の多様な地域生態系においても適用できるものであろう。

　人類は、このような多様な自然資源をさまざまな目的のために利用してきた。しかし、それぞれの利用が適切で適正な持続可能な利用であったのか否かは、地域によっても時代によっても、そして評価する主体によっても異なっていると言わなければならない。本章では、さまざまな地域の範囲を設定して、先住民・地域住民の知識と賢明な利用を手がかりにして自然資源を持続的に利用する方法を考える。

　さらに、地域社会と自然資源利用とのかかわり方を把握する枠組みについて示す（図３）。筆者はこれまで、世界の熱帯地域に暮らす先住民・地域住民の暮らしを対象にした人類学的・地理学的研究を行ってきたが、本章のようなテーマをめぐっては、生態学の中でも保全生態学の視点が不可欠になっている。現代社会では、市場経済が周辺地域にも浸透しており、さまざまなアクターによる資源管理が不可欠になっているが、どのような形で自然資源の利用と管理を進めたらよいのか、それには人類学と保全生態学の分野からのアプローチを統合することは果たして可能であ

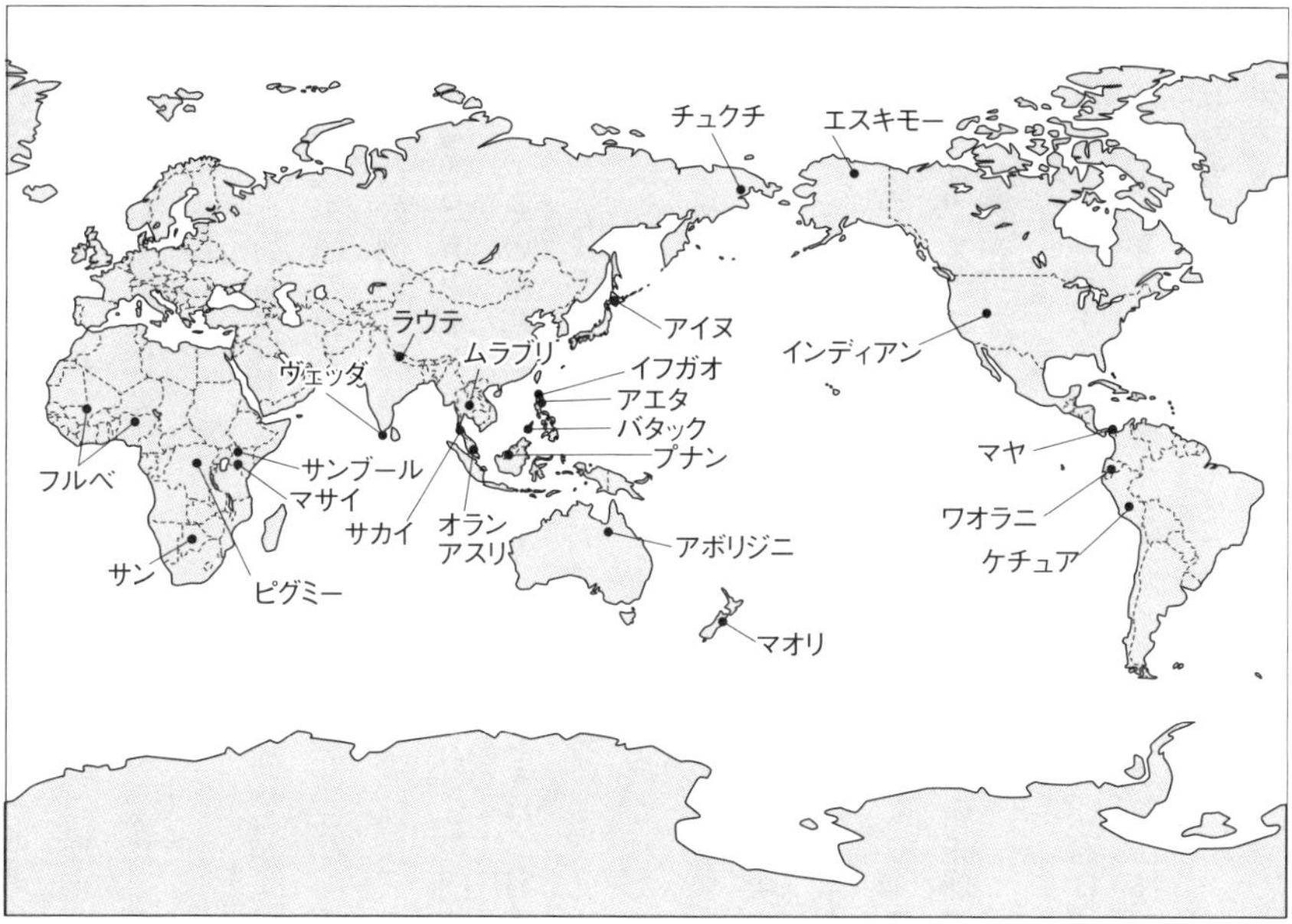

図４　世界の先住民の分布（池谷作成）

るか、これらは本章の中心にすえた問題意識である。

二　世界の先住民と自然保護

世界の周辺地域が自然保護区に指定されることが多いことは前述したが、そこにはどこでも人々の暮らしが存在する。その人々とは、日本のアイヌや琉球人、アメリカではエスキモー（イヌイト）やインディアン、オーストラリアのアボリジニ、ニュージーランドのマオリ、グァテマラのマヤ、マレーシアのオランアスリやプナン、スリランカのヴェッダ（ワンニヤレット）、アフリカのサンやピグミーやマサイやフルベ（ボロロ、プール）などである[*3]（図４）。その総数は、約三億人を超えると言われ、国家や支配的民族によって土地や固有の文化の大部分か一部を奪われている場合が多い。彼らは歴史的には、現在住んでいる人々に先立って住んでいたのであるが、さまざまな過程を経て

＊3　世界の先住民の代表団体である国際先住民族会議では、一九八一年に、先住民とは「ある地域に居住していた最も古い人々の子孫であり、自分とは異なった民族、もしくは人種集団が構成している国家に住み、政府の主体をなしていない人々である」と定義された(9)。

各々の国の中で政治的にマージナルな存在になったのである。しかし、近年ではマオリが国家から漁業権を獲得した事例のように、先住民と国家とのかかわり方も変化してきている。

このように対象地域での各々の先住民活動を見ていくと、先住民生活の内実はあまりにも多様であり、ひとくくりにできない側面も認められる。先住民と非先住民とを区別する基準があいまいであったり、研究者やNGO団体などによってその基準が異なったりする。たとえば、日本では、二〇〇八（平成二〇）年六月六日、国会で「アイヌ民族は先住民族とすることを求める決議」が採択された。この結果、アイヌの人々は日本政府が現在公認している国内で最初の先住民となった。しかし、デンマークのコペンハーゲンに本部のある国際NGOイグギア（IWIGIA、International Work Group for Indigenous Affairs）の年次報告書では、アイヌの他に、琉球人もまた日本の先住民に含めている。

これは、ボツワナでも同様である。ボツワナ政府は、同国に暮らすサン（ブッシュマン、バサルワ）を先住民とよんではいない。政治権力を握るツワナ族以外のヘレロ、ハンブクシュ、バエイなどとともに「遠隔地居住者」（remote area dweller）としてとらえている。しかし、上述のイグギアの年次報告では、ボツワナのサンは隣接するナミビアや南アフリカのサンとともにアフリカを代表する先住民としてあげられている。この場合、サン以外の民族はマイノリティと見なされても先住民としては認知されていない。

カラハリ砂漠にサンがツワナなどの農耕民より古くから居住していたか否かは論議の的であるが、これらの背景には、サンの人々が研究者によって「狩猟採集民」として見なされ非農業民であることが関与していると考えられる。その結果、近年のサンは狩猟や採集生活から離れているものの、彼らの先住民運動においては狩猟や採集の権利を獲得することの重要性が議論される。(12)

北海道に主に暮らすアイヌの人々もまた、中世や近世の時代に焦点を当てた研究者によって「交易の民」とよばれることもあるが、サンと同様に「狩猟採集民」の範疇に入れられることも多い。東南アジア・南アジアでは、マレーシアのオランアスリ、フィリピンのアエタやイフガオやバタック、タイのムラブリやサカイ、インドのアンダマン島民、ネパールのラウテ（図5）、スリランカのヴェッダ（ワンニヤレット）なども類似の傾向が認められる。そして、ケニアの先住民にマサイやサンブール、カメルーンの先住

図５　ネパールの先住民ラウテの暮らし（池谷撮影）

民にフルベがあげられるのも、非農業に従事する牧畜民であることが大きく影響している。両者とも、サバンナで多数の牛を群れの形で飼育しており、食用として乳を利用する人々なのである。

ここで、世界各地のNGOなどが言及する「先住民は自然保護者である」という言説について批判的に述べておこう。これまでの生態人類学では、狩猟、採集、焼畑、漁労などの自然に強く依存する先住民の生業活動の実際を、地域の自然環境動向のもとで明らかにすることが多かった。その結果、これらの生業をすべて静態的にとらえて、アプリオリに自然と共生する人々と見てしまう傾向があった。しかし、実際、状況に応じて先住民が野生動物を乱獲することなどが報告されている。特に毛皮や肉などの動物資源が商品として価値を持つことによって狩猟のあり方は変わってくるものである。

同時に、先住民の知識は、本当に先住民自身によって創造されたものであろうか。これらは、文化の伝播による可能性が高く、それらを疑う人も少なくない。東南アジアの小規模農民の事例では、農業生態に関する知識の起源を調べてみると、それはほとんどが固有なものではないことが明らかになっている。(5) また、いわゆる固有の知識は固定したものではなくて、環境が変化するにともない、常に変わるものであると認識する必要があろう。このため、先住民だから彼らの知識は伝統的なもので自然保護に有効であるとは断定できないのである。

三　民俗知研究の展開
——環境民俗学・生態人類学・保全生態学——

ここで、先住民・地域住民の知識として注目されている民俗知研究の動向をまとめてみよう。現在、それらの研究は、環境民俗学、生態人類学、保全生態学など、自然と人とのかかわりを把握する研究の中で行われてきている。

近代科学は、いわゆる客観的方法によって得られたさまざまな知識の体系であり、近代の西欧文化から生まれて発展したものと言われる。一七世紀のフランスの哲学者デカルトは、主体と客体を二つに分けることから科学的方法を提示して、現在の近代科学の基礎を作った。その後、この科学思想は、ヨーロッパから外に出て日本を含めて世界中に普及していくことになった。

その一方で、二〇世紀に生まれた新しい学問である文化人類学（民族学）では、「エスノサイエンス」とよばれるそれぞれの民族における固有の科学が存在しており、それを研究対象にしてきた。これは、世界に存在する数多くの民族集団は、それぞれ独自の知識の体系を持つとする立場からなる。そして、西洋文化として生まれた、いわゆる科学が特に優れたものというわけではなく、価値とは中立にそれぞれの文化の中に知識体系を位置づけることになった。

エスノサイエンスとは何か。まず、この中で対象となる民俗知は、フォークノレッジ、民俗知識、生態学的知識、テック（TEK）などとよばれており、[*4] 知識の集積として体系化されたものであり、自然と共存する生活技術の一部を担うものとしてとらえられてきた。このため、これは世界中の諸民族のなかで特に自然との関係の深い先住民の間で認められ、身体化され社会的に保有され継承されていくものと言われる。しかしながら、先住民の民俗知であるからといっても、前述したようにそれが不変なものであり、自然資源利用のために実際に使用される技術とは限らない点に注意しよう。

現在、伝統的な生態学的知識（テック、TEK）と科学的な生態学的知識（セック、SEK）には、さまざまな違いが存在すると指摘されている。[19] 定性と定量、直感的と合

表1　伝統的な生態学的知識と科学的な生態学的知識(19)

伝統的な生態学的知識（イヌイトの知識）	科学的な生態学的知識（近代科学）
定性的	定量的
直観的	合理的
全体的でコンテキスト依存的	分析的で還元主義的
倫理的	没価値的
主観的で経験的	客観的で実証的
柔軟性	厳密で固定的
知識の形成に時間がかかる	知識の形成が早く，結論に早く至る
空間的に限定された地域での長期間の変化に詳しい	短期的ではあるが空間的には広大な地域をカバーする
精神論的な説明原理	機械論的な説明原理
逸話や物語の形をとることが多い	法則や原理の形をとることが多い
環境を対象化したり管理しようとはしない	環境を対象化して管理しようとする

理的、倫理的と没価値的、主観的で経験的と客観的で実証的であるなど、主な特徴の違いをあげることができる（表1）。このため、二つの生態学的知識は異質であるために、両立させながら自然資源の共同管理などを行うことは難しいものとされてきた。

さて、日本列島は、南北におよそ三〇〇〇キロメートルの長さがあることから、北は北海道の冷温帯から南は沖縄の亜熱帯まで自然環境は生物学的に多様である。同時に、生き物と人とが関与する地域の文化もまた、北海道のアイヌ、本州・四国・九州の人々、南西諸島の人々などを単位として実に多様である。日本列島の農山漁村で営まれてきた多様な生業の担い手は、必ずしも先住民によるものではないが、それは自然と不可分であったと見てとれる。そして、これらを支えてきたのが、地元の人々の長年の経験に裏打ちされてきた民俗知である。以下、便宜的ではあるが日本の民族知研究を三つのカテゴリーに分けて考えてみよ

＊4　「伝統的な生態学的知識」は、近代生物学の一分野である生態学よりはるかに広い概念であると同時に、現在でも使われている生きた知識であるために、「環境に関する伝統的知識」、「大地に関する伝統的知識」、「先住民の生態的知識」、「先住民の知識」など、さまざまな呼称が認められる(19)。また、環境民俗学では、日本の農山村での伝統的な生業活動をめぐって自然知（フォークノレッジほか）や身体知という概念も使用される(24)。

う。

まず戦前から、日本の農山漁村には、さまざまな民俗知の存在が知られており、日本民俗学では民俗語彙の研究が精力的に行われてきた。日本民俗学の父・柳田國男は、日本各地に暮らす在野の研究者の協力を受けて、一二冊の民俗語彙集を刊行しているが、そのなかで農村、山村、漁村における民俗語彙集がよく知られている。[29,30] そこには、現在では失われたと思われる民俗知識の詳細が記録されている。その後、戦後になると民俗語彙からみた環境認識の研究や民俗語彙と生業との関係など環境民俗学的研究が展開されていく。[23] 近年では、石川県の河南町の干潟に隣接する地域でのカモ猟の研究を通して、民俗、「賢明な利用」、資源保護という三つの要素の間の研究に展開されている。[31]

次に一九七〇年代から、わが国では日本、サハラ以南アフリカ、パプアニューギニアの自然社会を主な対象にした生態人類学(人類生態学)の研究が盛んになった。これらは、極地から熱帯までを対象にして、自然と人間とのかかわり方を人間行動の側から定量的に把握する研究である。そこでは、動植物に対する民俗知の実際が収集されると同時に、民俗知と人間の活動とのかかわり方が議論された。[28,16,23] その後、山形県小国《おぐに》町のマタギ集落を学際的にフィールドワークすることから、自然を隔離して保護するのでなく、そこに住む人々の民俗知を生かして、自然と人間がかかわりながら共存する方法が明示されている。[22]

さらに一九九〇年代になると、先住民を含む地域住民の伝統知識を資源利用に活用することをねらいとした保全生態学の研究が活発になった。その背景には、一九九二年に採択された生物多様性条約の中で、地球の生物資源を保護する際には資源にアクセスする地域住民の参与を無視できないことがあげられている。また、世界の湿地帯を保全することを目的として、一九九三年に北海道の釧路で開催されたラムサール条約第五回締約国会議などで、湿地の保全のみならず、「賢明な利用」という概念が提唱されたことも関与している。その結果、アマゾン、アフリカ、アジアなどの開発途上国において、各国政府の力というよりは、むしろ多様なNGOが関与して民俗知の詳細を収集すること、それらを利用した適正な資源利用や管理のあり方が議論された。

以上のように、先住民・地域住民の民俗知をめぐっては、環境民俗学、生態人類学、保全生態学などが中心的な役割を果たし、そのアプローチは主に三つの分野によって研究が歴史的に進展してきたという流れを指摘することができる。

四　多様な民俗知と賢明な利用の実際

現代の世界はグローバル化が進み市場経済が地球の周辺部にも浸透してきたが、依然としてさまざまな自然に依存する経済活動が知られている。これらは、自家消費用の生計維持のための活動の場合もあれば、現金を獲得するための商業的な経済活動の場合もある。ここでは、①狩猟、②採集、③漁撈・漁業、④農耕・農業、⑤家畜飼育・畜産の順に、各々の生業ごとにまとめて民俗知研究の詳細を見てみよう。

①　狩　猟

狩猟は、人類の歴史から見ると寒帯から熱帯まで地球上の至るところで行われてきた最も古い活動であり、その社会的意義は異なるものの、現代においても細々とではあるが継続している活動である。[14] ここでは、わが国における東北地方から中部地方にかけての山村でのツキノワグマの狩猟についてみよう。

現在、春先のクマ猟は表向きは鳥獣駆除の一環として行われているが、実際は生計維持のためよりはレクリエーション的色彩が強く、山の神信仰が維持されている。そこでは、「男の子の生まれた家へ立ち寄ってお茶を飲んでいけ、クマがとれる」、「ツマジロのクマは、山の神様のお使いだからとるな。七代たたる」など、猟にともなう知識が知られている。また、クマ猟は、採集活動とは異なり、かつては猟の最中には猟師の間で山言葉（クマはシシとよぶなど多数が存在していた）のみを話すことになっていて、山地農民による集団儀礼的な側面の強い生業であった。

他方、石川県の低地で行われているカモ猟には、山の神信仰が関与しているわけではない。[31] 近隣の都市などに鴨肉を販売することが目的とされた商業狩猟であるものの、現在でも資源利用が持続的に行われている点で興味深い。そこには、猟師の伝統的知識が使われているが、それがどのように資源利用や管理と関与しているのか、その答えが期待される。

その一方で、アフリカの先住民サンの狩猟を見てみよう。サンは、伝統的には弓矢猟や犬の助けを借りた槍猟や罠猟を行ってきたが（図６）、一九七〇年代から新たに騎馬猟が導入された。[10] これにより根こそぎ動物を捕獲できるようになり、その結果、乱獲が生じているところもあると言われる。その後、政府によって個々の動物ごとに捕獲制限が

図6　カラハリ砂漠における狩猟

かけられて、現時点では動物の絶滅を妨げているものの、伝統的知識と資源管理計画の間にどのような関係が存在するのか把握しなくてはならないであろう。

② 採　集

採集もまた、狩猟と同様に地球の隅々まで行われており、人類にとって最も古い食料獲得手段である。この事例として、近年まで東北地方の奥地山村の経済基盤の一つであったゼンマイ採集を取り上げる。[11]採集時期の予測には、「顔だけ出したゼンマイは、一週間たてば折れる」、「山桜が咲く頃にゼンマイは盛りである」「トチの花が咲く頃、ゼンマイはおわりになる」など、さまざまな内容の民俗知が知られている（図7）。ゼンマイの生育場所に関しては、「上流に向かって歩いた場合に、右から合流する沢は右側、左側から合流する沢は左側にゼンマイがある」と語られる。[11]

たとえば、前述したゼンマイ採集の場合、ゼンマイの成長時期は雪どけの状態に左右されるが、陽の当たらない急傾斜地に群落を作る点では共通している。筆者の調査では、一日当たりのゼンマイの伸びは五センチメートルであった。このため、先に述べたように、「顔だけ出したゼンマイは、一週間たてば折れる」という知識は、長さが三五センチメートルになることから、筆者の調査結果と照らし合

図７　東北地方の急傾斜地での山菜採集

わせてみることで、科学的にも根拠のある知識であると考えてよい。

その一方で、限られたゼンマイ資源の社会的分配に関しては、これまで集落内に世帯単位の採集地がなわばり（テリトリー）として存在していた。集落内の構成員は他の世帯の採集域を周知しており、そこで採集することを遠慮した。また、一戸当たりの採集域は、三・五～二三平方キロメートルまでばらつきが見られるものの、平均すると一〇・三平方キロメートルであった。このように、採集なわばりは、限定された自然資源（この場合は、山菜の中のゼンマイ）を集落のメンバーに公平に分配させるための社会的適応であると言える。

③　漁撈・漁業

漁撈・漁業では、魚の場所や捕獲方法などに関するさまざまな知識が必要とされる。漁民が、魚の生態や海について育んできた知識である民俗知は、科学的な知識と区別されており、科学が常に民俗知に優るとは限らない。[(2)] 現在、環境破壊の進むなか、この民俗知が注目されている。まず内水面では、北海道アイヌの人々によるサケの産卵区域について見てみよう。現在、北海道でサケを捕獲する場合には、海での定置網が普通であり、川で捕獲することは、原

図８　宮崎県椎葉村の焼畑火入れ後の焼畑地の斜面

則禁止されている。しかし、江戸時代のアイヌの人々は、「コタン（集落）」に暮らす各々の世帯単位でサケの産卵域を利用する権利を持っていた。これも、なわばりという資源配分の方法である。

海洋の例では、青森県下北半島の大間《おおま》の漁民は「シオ」（海流と潮流）の速い津軽海峡の海で漁をする。[2] シオが速いので熟練がいる仕事である。沖合いで行われるマグロ一本釣り、マスやヒラメの釣りなどにとっても、シオ加減が漁の成否を決める。大間の漁民は、西から東に流れるシオは最大の関心事であり、西の方角は漁民の意識下で重要な意味を持つという。[2] このシオの流れに関しては、瀬戸内海の漁民にとっても重要であると指摘されている。[25]

④　農耕・農業

農耕・農業では、九州、四国から秩父までの西南日本・外帯の山村に位置する焼畑農耕の例を取り上げよう。高知県池川町椿山《つばやま》の村人は、山の土壌や植生に応じて、どのような作物がよくできるのかをよく知っている。[6] たとえば、「山のくぼみのところは、土壌も深いし、水分もあるから、どんな作物でもよくできる」、「オネ（尾根）は、土が悪い。ミツマタもコウゾもできない。ヒエ、アワ、ダイズ、アズキぐらいならできる」、「クズ、ツヅラ、ウツゲの生えている所は土質がよく、焼畑としては最高である」などの知識をあげることができる。また、宮崎県椎葉村では、現在でも焼畑が維持されていることで知られているが、それにかかわる植物の知識も豊かである[27]（図8）。

焼畑は、世界的に見ると熱帯林の破壊の要因として指摘されることもあるが、自然に最もよく適応した生産様式でもあるともいう。焼畑の是非をめぐる論議を解決するためには、民俗知の収集による資料の提示のみでは困難である。ゼンマイ採集と同様に、土壌や植生からの現地調査によって、民俗知の内容を評価しなくてはならない。たとえば、前に取り上げた高知県池川町の椿山では、昭和四〇年代まで焼畑が維持されていた。椿山では、耕作後二〇〜三〇年間にわたり休閑される。その理由は、焼畑サイクルに見られる植生の遷移の詳細として地域住民が説明していることから、焼畑の「賢明な利用」がなされていることが理解される。

⑤　家畜飼育・畜産

家畜飼育・畜産では、中世や近世の北上山地や中国山地などの牛飼育が、伝統的に製鉄を運ぶための運搬用牛の育成のために行われてきたことはよく知られている[20]。これらは夏山冬里方式であり、夏には山地での林間放牧が行われてきた。地域住民にとって牛の餌をいかに確保するかは関心事であり、北上山地の岩手県岩泉町ではカッパとよばれる採草地が存在しており、そこでは冬用の餌になる草に対する知識が生かされている。しかし、現在、山村の過疎化が深刻であり、牛飼育の担い手が不足していて頭数も急激に減少している。

以上のように、日本列島における①狩猟、②採集、③漁撈・漁業、④農耕・農業、⑤家畜飼育・畜産に見られる民俗知を示してきたが、そこから地域住民の自然に対するきめ細やかな認識のあり方を読みとることができる。つまり、これらはいわゆる「科学的に解明されていない」かもしれないが、地域の人々にとっては生活上重要な意味を持つものである。同時に、これらの知識が夫婦や家族や集落などのどの範囲で共有化されていたものであるのか、どのように世代を超えて継承されていくものであるのか、その詳細について知る資料は意外に少ない。それに加えて、民俗知は簡単に変わらないもののように見えるが、時間とともに変化するものも少なくない。このような理由で、民俗知の体系を地域別・時代別の資料として利用できるような情報システムの整備が急務である。

五　民俗知は自然保護に有効であるか？
——市場経済と資源管理——

近年、世界的に見ても先住民や地域住民による自然資源の持続的利用のために、その利用に不可分とされる地域固有の民俗知が注目されている。そして、これらの知識を有効に活用することによって、地域における人と自然との共存が可能であるとされる。ここでは、現代社会の中での民俗知と「賢明な利用」のあり方について考えてみる。

民俗知と「賢明な利用」

すでに述べたが、民俗知を把握するだけからでは「賢明な利用」であるか否かを断定することはできない。むしろ、人の側の民俗知に加えて、それに関与する自然の側からの調査結果と照らし合わせることが重要になっている。筆者の場合、山菜に関する山村住民の民俗知をめぐって、具体的なフィールドで山菜の側からも調査をした結果、山村住民のきめ細やかな自然に対する認識を示すことができた。(11)

しかしながら、民俗知に支えられた、自然に依存する生業の資源利用の実態を見る際には、何を基準にして賢明な資源利用と見るのか否かは、これまであまり論議されてこなかった。果たして、自然に対する詳細な民俗知を持っているから賢明な資源利用をしていると言えるのであろうか。このことを明らかにするためには、人々が、どのようにその知識を具体的な場面で使用しているのか、その知識と実際の行動とのかかわり方をさらに把握しなければならないであろう。

また、現在の北海道東部に位置する釧路湿原では、北海道在来種の道産子馬を活用したトレッキングや釧路川でのカヌーによる自然観察、冬期間には雪原での歩くスキーなどさまざまなプログラムが地域の人々や団体により行われている。これらの活動が、かつてここで暮らしていた先住民アイヌの民俗知とどのように関与するのかは明らかではない。しかし、アイヌの丸木船に対する知識や和人による在来馬に対する伝統的な知識は存在している。エコツアーの際には、このような知識と利用との関係を伝えていく努力も必要であろう。エコツアーは、訪れる地域の自然環境を壊すことなく、その土地特有の自然・文化などの資源を持続させることを意図として、地域が運営する旅行形態として注目される（図９）。参加者が「自然や文化に親しむ

図９　タイ北部の熱帯林でのエコツアー（サッカリ・ナン氏撮影）

と同時にその価値と保全について理解を深めることができる」、「地域が運営に参加し、地域にその利益が還元される」などを同時に成立させることが求められている。

いずれにせよ、人の側から人・動物関係を把握する人類学と自然の側からの生態学との協力が不可欠になっている。一人の研究者が、両者を行うこともできるが、限られた時間のことを考えると両者が同じフィールドで協力しながら、生態的知識や実際の利用に関する情報を収集するなど、研究のための環境を整備することが重要であろう。

「賢明な利用」と資源管理

どのような条件であれば、「賢明な利用」が実現可能であるのか否か、まだ、十分な研究がなされていない。しかしながら、さまざまな主体によりどのようなガバナンスが行われると適正な資源管理ができるのか、その論議は必要であろう。

たとえば、湿地の賢明な利用を論じる際に、流域圏の概念が注目されている。これは、アイヌ民族の場合には沙流《さる》川の流域など「イオル」（血縁によって結ばれた地域集団）の範囲に対応していて興味深い。ただし石狩川や十勝川では、その流域圏が大きいために複数のイオルを含んでいる。

もちろん地域と時間によって資源管理の方法は異なるのだけれども、主に近世に存在していたというイオルと現代における流域圏とを比較することは、資源管理をめぐる新たなモデルを与えてくれる可能性を持つものであろう。

その一方で、日本の山地における共有地（入会地）をめぐる資源管理の議論も参考になるであろう。共有地はメンバーなら誰でも自由にアクセスできるものではあるが、特定の世帯が毎年利用できるという社会慣行としてのなわばりも存在した。また、集落内のメンバーでのくじ引きによって利用地を決めることもあった。いずれにせよ、日本の集落内には環境に応じて柔軟に自然資源を持続的に利用するための社会的慣行が存続していたことを明記したい。

さまざまな主体による資源管理

現代社会では、市場経済とグローバリズムが周辺地域にも浸透して、さまざまなアクターによる資源管理とガバナンスが不可欠になっている。国、県、市、村などの役所のみならずNGO、NPOなどである。どのような形で自然資源の利用と管理を進めたらよいのであろうか。

現代社会は、市場経済の原理がどこにでも浸透していて、孤立社会を設定して自然資源の利用を把握することは不十分である。市場原理によって自然と人との関係が崩れているのか否か、市場原理やグローバリズムの影響調査が必要である。これは、先住民のみの問題ではない。日本各地の野猿公園では、もともと人はサルとの間に一定の距離をおいていたものの、客寄せのために野生のサルに必要以上の餌づけを行った結果、サルの個体数が急増するなどして、生態系のバランスを崩すという問題も生じている。こうした状況下では、かつてのサルに対する山村住民が持っていたような伝統的知識は住民の中で維持されてはいない。

ただし、これらの伝統的知識は、古くから存在したものであるのか否かは疑問である。また、あくまでも知識であり、実際に使用されているのか否かの判断も難しい。近年では、先住民の中で自分たちの文化的特性をアピールするために、伝統的知識を維持して、自然との共生生活を送ってきたというようなステレオタイプの像を伝え、その知識が土地権請求運動などで政治的に利用されることも少なくない。このため、何をもって「賢明な利用」であるとるのか、その判定のための手続きを示すことがますます重要になっている。その一方で、地球上にはいわゆる科学では説明しきれない、文化ごとの独自の価値観が存在することも無視することはできない。

しかし、自然資源の保全のためにはさまざまなアクターによる資源管理のガバナンスの役割を無視できないであろう。それは、集落のコミュニティから市町村、そして日本全体というように、地域の範囲によって、その戦略は大きく異なってくる。このため、地域の主体によって政策が対立することも多い。特に森林資源の利用に関しては、林産物資源、水資源、観光資源として見るかは、主体によって異なるであろう。特に最近では、集落住民の生活スタイルも多様化して、世帯によっても森林資源に対する見方は異なっている。これらは、アマゾンの森林と先住民とのかかわり方にもよく反映している。筆者の経験では、エクアドルアマゾンにおいて森林資源に依存する人々（例：ワオラニ）、この地域の石油資源に依存する関連会社で働く人々など、先住民内の対応の違いが顕著になってきている。

以上のことから、冒頭で述べたように、世界の自然保護区の拡大がますます周辺地域にまで浸透するなかで、特定地域での人による自然資源の「賢明な利用」は果たして可能であろうか。これに答えるには、まずは地域住民による動植物の知識を学ぶ必要があり、ある特定の範囲を設定して、市場経済のあり方とガバナンスの方法を十分に考慮し、その中で自然と人とは共生できているものか否かを把握することが必要である。しかし、現時点では、共生できているか、否かの判断基準には多くの問題点が存在しており、そのための方法を模索していかなくてはならないであろう。

最後に、冒頭の問題提起に対する筆者の答えをまとめておこう。現代社会では、市場経済が周辺地域にも浸透しており、さまざまな主体による資源管理が不可欠になっている。そのためには、本章で具体的に述べてきたように、地域住民の伝統的知識や資源利用を含む地域文化を把握すると同時に、地球、国、地域、村などのさまざまなスケールにおける資源管理を進めていかなくてはならない。その際には、人類学の視点から、先住民を含めて地球に暮らす人々の自然離れがますます進行している点、その一方で保全生態学の視点から地球レベルの自然保護の動きがますます活発になってきている点という二つの対照的な動きを同時に把握する必要がある。筆者は、日本列島の地域差に焦点を当てた環境史に限定することなく「地球の環境史」を把握するという視点に立つことによって初めて二つの視点を統合する道が開かれると考えている。

コラム1　ワサビ――ふるさとの味をおもう

山根京子

セリ、フキ、ウド、ミツバ、ワサビ――意外に思われるかもしれないが、日本で栽培が始まったとされる植物は少ない。そのなかでもワサビは、世界各国での需要も増えており日本が誇る重要な香辛野菜である。日本固有の栽培植物――このことを疑う余地は本当にないのだろうか。実際、ワサビの歴史やルーツについては不明な点が多く、日本で栽培が始まった植物であるという証拠は得られていなかった。日本と中国の植物標本庫に保管されている数百点のワサビ属植物の標本を調べたところ、中国にはワサビに酷似するワサビ属の植物があることがわかった。

そこで、標本記録をたよりに中国雲南省の山奥を調査したところ、標高三〇〇〇メートル付近に自生していた山《シャン》萮菜《ツァイ》 *Eutrema yunnanense* Franch., Pl. Delavay. とよばれる植物は、苞葉の有無以外に異なる点が見当たらないほどワサビ *E. japonicum* (Mig.) kiudz. にそっくりで、根茎も肥大していた。日本へ帰ってＤＮＡを分析した結果、山萮菜は形態は似ているものの、ワサビとは遺伝的にかなり分化した植物であることがわかった。そしてもうひとつ大きな違いがあった。山萮菜は辛くなかったのである。根茎をすりおろして食べてもみた。あの独特の辛みは感じられないばかりかおいしくない。現地の少数民族に利用方法を尋ねたが、根茎をすりつぶして食する習慣はなく、主に茎や葉を炒めたりスープにするという。朝市では、ゼンマイなどの日本でもおなじみの山菜に混じり、山萮菜の茎葉が売られていたが、特別高値でもない。「山萮菜は辛いですか」と聞いても、「辛くない」と返ってくる。複数地点で四少数民族を対象に調査したが、いずれの結果も同じで、とりたてて特徴もない植物のためにはるばる日本から来て、なぜ大騒ぎするのか理解できない、といった様子であった。ワサビがなぜ、日本でのみ香辛料として利用されるようになったのか——そもそもこの「辛い植物」は日本にしかなかったから——意外にも簡単な答えが見えてくる。

　ワサビが記録上初めてあらわれるのは飛鳥時代（七世紀）で、苑池遺構から出土した木簡に記された文字「委佐俾《わさび》三升」にさかのぼることができる。当初、どのような用途で利用されていたのかはわからないが、以来、長きにわたり、「わさび」という植物が全国規模で認識され、今日まで絶やされることなかったのは事実である。国土の約七割を森林に覆われた日本では、山地での植物利用がいかに日本の食文化形成に重要であったのか、想像に難くない。事実、日本で栽培化されたとされる植物は「山菜」とよばれる植物ばかりである。ワサビはその代表ともいえる植物であり、栽培、採集、移植、乱獲、盗掘など、さまざまな関与を受け続けながら人々と共存してきた歴史がある。しかしながら、近年、ワサビに限らず山地の植物資源をとりまく環境には大きな変化が生じており、これまで続いてきた共生関係が崩れようとしている。

日光市日蔭のワサビ田と持ち主の山越さん。十数メートルにおよぶ石段が積み上げられたワサビ田が背景に見える。

　栃木県日光市の日蔭で実に見事なワサビ田に出合った。山の斜面に人の背よりも高い石段が積み上げられ、高さは十数メートルにもおよぶ。持ち主の山越さん（二〇一〇年現在七九歳）に話を聞くことができた（写真）。このワサビ田の歴史は、少なくとも三代にわたるという。「おじいさんが生きていたらなあ、栽培のこともワサビのことも、何でも知っている人だったのに」。残念ながら、山越さんは古くから伝えられてきた栽培方法や自生のワサビについては知らないことが多いという。もう少し早く調査をしていたらと悔やまれた。ご主人が亡くなり、ワサビを町へ出荷することもなくなった今でも、山越さんは毎日ワサビ田に出かけ、手入れを惜しまない。

「私の代でだめにするのはしのびないのです。そのことを考えると涙が出ます」。

同様の話を、日本各地でどれほど耳にしてきたことだろう。高齢化や後継ぎ不足などにより、代々受け継がれてきたワサビ田が放棄される例は後を絶ない。こうした実態を調べるにつれ、真の問題は、栽培家や栽培地が失われることだけにとどまらず、そこに内包される、系統の選抜・繁殖の技術、難しい種子の保存技術など、長い時間培われた高度な知識と技術までも、一緒に失われようとしている事実にあることがわかった。さらに調査を進めてゆくなかで、貴重な植物資源までも、一緒に消えてゆく数々の事例にぶつかった。

ワサビという植物は、他の作物と比べ「適地を選ぶ」という特徴的な性質をもっている。そのため、同じ品種を栽培しているはずが、ごく狭い畑の中でも、場所によって生育状態が異なり、また適応する品種が異なることがある。ワサビは環境に敏感な植物と言えるため、その土地に適した品種を選ぶことも重要な栽培技術の一つになる。こうした特性により、ごく最近まで、長い年月を経て各地の環境に適応した自生ワサビから馴化させた「在来とよばれる品種」（以下、「在来」とする）が用いられることが多かった。

ところが今、この在来は日本各地で消えつつある。山越さんのワサビ田でも在来が維持されていたが、管理する人がいなくなれば、他の栽培品種と区別がつかなくなり、やがて消えてしまうだろう。在来に関して、岡山県の真庭でも、昔から行われてきた育成方法、つまり山からおろしてきたワサビを低地に馴化させる方法について話を聞くことができた。植物としてのワサビの特性を知ることは、ワサビの生育する環境を知ることであり、ワサビの「適地を選ぶ特性」を理解することは、こういうことなのだと教えられた。しかしながら、この真庭でも、在来は維持されることもなくなり、現在後継者もいないという。

ワサビが山から消えてゆく実態は、あまり知られていないかもしれない。実は、主要品種の一つ「真妻《まづま》」も、親となった在来が消えてしまった可能性が高い。私も真妻のふるさとである紀伊半島の山を何度か探し歩いたが、昔ワサビが群生していたとされる場所は、ワサビどころか林床のあらゆる植物が壊滅状態であった。地元の人によると、原因は主にシカだという。一般にはシカがワサビを食べることはあまり知られていない。シカの被害が少ない山付近で同様の聞き取りをすると、「あんな辛くてまずいもの、シカが食べるものか」と笑われる。全国レベルでみると、シカ以外にイノシシ、サルなどによる被害も報告され、年々深刻化する一方である。

ワサビが山から消える要因としてもう一つ、「動物よりも深刻な問題」と地元の人々に認識されているのが乱獲である。新しく林道が通るたびに、その近くの沢からワサビが消えてしまう事例が後を絶たない。ワサビが根茎を利用する植物ゆえの悲劇もある。「ちょっとだけなら」、「自分だけなら」と根こそぎ採ることを繰り返せば、山からワサビを消すのはたやすい。地元の人は、根茎はほとんど利用しない。ワサビはあくまでも山菜として、春に花や茎葉を摘んで漬物やおひたしにして食べる植物とされているのだ。特に意識されていない、ただの習慣のように見えるかもしれないが、実際ワサビの自生地に近い集落で聞き取りをすると、根茎の収穫を繰り返せばなくなってしまうことが認識されていることが多く、驚く。まさしく「採り尽くさない知恵」と言えるだろう。一度失われたら取り戻すことは決してできないものとして、植物資源と共存してきた人々に、脈々と流れている知恵は確かに存在しているのだ。

本コラムでは、ワサビをとりまく諸問題を取り上げた。日本人がこれまでワサビという植物資源を利用し、枯渇しない知恵を身につけてきた歴史を「賢明な利用」の例ととらえるならば、現在の状態は「崩壊」の始まりと言えるかもしれない。このまま何の対策をとることもなく、この状況を放置すれば、貴重な植物資源も、伝統的栽培技術も、知恵も知識もいつかは消えてしまうかもしれない。しかし、失うものはそれだけなのだろうか。

おいしいワサビとはどういうワサビですか？——私は日本全国の山地でこの質問をしてきた。そもそもワサビにおいしい、おいしくないがあるのかと、質問の意味すらわからない人も多いだろう。しかしながら、古くからワサビ栽培が盛んな地域では、さまざまな答えが返ってくる。甘み、粘り、香りなど、ワサビの味へのこだわりは確かに存在する。中央卸売市場で数十年来ワサビを取り扱ってきた仲買人もこう語る。

「昔は味にうるさい人がたくさんいました。高級料亭や寿司屋では、うまいワサビにこだわって、多少高くても買ってくれたものです。ところが最近ではすっかり代替わりをして、若い板さんになってからは、ワサビの味の違いがわからないようです」。

味へのこだわりよりも低価格志向になっているという。こうした志向は、栽培に手間と時間がかかり、災害の影響を受けやすい国内の農家の栽培意欲をそぐ結果となってしまった。さらに追い討ちをかけるように、若者のワサビ離れも進んでおり、国内での需要減少も懸念されている。

皮肉なことに、海外での需要は増え続けており、これにともない実にさまざまな国々（タイ、中国、ニュージーランド、北朝鮮、エクアドル、アメリカ、カナダ、ベルギー、ベトナム、タヒチ、チリ、インドネシア、フィリピン、メキシコ）でワサビが栽培され、日本にも輸出されるようになった。栽培技術が確立され、安定した供給システムが整えば、今後海外からの輸出はますます増加することが予測される。安価な輸入ワサビが増加することによるさらなる価格の低下は、農家の栽培意欲をいっそう奪うことになりかねない。

島根県吉賀町の藤井さんも、採算は度外視しながらも、九〇歳近くなるまで栽培を続けてこられた。しかし数年前、ついに山に入ることをやめてしまわれた。古くからワサビ栽培が盛んであったこの村で、ワサビ栽培が消えゆく現場を目の当たりにした。

同時に、在来が管理されなくなる現場にも直面した。藤井さんにより、最後の最後まで、大切に守り続けてこられた集団であった。これらは、栽培品種とは離れた場所で栽培され、交雑しないよう工夫されていた。このような栽培方法は、血が混じらないようにするためだという。なぜ血が混じらないようにされるのですか？　と尋ねたところ、興味深い答えが返ってきた。

「おいしいから」と。

植物のもつ特性を見きわめ、貴重なもの、大切なものとして保存しようという自然発生的な動機が、結果的に植物資源を保全することにつながっていた興味深い事例と言えよう。

ワサビはこれまで、人の関与を受けながら、長い時間を生き延びてきたと述べた。そこには、人・環境・資源の関係において、持続的に植物利用を支えようとするシステムがはたらいていたと考えられる。しかしながら、このようなシステムは現在崩壊しつつあると考えてよいだろう。崩壊の要因はいくつも考えられるものの、私には、時代の変化とともに生じてしまった、人と環境・資源との間の距離の存在が大きいように思える。

雲南省で山葵菜を発見したとき、驚いたのは植物体の見た目の類似性だけではなかった。クリやカエデなどの落葉広葉樹林と清らかに流れる苔むした沢。まるで日本に瞬間移動したのかと勘違いしてしまうほど似ていた生育環境のせいだ。しかし、日本とは大きく違う点があった。それは、自生地に至るまでの距離だ。緯度が低い雲南省では、村人たちが住む場所は亜熱帯性気候の環境にあり、ワサビが生育する日本の環境とは大きく異なっている。山葵菜が自生しているのは標高三〇〇〇メートルを超える地点であり、麓の村からは数時間厳しい登山をしないとたどり着けない。

これに対して日本では、ワサビの生育する環境はもっとずっと人里に近い。だからこそ、「ワサビの生育する環境は?」と問えば、空気がきれいな清流の緑豊かな景色——つまり、日本の原風景とも言える情景を思い浮かべる人が多いのだろう。そこは、まさに私たちの心に宿る「ふるさと」の姿にほかならない。

しかしながら今、このふるさととの距離は広がる一方で、身近だったはずの森林環境は遠い存在になりつつある。そこで脈々と受け継がれてきた知恵、知識、資源は喪失の危機におかれている。百歩譲《ゆず》って、資源そのものはジーンバンクでの保存は可能かもしれない。しかしながら、長い年月を経て各地に伝わる人・環境・資源の共生の知恵は、一度失うと永遠に取り戻すことはできない。私たちは今、早急に対策を練らなければいけない緊急事態にさらされているると言えるだろう。このことを、数少ない日本原産の資源植物であるワサビが、身をもって教えてくれている気がしてならない。

第2部

「賢明な利用」とは何か

第6章　生態学からみた「賢明な利用」

松田裕之

一　持続可能な利用とそれに対する批判

「持続可能な利用」と「賢明な利用」

「賢明な利用（wise use）」という用語は日本生態学会編[9]の『生態学事典』、『岩波生物学辞典（第四版）』[21]には載っていない。つまり、「賢明な利用」は学術的に定義されているとは言えない。しかし、条文中に「賢明な利用」を用いているラムサール条約では、「生態系を維持しつつ、自然の恵みを持続的に利用すること」などと説明されている（環境省資料）。つまり、賢明な利用とは持続可能な利用の一部と理解される。

「持続可能性（sustainability）」ならば、上記の事典の「持続可能な開発」や「最大持続収穫量（Maximum Sustainable Yield：ＭＳＹ）」などの項目で記述されている。

持続可能性とは、今までと同じようなやり方で将来もやっていけることという意味であり、人間が資源を利用する場合には、その資源を将来世代が利用できる形で維持しながら利用するということである。後述のように、水産学では古くからこの概念が資源管理の中核であったが、この概念には不確実性の考慮が不十分であり、実際の管理には必ずしも有効ではなかった。近年では、より実用的な「順応的管理」という概念が奨励されている。そのなかで、むしろ伝統的、経験的な管理方法の有効性が一部で再評価され始めている。その意味では、単なる持続可能な利用というよりは、「賢明な利用」とよぶべき内容が含まれているはずである。

したがって、本章ではまず最大持続漁獲量とその批判について紹介し、その批判を克服する概念として、「賢明な利用」の生態学的定義を試みる。

最大持続漁獲量とは

漁業においては、持続可能な漁業を達成する手段として、「最大持続収穫量（ＭＳＹ）」（水産学では「最大持続生産量」と訳している）という概念が古くから提唱されていた。水産資源は野生生物資源であり、親が生んだ子が次世代の漁獲対象資源となる。たくさん子を生めば、その分だけその生物資源が増える。これを自然増加という。自然増加より漁獲量が少なければ資源が減ることはない。つまり、持続可能である。

自然増加は、取り残した親の数と一親あたりの子どもの数で決まる。銀行預金にたとえれば、預金額と利率によって利息は決まる。銀行預金と同じく、資源は原則として複利的（ねずみ算式）に増えていく。けれども、銀行預金と異なり、過密になると餌不足や生息環境の劣化を招くため、永久に増えることはない。この増えなくなる資源量を「環境収容力」という。

自然増加の量は一親あたりの増加率と個体数の積であり、資源量がゼロでも、環境収容力に達していてもゼロになる（図１）。したがって、資源量に対して一山形の曲線になると考えられる。自然増加が漁獲量を上回れば資源は差し引き増加し、下回れば減る。

一時的には自然増加以上に漁獲することができるが、それは持続可能ではない。漁獲量が過剰で持続不可能な状態を「乱獲」という。乱獲を戒め、持続可能に漁獲量を増や

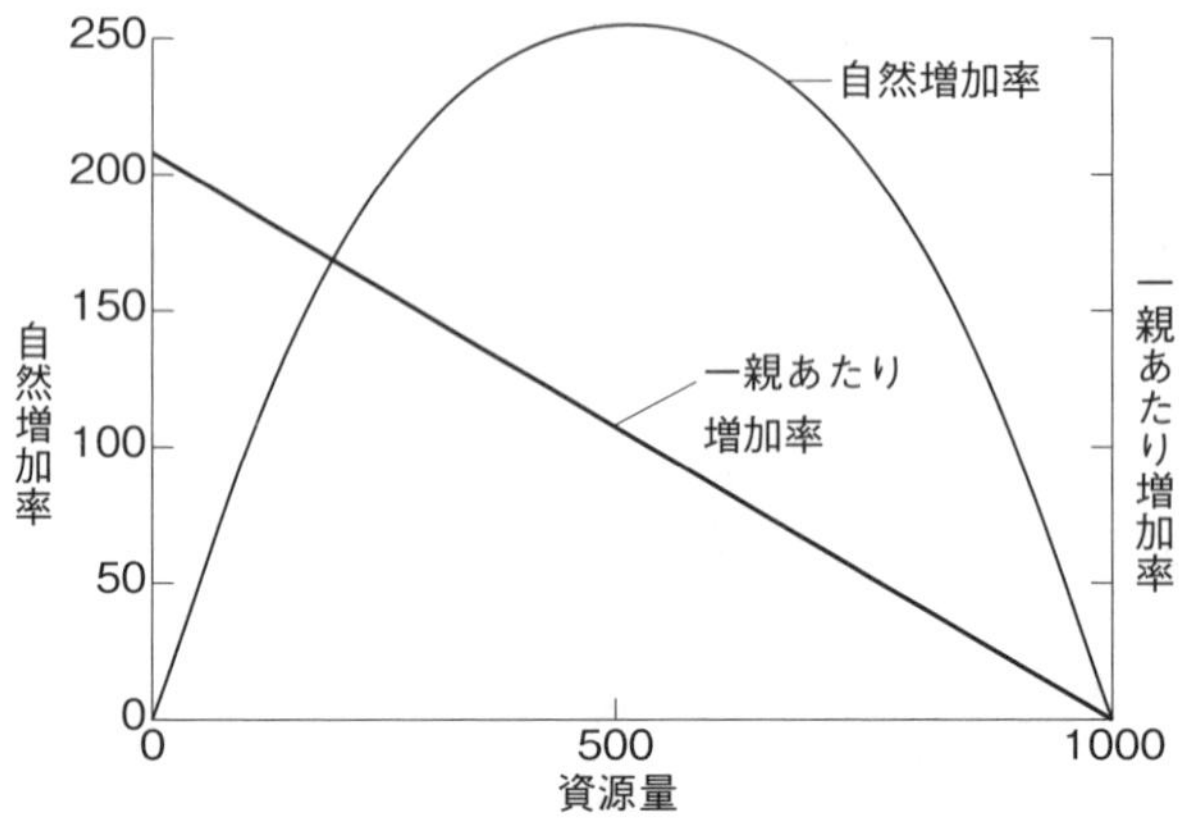

図１　資源量と自然増加の関係の模式図

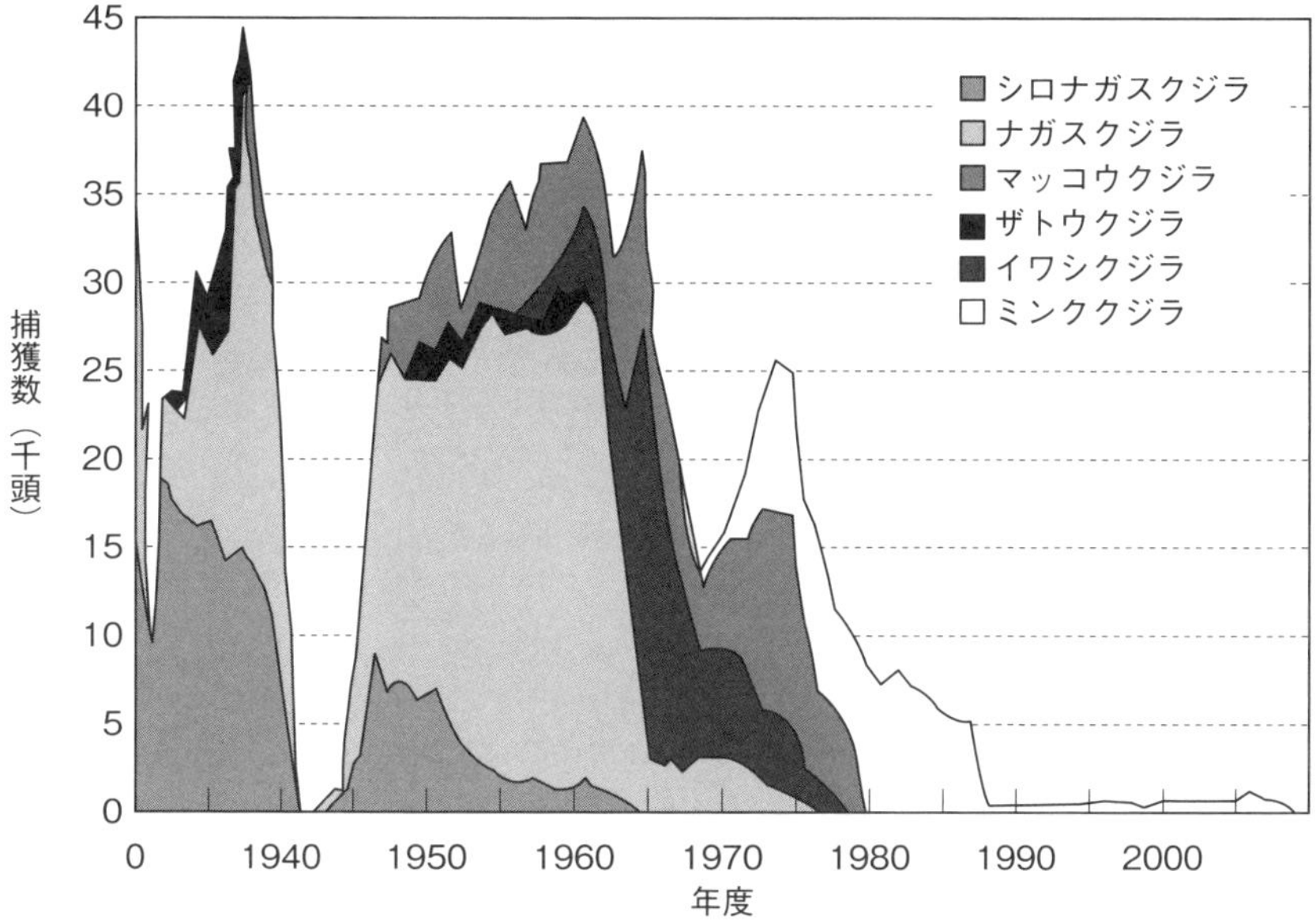

図２　南半球における鯨類の捕獲頭数（IWC 資料より）

す解がＭＳＹである。つまり自然増加の最大値がＭＳＹであり、ＭＳＹは、資源量が環境収容力の半分程度の場合に成り立つ（図１）。[8]

経済的割引がもたらす乱獲

乱獲が経済的にも合理的でないことは、ＭＳＹ理論によって説明できる。しかし、ＭＳＹ理論が提唱された[4]後も、漁業の乱獲は止まらなかった。有名な例は、一九七〇年代に資源が崩壊したタイセイヨウマダラである。[5]

また、南氷洋捕鯨も乱獲の歴史であった。シロナガスクジラ、ナガスクジラ、マッコウクジラと、より大型の鯨類から次々に資源が枯渇し、より小型の鯨類が捕獲されていき、その間もより大型のクジラは捕獲され続けた（図２）。シロナガスクジラはもともと二五万頭前後いたとみられ、一九三〇年代にはおおむね年間一万頭以上捕獲していた。それが一九六四年に国際捕鯨委員会（ＩＷＣ）が本種を全面禁漁した頃には、数百頭に減っていたと推定されている。文字どおり絶滅寸前であった。それから約半世紀たち、ようやく二〇〇〇頭にまで回復したと見られている。[1]

古典的な水産資源学の教科書では、乱獲の理由が二つ挙げられている。一つは経済的割引である。たとえば、国際

表1　経済的割引率年5%を考慮した現在価値

利益（100万円）＼年	0	1	2	…	50	…	合計	50年以後の合計
MSY	2.0	1.90	1.81		0.15		40	3.1
乱獲	760	0	0		0		760	0

毎年200万円の利益がある場合と初年度のみ7億6000万円の利益がある場合。
仮に1頭100万円として試算した。等比級数の和の公式により、2000に1/（1－0.95）をかけた40000になる。

捕鯨委員会の科学委員会（SC）では、南氷洋捕鯨で捕獲していたクロミンククジラの個体数を七六万頭と推定したうえで、不確実性などを考慮した持続可能な捕獲枠の上限を二〇〇〇頭とした。これは鯨類の内的自然増加率（餌やすみかが十分あるときの自然増加率）を年一％としたとき、MSYが捕鯨のないときの個体数と内的自然増加率の積の四分の一であるという公式[8]を用いても導かれる（七六万頭の一％の四分の一は一九〇〇頭）。ただし、IWC科学委員会では内的自然増加率を一％と四％の二つの想定で計算している。一％というのは控えめに見たときの値である。

永久に二〇〇〇頭ずつ獲れる場合でも、経済学ではその利益の総和を無限大とは見なさない。一年後の収入の価値は、今年の収入より割り引いて考える。その割引率は、経済成長率と物価上昇率を考慮して、たとえば年五％などと見積もられる。

ここでは簡単のため、鯨肉の価格が将来も一定で、捕獲数にも依存しないと仮定する。毎年二〇〇〇頭ずつ捕獲した場合の将来にわたる収穫の総和は、初項二〇〇〇頭分、公比九五％の等比級数の和である（表1）。要するに二〇年分の収穫に等しい。割引率が年三％なら三三年分である。

しかし、クジラは七六万頭いるのだから、一年で四万頭以上獲ることができる。それが仮に乱獲だとしても、一年だけで、未来永劫の持続的な捕獲による利益の現在価値を上回わる。つまり、経済的割引を考慮すれば、乱獲したほうが得である。ただし、これはクジラのように自然増加率の少ない資源の場合である。イワシ類のように自然増加率の高い魚種では、乱獲は割に合わない。[8]内的自然増加率が経済的割引率の四倍より大きい場合に、乱獲は不合理となる。割引率を年五％とすると自然増加率は年二〇％となるが、これほど増殖率の高い生物資源は、それほど多くはない。
　近年、将来世代の環境を守るために、現在の費用と遠い将来の損失を比較する議論が見られる。「気候変動問題に関する政府間パネル」（ＩＰＣＣ）では、二〇〇六年に「スターン報告」が出され、気候変動対策の費用対効果分析を行った。[16]生物多様性については『生態系と生物多様性の経済学（暫定報告）』[17]がある。ここでも経済的割引率が問題となる。年三％の場合でも、一〇〇年後の損失は〇・九七の一〇〇乗で、現在の損失の〇・五％弱である。つまり、一〇〇年後の損失を守ることより、現在の利益のほうがはるかに高く評価される。
　そのため、上記の二つの報告書では、経済的割引率を年あたり〇・〇一％などと、非常に低く設定している。しかし、割引率は市場原理で決まる値であり、将来の環境保護のためだけ別の割引率を設定することへの批判がある。[14]
　アル・ゴア[3]は『不都合な真実』の中で、「気候変動対策は倫理の問題」と述べたが、費用対効果で説明できない問題と言えるかもしれない。もちろん、だからといって将来の環境保護が不要というわけではない。将来の環境を守る行為に、我々は現時点で何らかの価値を認め、それに対価を払っていることは事実である。

「共有地の悲劇」がもたらす乱獲

もう一つの乱獲の理由は、「共有地（コモンズ）の悲劇」とよばれる。本章では、これを資源管理とゲーム理論の図式で説明する。[2]
　ある生物資源を自分だけで使うなら末永く大切にするが、他者と共有するとき、もし相手が乱獲すると、相手だけでなく、自分も将来資源を利用できなくなる。相手にとっては現在の利益を増やすことができるため、持続的に山分けすることに比べて、乱獲したほうが得になる。つまり、乱獲した者だけが短期的に多くの利益を得るが、将来の損失は両者が等しくこうむる。最大持続収穫量は、現在の利益と将来の損失が釣り合う解である。二者で共通の資源を利用するときには、その釣り合いが崩れ、より乱獲した者が有利になる。
　表2の架空の資源の例では、ＭＳＹは一〇〇トン、そのときの資源量は五〇〇トンだが、二人の漁業者で五〇トンずつ山分けするよりも、一方が漁船をその五割増しにすると、漁獲量は五六トンに増える。ただし、資源量は三七五トンに減り、乱獲しない漁業者の漁獲量は三八トンに減る。相手だけに得をさせるのは損なので、対抗して両者とも、

表2　簡単な数理モデルによる架空の漁業における漁業者1と2の漁獲努力量（漁船数 E 隻）を変えたときの資源量（N トン）と1年あたり漁獲量（C トン）の関係

解	漁船数（E）隻		資源量(N) トン	漁獲量（C）トン		合計 トン
	漁業者1	漁業者2		漁業者1	漁業者2	
禁漁	0	0	1,000	0	0	0
協力解	100	100	500	50	50	100
裏切るほうが得	150	100	375	56	38	94
非協力解	133	133	333	44	44	89
努力を増やすと損	160	133	267	43	36	78
努力を減らしても損	100	133	417	42	56	97

Logistic 方程式 $dN/dt = (r - kN - qE_1 - qE_2)$N の定常状態 $N = (r - qE_1 - qE_2)/k$、そのときの漁獲量 $C_1=qE_1N_1$, $C_2=qE_2N_2$ より求めたもの。ただし r=0.4, K=(r/k)=1000, q=0.001 とした

ＭＳＹよりも漁船を増やす。結果として、ＭＳＹを両者で山分けするのに比べて、両者ともに損をする状態に陥る。

ただし、自由参入ではなく二者による共同利用なので、際限なく乱獲するわけではなく、両者ともに漁船を三三％増やすことになり、資源量は三三三トン、漁獲量は四四トンになる。それ以上漁船を増やすと、増やしたほうも損をする（表2）。より多数の者が同じ資源を利用するときには、乱獲したときの将来の損失が全員に降りかかるため、乱獲した者の損失が人数に反比例して薄められる。その結果、より乱獲する解に傾く。

上記のように、相手が出方を変えずに、互いに自分だけが手を変えても自分の利益が増えない状態を、「非協力平衡解」という。考案者のジョン＝ナッシュの逸話は「ビューティフル・マインド」という映画になった。

漁業者1と2の漁獲量の総和は協力解（二者がＭＳＹを等分する）が最大だが、自分の利益だけを考えれば協力解は実現しない。ここでは、漁業者の長期的利益を定常状態における利益と考えた。漁獲量は、資源量と漁獲努力量の積に比例する。これを最大にする状態がＭＳＹである。つまり、ＭＳＹは資源を減らす損失と努力量を増やす利益の兼ね合いで決まる。乱獲すれば資源量が減り、その積も減

る。

共有地の場合、乱獲すれば資源量が減るが、それは乱獲した漁業者にも、そうでない漁業者にも、均等に降りかかる。そのため、漁業者が多いほど、資源量を減らす損失は他の漁業者に分散され、自分の努力量を増やす誘引が増す。

非協力解（二者がＭＳＹを無視する）は、相手に何をされても損をしないという意味ではない。表2では、非協力解から漁業者1が漁船を一六〇隻に増やしたとき、自分も少し損をするが、相手は大きく損をしている。立場を代えて考えれば、非協力平衡解から相手が漁船を増やすと、相手自身も少し損をするが、自分は大きく損をする状況にある。非協力解とは、互いに自分自身の利益を最大にするという意味で、相手が合理的な選択をとることを期待した解である。

共有地の悲劇を回避するには、「反復ゲーム」とよばれる理論が有効である。これは、よく「囚人のジレンマ」とよばれる状況で説明される。[8] すなわち、共有資源を利用する漁業者どうしが協定を結び、全体としてＭＳＹだけ漁獲するようにする。

たとえば表2の協力解のように五〇トンずつ山分けをする。毎年これを続けるが、もし相手が協定を破って非協力解にもとづいて漁船を増やしたら、こちらも翌年から漁船を増やす戦略を「互恵戦略」とよぶ。相手の出方にかかわらず常に協定を遵守する「協定遵守戦略」、「互恵戦略」、常に乱獲する「協定違反戦略」の三者を考え、このうちの二者が共通の資源を利用する場合を考える。

表3（2）のように、二者がそれぞれ協定違反と協定遵守の場合には、次年度から乱獲状態に陥って資源量が減り始めるが、協定違反者（漁業者1）は初年度の利益が大きく、表3（1）に示した協定遵守どうしの場合の利益よりも得をする。しかし、相手が互恵戦略をとる場合には、表3（3）に示したように、二年目から相手も乱獲し始め、資源が急減する。結果として協定違反者（漁業者1）は、表3（1）に示した協定遵守の場合よりも損をする。したがって、相手が互恵戦略者である場合には、協定違反しても長期的利益を得られない。無条件に協定を守るのではなく、互恵的に協定を守ることにより、共有地の悲劇を避け、ＭＳＹを実現することができる。

実際に互恵戦略によって共有地の悲劇を回避するためには、ＭＳＹを各漁業者にどう分配するかを皆が納得するようにあらかじめ定め、相互に監視して相手が違反したらこちらも非協力解に移行し、被害を少なくできるようにする

表３　架空の資源を２漁業者が利用する際の協定違反、協定遵守、互恵戦略の各年あたり漁獲高とそれに経済的割引率を考慮した長期的利益の現在価値

年	0	1	2	3	…	100	…	合計
（1）「互恵戦略」または「協定遵守」どうし								
「漁業者 1」互恵戦略	50	50	50	50	…	50	…	1,000
「漁業者 2」互恵戦略	50	50	50	50	…	50	…	1,000
資源量	500	500	500	500	…	500	…	
（2）「協定違反」対「協定遵守」								
「漁業者 1」協定違反	75	75	71	68	…	56	…	1,225
「漁業者 2」協定遵守	50	50	48	46	…	38	…	817
資源量	500	475	456	441	…	375	…	
（3）「協定違反」対「互恵戦略」								
「漁業者 1」協定違反	75	75	68	62	…	38	…	967
「漁業者 2」互恵戦略	50	75	68	62	…	38	…	942
資源量	500	450	414	387	…	250	…	

資源量は $N(t+1)=N(t) + r[1-N(t)/K]-[C1(t)+C2(t)]$ として計算。漁獲努力量は協定遵守なら $E = r/4$, 協定違反なら $E = 3r/8$ とし, 漁獲高は $Y(t)=EN(t)$ として計算した。最も簡単な例として、漁獲高と調整サービスの総和を最大にする解を考える。漁獲努力量 E を増やすと、（定常状態での）資源量 N が減る。漁獲量 C は努力量と資源量の積に比例し、qEN と表せる。魚価 p を一定とすれば、漁獲高 Y も資源量と努力量に比例し、$pqEN$ と表せる。

ことの二点が必要である。

　上記のように、乱獲をもたらす経済的要因は、経済的割引と共有地の悲劇の二つが知られている。しかし、現実には、自然増加率が高く、排他的経済水域で一国が占有する資源でも、乱獲は起きている。上記のＭＳＹ理論では、資源量と増加率に明確な関係があり、一定の漁獲圧をかけ続けると資源が定常状態に落ち着く。また、他種との関係も考慮していない。実際には、生態系は不確実であり、常に変動し、複雑な相互作用がある。ＭＳＹ理論は現実の役には立たない。まったく獲らなくてもその資源から利益は得られないし、根こそぎ獲っては持続可能ではないという主張は正しいが、最適な漁獲量を計算できると考えた点は、非現実的である。

漁業収益は生態系サービスの一部にすぎない

　今までは長期的な漁獲高についてのみ考えてきた。しかし、漁業から得られる収益だけを最大化することが、利益の最大化につながるとは言えない。生態系から得られる生態系サービスは、①基盤サービス、②供給サービス、③調整サービス、④文化サービスの四つ

に大別され、漁獲物は供給サービスの一つである。干潟、藻場、サンゴ礁を含む大陸棚の生態系サービスの価値は、熱帯林と同様に非常に高いと評価されている。(12)

　その大半は水質浄化などの調整サービスである。一般に、供給サービスは利用することにより得られる。そして利用した分だけ資源は目減りするだろう。それに対して、調整サービスは直接人間が利用するものではない。生態系にその生物が存在し、生態系のなかである機能を果たすことで生じる。文化サービスも、供給サービスと同じく利用することで得られるものがあるが、その目減りはずっと少ない。

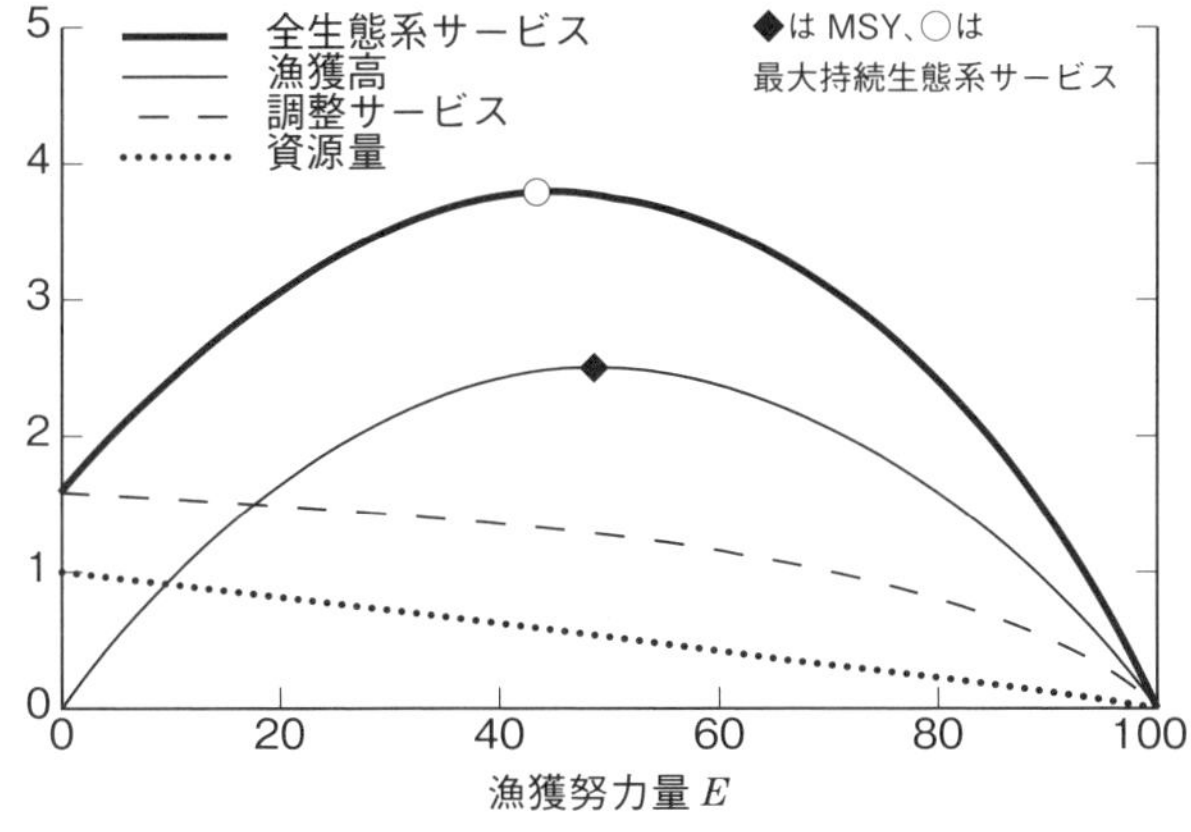

図 3　漁獲努力量と漁獲高、調整サービス、その合計の関係の概念図

　供給サービスをもたらす捕鯨と、文化サービスであるホエールウォッチングの違いを考えてみればよい。捕鯨はクジラを直接利用するが、後者は見るだけである。しかし、クジラ類にまったく影響を与えていないわけではない。文化サービスであるエコツアーも、過剰利用による踏み荒らしなどが問題になっている。多くの文化サービスは、生物が二倍いれば二倍の価値をもつわけではない。その利用はいわば質的なものである。

　そこで、利用することによって得られる供給サービスと、生物が生態系に存在することによって得られる調整サービスに分けて考え、それらから得られる価値の総和を最大にすることを考える。漁獲は供給サービスである漁獲量を増やすが、資源量を減らすために調整サービスを減らすと考えられる。漁獲物だけでなく、生態系サービスから得られる利益全体を最大にすることが、人間にとって最も望ましいことと考えられる。これを「最大持続生態系サービス」

とよぶ。(10)

簡単な資源動態モデルによれば、定常資源量は努力量とともに直線的に減り、漁獲量は努力量に対して放物線で表される。ＭＳＹは中庸の漁獲努力量で達成される。資源量と調整サービスは努力量を増やすほど目減りするので、漁獲量と調整サービスの価値の総和（生態系サービス）は、努力量がＭＳＹより小さい値で最大になる（図３）。

二　順応的管理と賢明な利用

国際捕鯨委員会の議論

一九八四年にＩＷＣは、先に述べた不確実性に対しても頑健な管理計画ができるまで、商業捕鯨を停止した。科学委員会は、不確実性に対処するため、数十名の科学者が参加して毎年二週間ほど議論し、宿題を持ち帰ってさらに解析を進め、順応的管理という考えを適用した「改定管理方式（ＲＭＰ：Revised Management Procedure）」とよばれる管理計画を立案し、ＩＷＣ総会に答申を出した。これは順応的管理の先駆例であり、後に示す捕獲枠算定規則（catch limit algorithm）、仮想現実モデル（operating model）、改定手順を定めた管理方式（management procedure）などが開発された。

順応的管理とは、不確実性を考慮し、常に資源状態を監視し続け、最新の情報をもとに漁獲量を決め直し、その算定方式（algorithm）をあらかじめ決めておくというものである。すなわち、ＲＭＰではＭＳＹを達成する資源量を初期資源量の六〇％とし、そのときにＭＳＹの九割を捕獲枠とする。それより資源が減ると捕獲枠を減らし、初期資源量の五四％以下になると全面禁漁とする。直近の資源量推定値とその信頼幅により、自動的に捕獲枠（catch limit）が算出できるようした。このように、捕獲枠を合意するのではなく、資源量推定値に応じた捕獲枠の算定方法を合意したところが重要である。

また、資源量推定値をめぐって対立する事態も想定し、科学委員会で新たな推定値が五年以上得られないときには、捕獲枠を削減することも定めている。さらに、資源量推定誤差がどの程度生じるかを再現するために、仮想現実モデルを用いる。このモデルでは実際に計算機の中でクジラを泳がせ、それがどの程度発見されて個体数がどのように推定されるか、年齢別に何頭捕れるかを確率モデルで計算し、生存率をどのように推定するかを追体験する。

計算機にクジラを泳がせるのも人間だから、この仮想現実モデルのなかのクジラの数は人間が与えている。しかし、答えを知らないふりをして、実際の推定と同じように発見数と捕獲数から資源量を推定し、推定誤差を調べる。このような綿密な数値実験を繰り返し、不確実性にどの程度頑健かを調べている。ただし、仮想現実モデルで考慮している不確実性は実際の不確実性の一部であり、不測の事態をすべて考慮することはできない。

ＲＭＰは、不確実性に頑健である。捕獲数をかなり低く抑えていても、資源量にかかわらず一定数だけ獲り続けると、たまたま資源が激減したときに乱獲に陥る。しかし、資源が減ったときに禁漁にするという順応的措置を準備していれば、資源が枯渇するリスクはきわめて少ないことが、捕鯨に反対する科学者も含めて合意された。不確実性をどこまで考慮するかは捕鯨賛成派と反対派の立場によって異なるが、それでも、持続可能な捕獲量を算定するという問題に対して、まったく獲ることができないという解は得られなかった。

順応的管理は、一九六〇年にクローフォード・ホリングという著名な生態学者によって提唱、命名された。一九九〇年代以後になって、陸海問わず、植物も動物も含めて、生態系管理の有力な理念として推奨されるようになった。日本でも、一九九八年に北海道のエゾシカ保護管理計画に応用され、一九九九年の特定鳥獣保護管理計画制度に反映された。[8][13]

リスク管理としての順応的管理

上記の捕鯨管理の例を見ても、順応的管理が不確実性に十分配慮し、資源枯渇という失敗を防ぐ措置を採っていることがわかる。すなわち、順応的管理はリスク管理であり、管理に失敗する危険性（リスク）を減らすために生まれた管理手法である。順応的管理以前の資源管理・個体群管理では、ある数理モデルに基づいて将来予測を行うが、しばしば不確実性を無視し、一通りの未来を描いていた。

たとえば、漁業の網目を大きくして小型魚を獲らないようにすれば、資源はなめらかに回復するなどと予測していた。漁業者はそれを信じなかった。彼らは、水産資源が海況により毎年大きく変動し、自然状態でもなめらかに変化しないことを知っていた。ＲＭＰなどの資源管理では、資源量の推定誤差、自然増加率の年変動などの不確実性を十分に考慮し、資源枯渇の失敗を防ぐような捕獲枠算定規則を定めている。

順応的管理では、より多くの不確実性を考慮し、確率モ

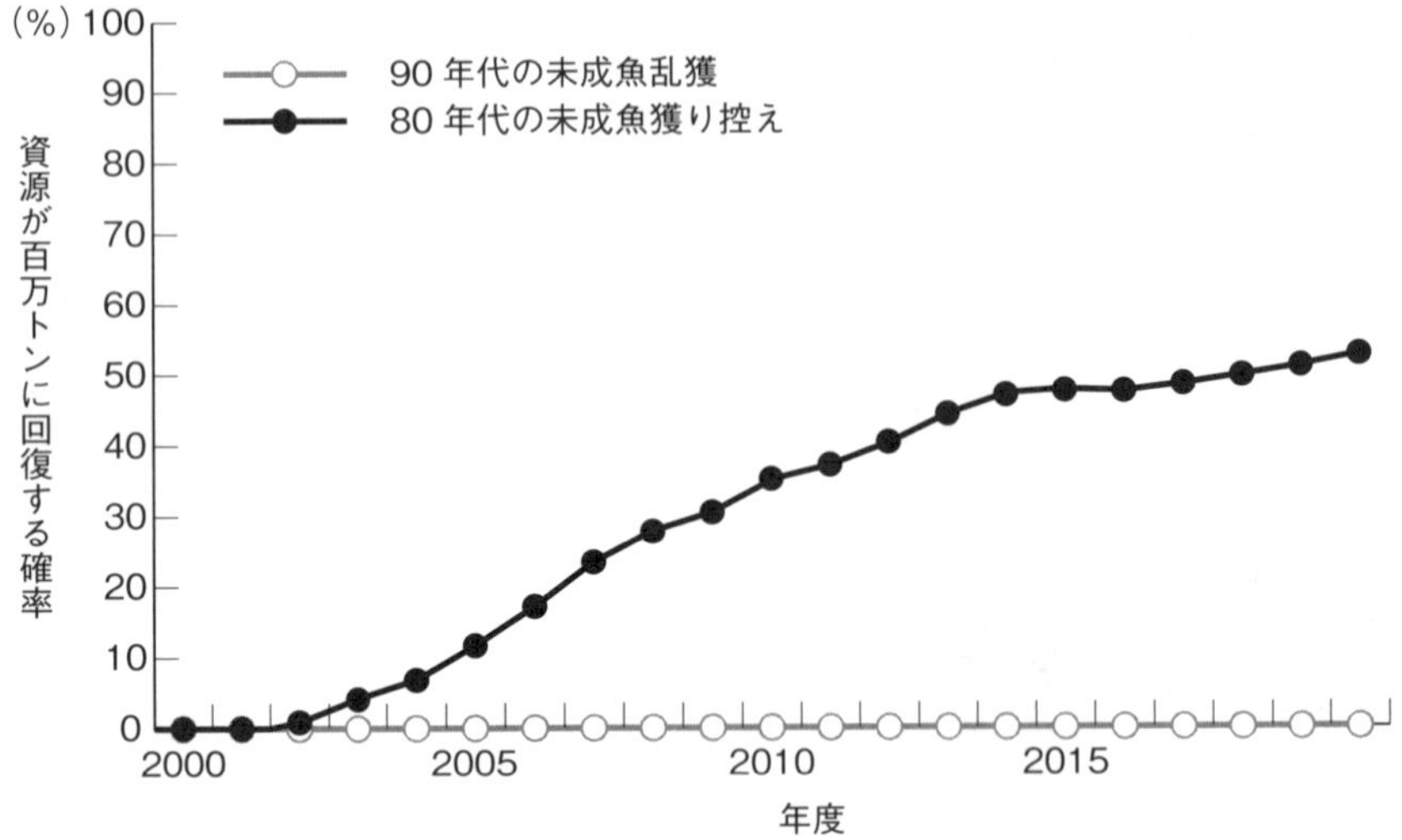

図4　マサバ太平洋系群の資源回復確率(9)
水温などの海洋環境により、卵稚仔の生残がよい年と悪い年があり、それが確率的に起こるとして、確率モデルによる計算機実験を繰り返し、資源が回復する確率を評価した

デルを用いた計算機実験を行う。将来は確率的にしか予測できず、「一通りの未来」を描くことはない。

図4はマサバの資源管理の分析例である。マサバは子どもの加入率が海況により毎年大きく変動する。そこで加入がよい年と悪い年が一定の確率でやってくるとして、確率モデルを用いた計算機実験を多数繰り返し、資源が回復する確率を求めた。将来の資源量は確率試行ごとに異なるが、資源量が二〇一〇年までに一〇〇万トンに回復する確率を資源管理の政策ごとに求めた。その結果、今後も一九九〇年代なみに未成魚の乱獲を続けた場合は資源は回復せず、今後一九七〇年代なみに未成魚を獲り控えた場合は約四〇%と見積もられた。このグラフの縦軸が資源量ではなく、資源回復確率であることに注意してほしい。

順応的管理は、実証されない仮説を用いて管理を行い、管理を進めながらデータをとり、その仮説の妥当性を検証する。この方法は、科学的知識の限界を補う。利害関係者に対立が生じたときも、継続監視により双方の仮説を検証し、結果を見てから方針を変えることができる。ただし、その変え方を決めておく。これならば、異なる将来を予測する利害関係者の間でも合意しやすくなる。もちろん、双方の主張の隔たりが大きいときには解決は困難だが、将来どちらが正しいかがわかるような場合には、順応的管理は有効な手法である。

たとえば捕鯨問題では、RMPは未来永劫クジラが獲れるとは保証していない。クジラの持続可能な利用が現実的に困難で、資源が五四％以下に減ってしまえば禁漁になる。資源が枯渇するまで獲るかまったく獲らないかではなく、資源が一定水準に減ったら獲るのをやめるというものである。

三　生態学的負荷から見た「賢明な利用」

個々の生物資源についての持続可能性だけでなく、総合的に評価する指標がある。それは「生態学的負荷（ecological footprint）」とよばれる。生態学的負荷とは、経済学者マティス・ワケナゲルが考えた、何をどれくらい食べているか、住居は木造か否か、どれくらい広いか、通勤手段は電車か車かなどという人間の生活習慣から、その人の生態系への負荷を見積もる指標である。この指標を使って、一人あたりの負荷の大きさを各国間で比較できる（図5）。

単位は換算面積（グローバルヘクタール）であり、農作物の消費量と種類からその生産に必要な農地面積を算出する。畜肉や乳製品の消費量から牧草地を、水産物消費量から漁場を、林産物消費量から森林の面積をそれぞれ算出する。炭素負荷（carbon footprint）は油田の面積などではなく、それによって生じる二酸化炭素を吸収するための森林面積によって換算する。生産能力阻害地とは、住居など自体が占める土地開発面積のことである。

この算出方法は現在も改定されており、二〇〇六年の評価から変わっている。これからも改良が加わり続けるだろうが、全体として、図5に示すように米国が抜きん出て高く、日本とドイツが米国の半分程度であるという結果は変わっていない。

一人あたりの生態学的負荷が高いのは米国であり、その大部分はエネルギー消費量が高いことによる。豪州も高いが、畜産物消費の負荷が高いことがわかる。日本では農作物、畜産物、住居など、森林の負荷は少ないが、エネルギー消費と水産物消費の負荷が高い。ドイツ人はほとんど水産物を食べていない。日本人とドイツ人の負荷は、低収入国の人の負荷の約五倍であり、米国人はさらに日欧人の約二倍である。

世界平均として、一人あたり二・七グローバルヘクタールの生態学的負荷があり、地球人口が約六四億人なので、

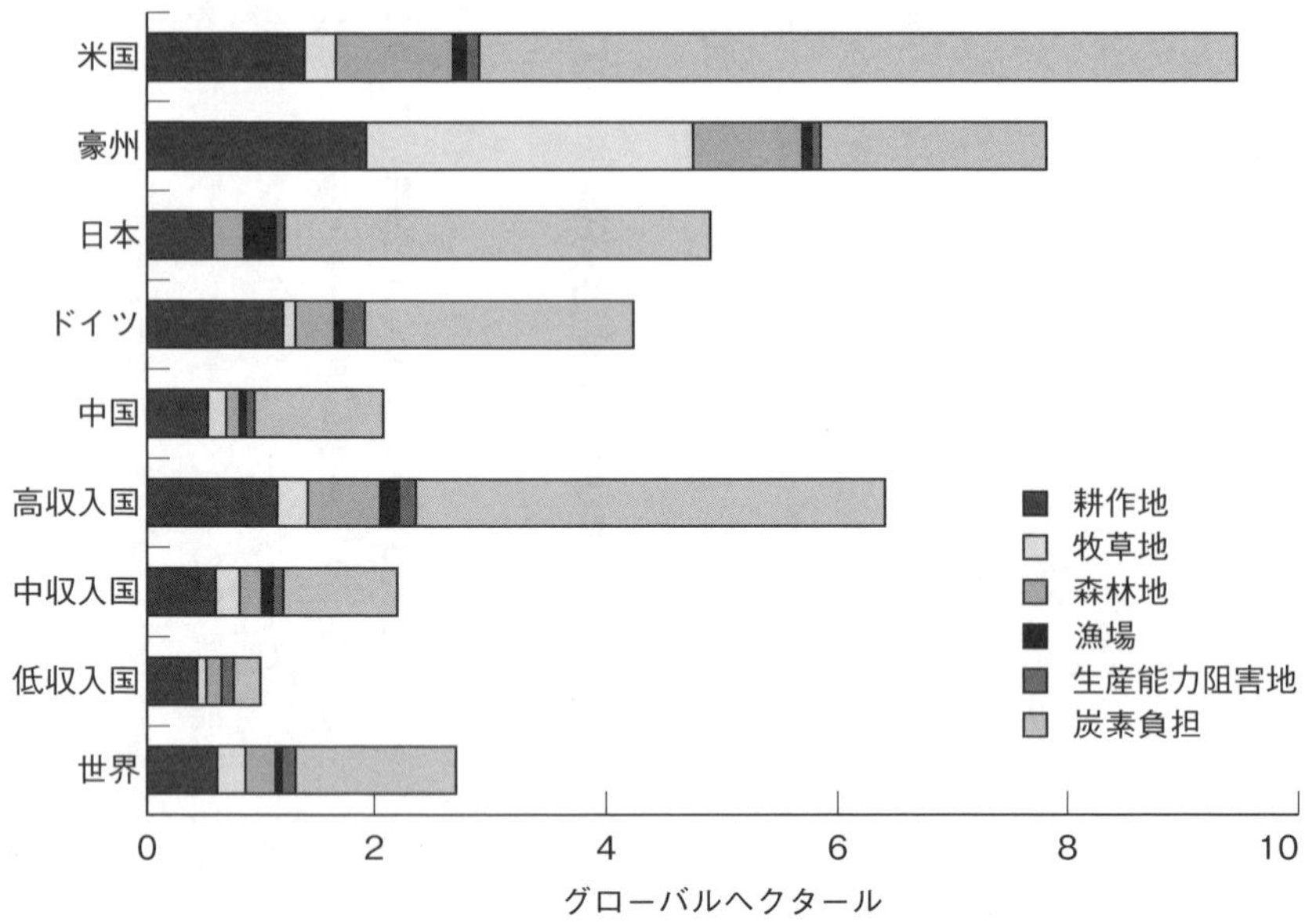

図５　世界平均、おもな国の１人あたりの生態学的負荷（⒆より作図）

全体として、地球約一・六個分の負荷になる。この数値自身がどこまで妥当かは異論もあるが、地球一つでは賄えず、二酸化炭素放出量が吸収量を越えて増え続け、生物資源が減り続けていることは確かである。つまり、人類の生態学的負荷の総和は持続不可能であることを示唆している。

消費態度から生態学的負荷を算出するという着想はわかりやすく、かつ、その負荷の内訳を見ることで、各国の消費態度の違いや、負荷を軽減すべき点が明確になる。

生態学的負荷では、魚は食物連鎖が一段階高い魚種はそれに必要な漁場面積が五倍増えると仮定している。もし、日本人がマグロやサケのような高次捕食者でなく、イワシ類やサンマなどのプランクトン食の魚を消費すれば、漁場面積への負荷を大きく下げることができるだろう。

生物多様性条約で用いられる海洋栄養段階指数（MTI：Marine Trophic Index）は、世界の魚種別漁獲量と各魚種の影響段階から、漁獲物の平均栄養段階を求めたものである。MTIが下がることは乱獲の指標とされる。[5]図2のクジラ類の場合、シロナガスクジラもミンククジラも栄養段階は変わらないが、一般には価値と栄養段階の高い資源が先に利用され、それが枯渇するとそれらが低い資源が利用される。

しかし、日本の漁業のＭＴＩは長期的に下がっているとは言えない。日本の漁業のＭＴＩは、一九五〇年代も現在も約三・六であり、世界平均より高い。ただし、一九七〇年代にはマイワシがたくさん獲られ、そのときのＭＴＩは三・二まで下がった。しかし、これは乱獲のせいではなく、養殖漁業の餌などにマイワシが多用されたからである。

日本の漁獲量は、一九五〇年代と二〇〇〇年代でほぼ等しく、遠洋漁業の衰退が海面養殖業の増産により補われ、さらに水産物の輸出が減って輸入も増えているため、国内で消費される水産純食料の量は、一九六〇年の二七〇万トンから二〇〇六年の四一四万トンに増えている。これには餌料や魚油などに利用されるものは含まれない。

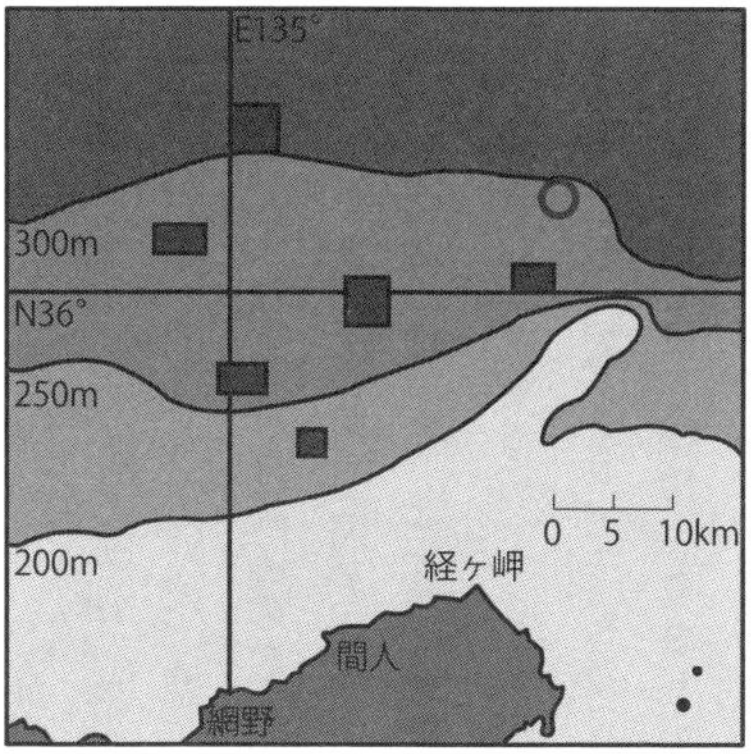

図６　京都府ズワイガニ漁業の保護区（方形部分）（京都府 HP より）

生態学的負荷とＭＴＩが逆向きの評価になっている点に注意すべきである。栄養段階の低い魚種を利用するほうが生態学的負荷は低いが、ＭＴＩによれば乱獲の指標になってしまう。要は、上位捕食者の資源が減る前に、栄養段階の低い魚種を利用すればよい。

四　日本の漁業と「賢明な利用」

京都ズワイガニ漁業と海洋保護区

日本の沿岸漁業は、今でも、公権力による資源管理よりも、漁業者自身による自主管理が中心である。この自主管理は､伝統的な「賢明な利用」の一つの現れと言えるだろう。

資源管理の有効な手段として、ある海域を周囲の海域よりも人為活動を制限することがある。これを「海洋保護区（ＭＰＡ：Marine Protected Area）」という。多くの場合は保護措置が法的に規定されているが、漁業活動を漁業者が自主的に制限するＭＰＡが、日本には多数存在する。[20] そのうち、漁協などが自主的に禁漁区を設定するものがある。図６は京都ズワイガニ漁業の保護区の例である。この漁業の場合、いったん資源が低迷し、自治体の行政担当者の説得で漁業者は一九八三年に一か所保護区を設定した後、その周辺のカニ資源が回復したので、漁業者もその効果を理解し、一九九八年にかけて保護区の数を六つに増やした。その間、漁業収益も回復した（図7）。

二〇〇八年、この京都府機船底曳網漁業連合会のズワイガニ漁業とアカガレイ漁業は、アジアの漁業で最初の海洋管理評議会（MSC：Marine Stewardship Council）の認証を受けた。MSCとは、環境にやさしい漁業を認証するいわゆるエコラベルの一つで、国際的に普及している。一部の小売店では、MSC認証の水産物を売ることで関心ある消費者の獲得に努めている。

知床の世界遺産と漁業

日本の沿岸漁業では、定置網のように受動的漁具を用いた漁業が広く行われている。日本は水産物に蛋白源の多くを依存しながら、利用する漁獲物の多様性が高い。[7] プランクトン、ヒトデ、多毛類（ゴカイなど）、海鳥類を除いて、ほとんどの生物を人間が利用し、漁業協同組合により、その漁獲量と漁獲高の統計が記録されている。すなわち、漁業者は生活の糧として海の幸を利用し、地元の沿岸海域の状態を日常的に把握している。

図8は知床世界遺産海域の海洋生態系の食物網を表す。知床は登録申請時に海域の保護強化を求められ、漁業者の自主管理の実態を説明することで審査員の理解を得た。

図9がその知床にある羅臼町と斜里町の主な魚種の漁獲統計である。主要な水産資源はスケトウダラ、サケ、スルメイカである。多くの魚種が安定した漁獲量を維持しているが、全国的に減少しているもの、増加しているものだけでなく、キチジのようにこの地域だけで減少しているものがある。この最後の例は、資源を適切に利用している保証がなく、なぜ減ったのかの説明が求められる。つまり、すべての魚種を漁業以外の情報で評価しなくても、漁獲統計から異変が起きている可能性のある魚種を抽出することができる。[11] また、MTIも高く維持されている（図9）。

マイワシのように、沿岸漁業と沖合漁業がともに利用する魚種もある。漁船と漁具への過剰投資により、沖合漁業で乱獲が進むと、その影響は沿岸漁業にも及ぶ。マイワシの資源は自然変動により大きく変動するが、一九九〇年頃に減った後で沖合漁業による乱獲が資源のより一層の低迷を招いた。その結果、知床でのマイワシの漁獲量も激減した。

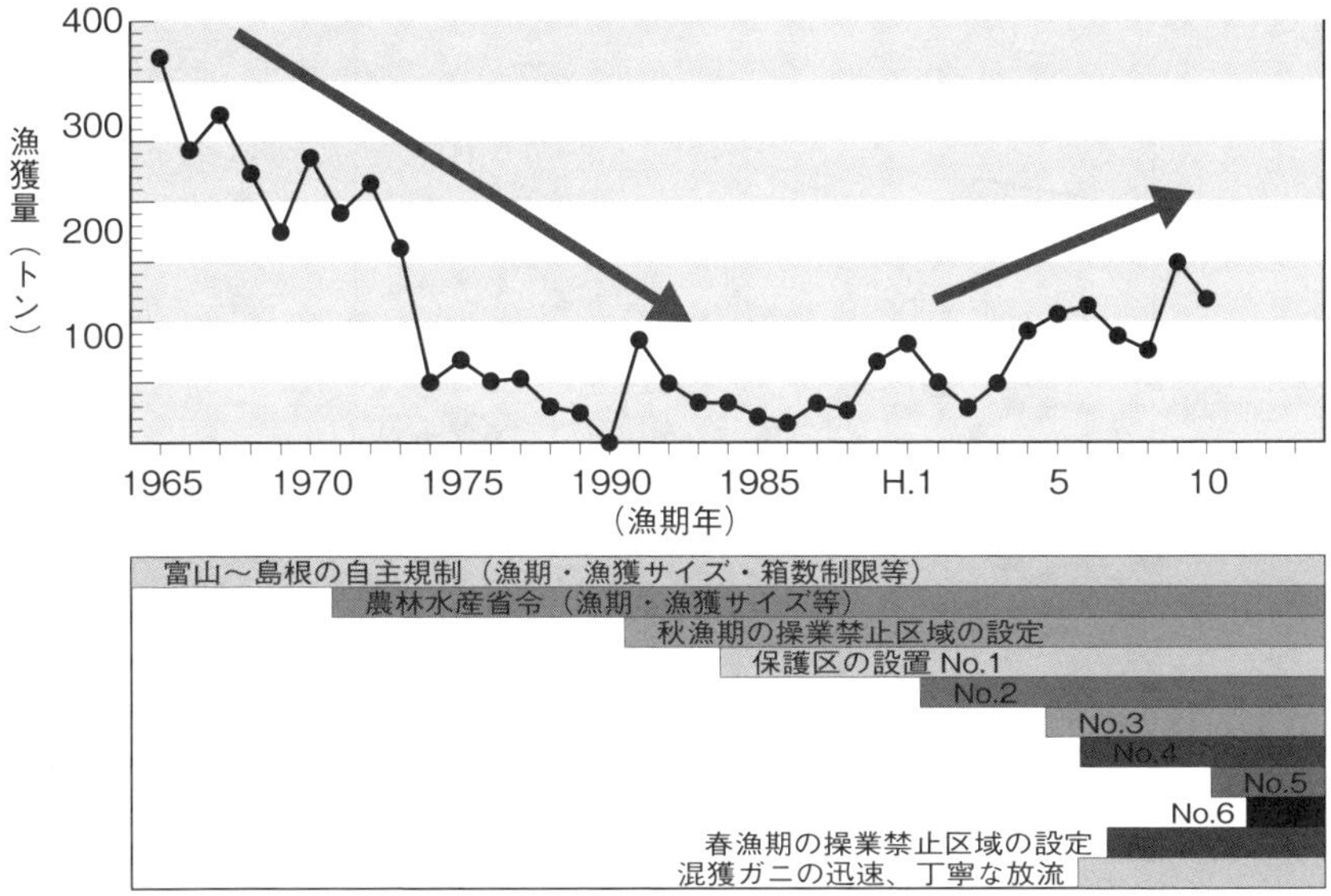

図７　京都府ズワイガニ漁業の漁獲量の変遷と、保護区を含めた資源管理の導入過程（京都府 HP より）

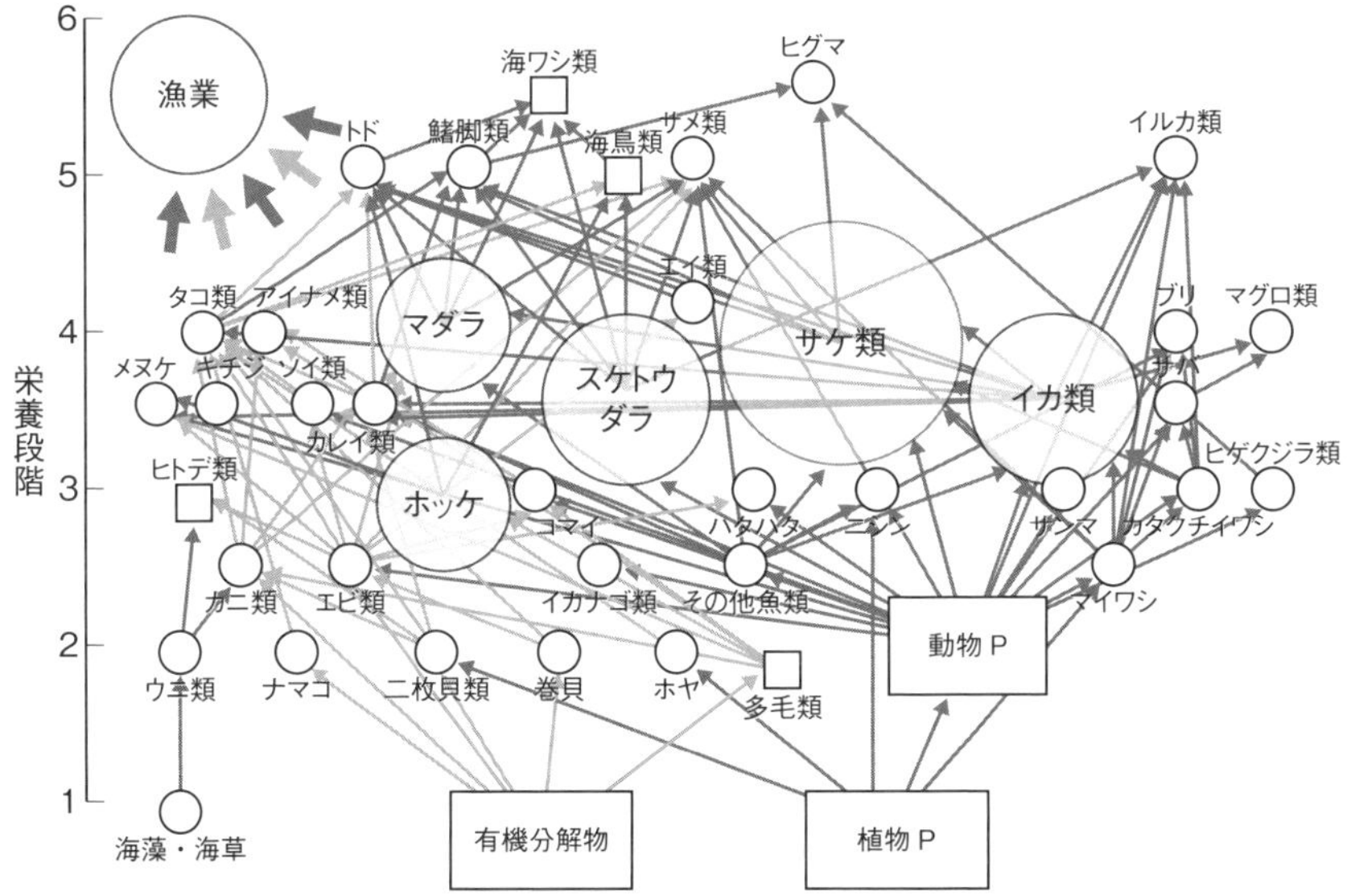

図８　知床の海洋生態系の食物網（知床世界遺産科学委員会資料より）
丸で表した分類群は人間が利用しているものを表す

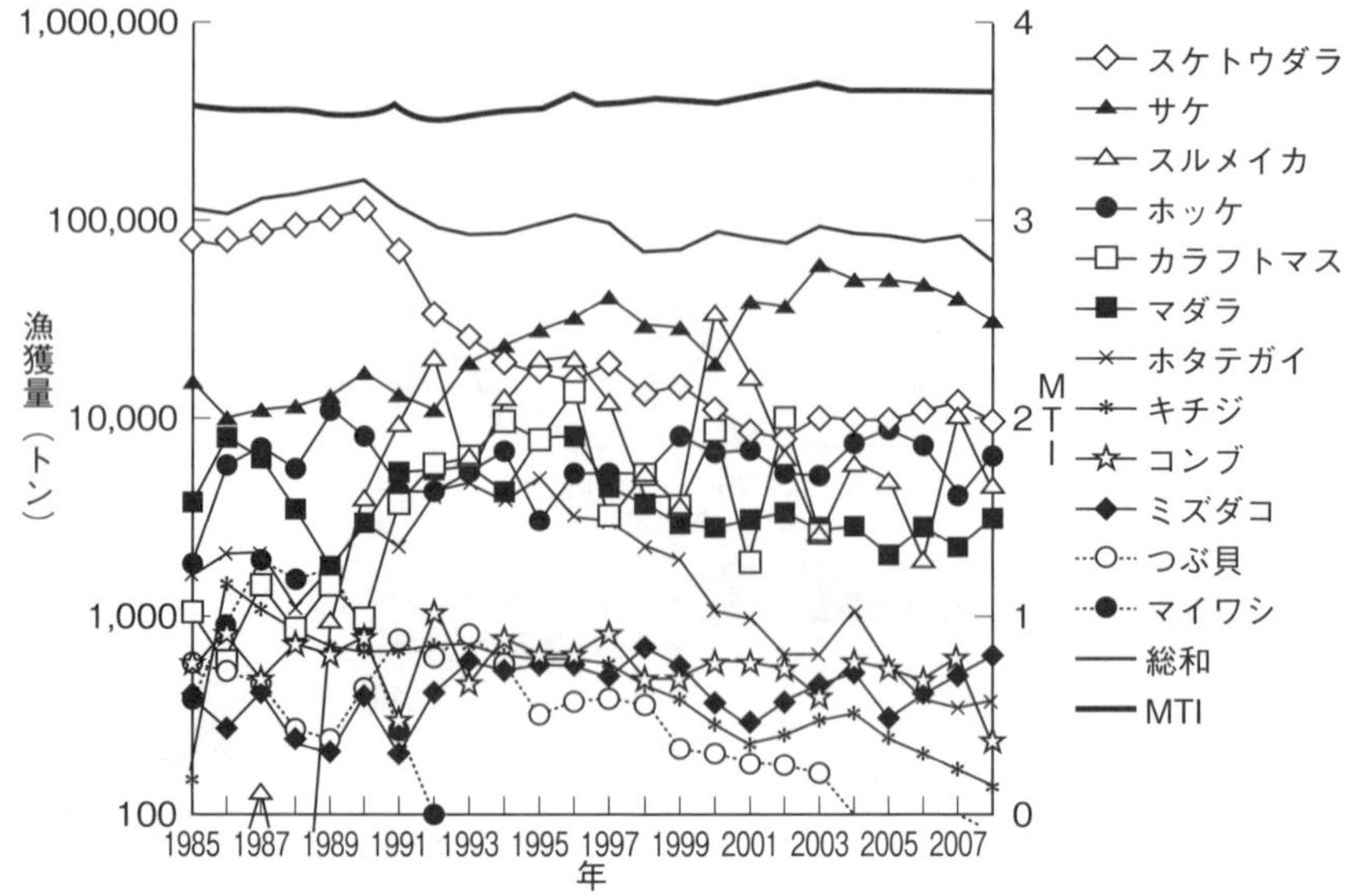

図９　知床世界遺産海域の魚種別漁獲量と漁獲物平均栄養段階示数（MTI）の変遷（1985～2008年）（⑾を更新）

沿岸漁業資源の漁業種は、その地域の漁業者で組織される漁業協同組合に漁業権がある。磯辺で勝手にアワビやウニを採取すると、漁業者に怒られる。しかし、海は彼らの私有物ではなく、法的には公有水面である。漁業活動についてのみ、彼らは排他的に利用する権利を法的に与えられている。日本をはじめ、多くの国ではこのように一種の入会地として自然資源を利用することが陸上でも見られた。しかし、陸上の土地は近代国家になると法的所有者が明記されたため、入会地としての利用が風化した。海は公有水面であるために、入会地としての利用が現代まで可能であったとも言えるだろう。

漁業種間でも、それぞれの操業の邪魔になるような場合は、操業区域を分けるよう調整される。知床の羅臼漁業協同組合では、漁業種別の操業区域を海の物理環境（海況）や水産資源の来遊状況（漁況）に応じて毎年話し合う。これは漁業者間の話し合いによって決められ、行政が差配するものではない。しかも、どこで何が獲れるかは年によって異なるため、操業区域は年によって話し合いによって決め直される。このように、沿岸漁業管理は、多くの部分を漁業協同組合による自主管理に委ねられている。

漁協による自主管理の背景には、漁業がもつ以下のような事情がある。第一に、地域間、漁業者間で事業採算性に大きな格差がある。第二に、漁業は、死亡率の高い危険な職業である。第三に、収入が漁獲量に左右されて不安定であるものの、儲かるときには大きな利益をあげる。

知床羅臼漁協では、一九九〇年代に主要な魚種であったスケトウダラ資源が減り始めると、漁船数を半減させた。その際には辞める漁業者に残存漁業者と漁協が補償費を払う「とも補償」が行われた。これも、当時の漁業協同組合に一定の経済力があったから可能であった。こうして漁業者数は減ったものの、知床にはなお後継者が育つ環境がある。しかし、多くのより貧しい漁村では、事態はより深刻である。

知床の羅臼漁協は同時に、スケトウダラ漁業が盛んだが、資源が減った一九九四年に漁場の一部を季節禁漁区として、産卵親魚を保護した。さらに、知床を世界自然遺産に登録申請した二〇〇五年には、自主的に禁漁区を拡大した（図10）。世界遺産を審査した国際自然保護連合（ＩＵＣＮ）は事前に海域の保護水準を強化するよう求めていた。しかし政府と北海道は登録のための新たな漁業規制は行わないと漁協に公文書で確約していたため、保護強化を行うことはできなかった。上記の漁協の決断により、知床は世界遺産に登録されたといえる。

このような漁協による自主的な禁漁や操業規制は各地に見られる。秋田県のハタハタ漁は資源が激減した一九九二年一一月の漁期から三年間の禁漁を実施し、資源が回復した（図11）。

魚付林と石干見

日本最古の史書の一つである『日本書紀』には、六七六年四月に、四月から九月まで隙間のせまい簗《やな》を設けて稚魚を獲ることが禁止され、六八九年八月に摂津国武庫海の約一・六キロメートルなどにおいて漁労活動を禁止したという記述があるという。[18] 稚魚だけを保護していることから、これは魚食を禁ずるものではなく、乱獲を防ぐ措置だったと考えられる。

また、禁漁区という管理手法は古くから日本においても採用されていた。漁場は一八世紀から沿岸域については地元の漁業者が利用し自主的に管理する制度が定着していた。明治維新の際に欧米型の漁業制度の導入が試みられ、混乱したが、第二次世界大戦後に、地元の漁業協同組合と漁業調整委員会の諮問に基づいて許可される制度が定着した。[6]

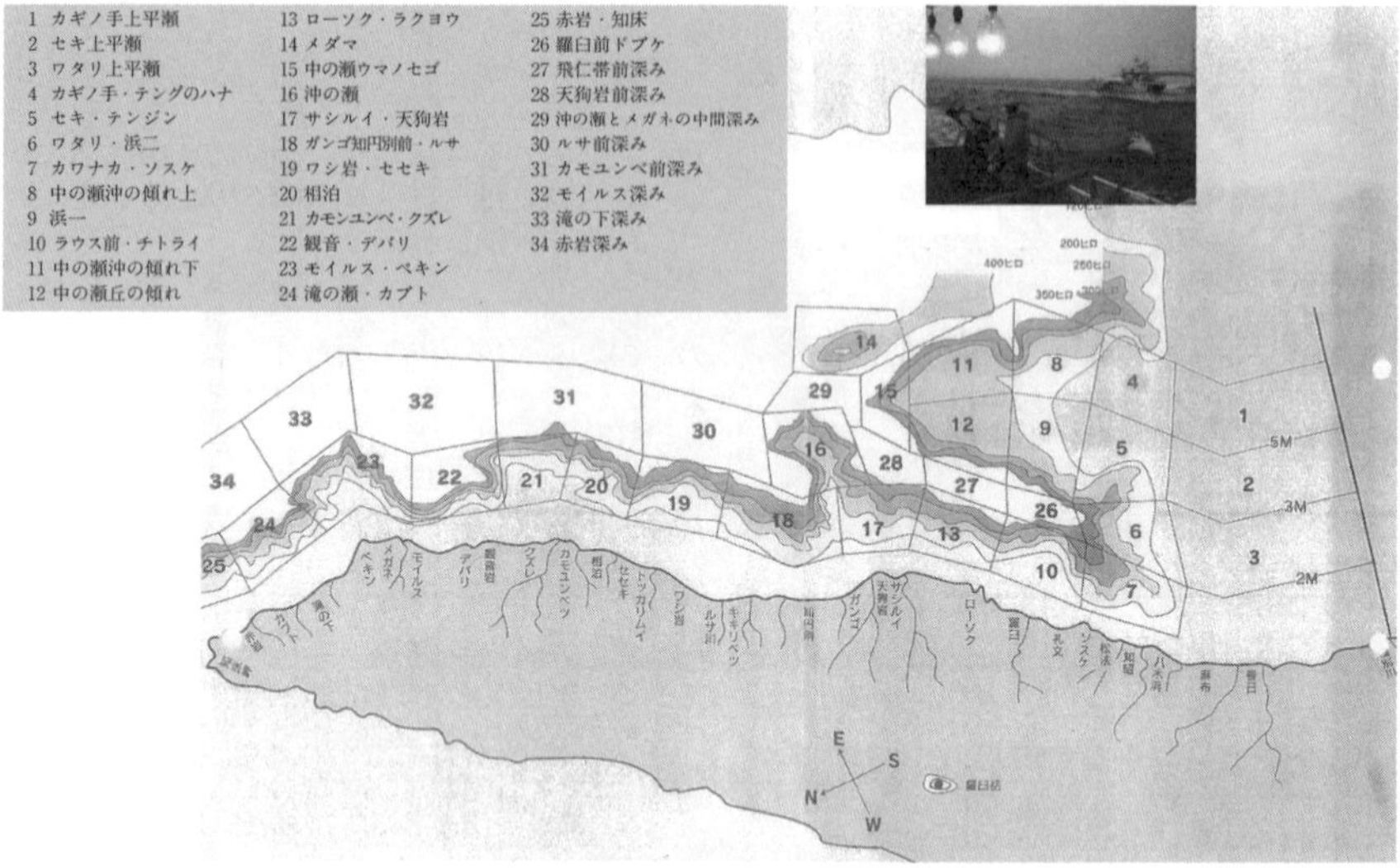

1 カギノ手上平瀬
2 セキ上平瀬
3 ワタリ上平瀬
4 カギノ手・テングのハナ
5 セキ・テンジン
6 ワタリ・浜二
7 カワナカ・ソスケ
8 中の瀬沖の傾れ上
9 浜一
10 ラウス前・チトライ
11 中の瀬沖の傾れ下
12 中の瀬丘の傾れ
13 ローソク・ラクヨウ
14 メダマ
15 中の瀬ウマノセゴ
16 沖の瀬
17 サシルイ・天狗岩
18 ガンゴ知円別前・ルサ
19 ワシ岩・セセキ
20 相泊
21 カモンユンベ・クズレ
22 観音・デバリ
23 モイルス・ペキン
24 滝の瀬・カブト
25 赤岩・知床
26 羅臼前ドブケ
27 飛仁帯前深み
28 天狗岩前深み
29 沖の瀬とメガネの中間深み
30 ルサ前深み
31 カモユンベ前深み
32 モイルス深み
33 滝の下深み
34 赤岩深み
E
S
N
W

図 10　知床世界遺産羅臼漁業協同組合のスケトウダラの操業区域（羅臼漁況資料より）区域 11,12,16 がスケトウダラの産卵場。資源が減った 1994 年に区域 4,8,11,14,23-25 を産卵期に禁漁とした。知床世界遺産の審査中の 2005 年には新たに区域 1-7 を禁漁区に追加した

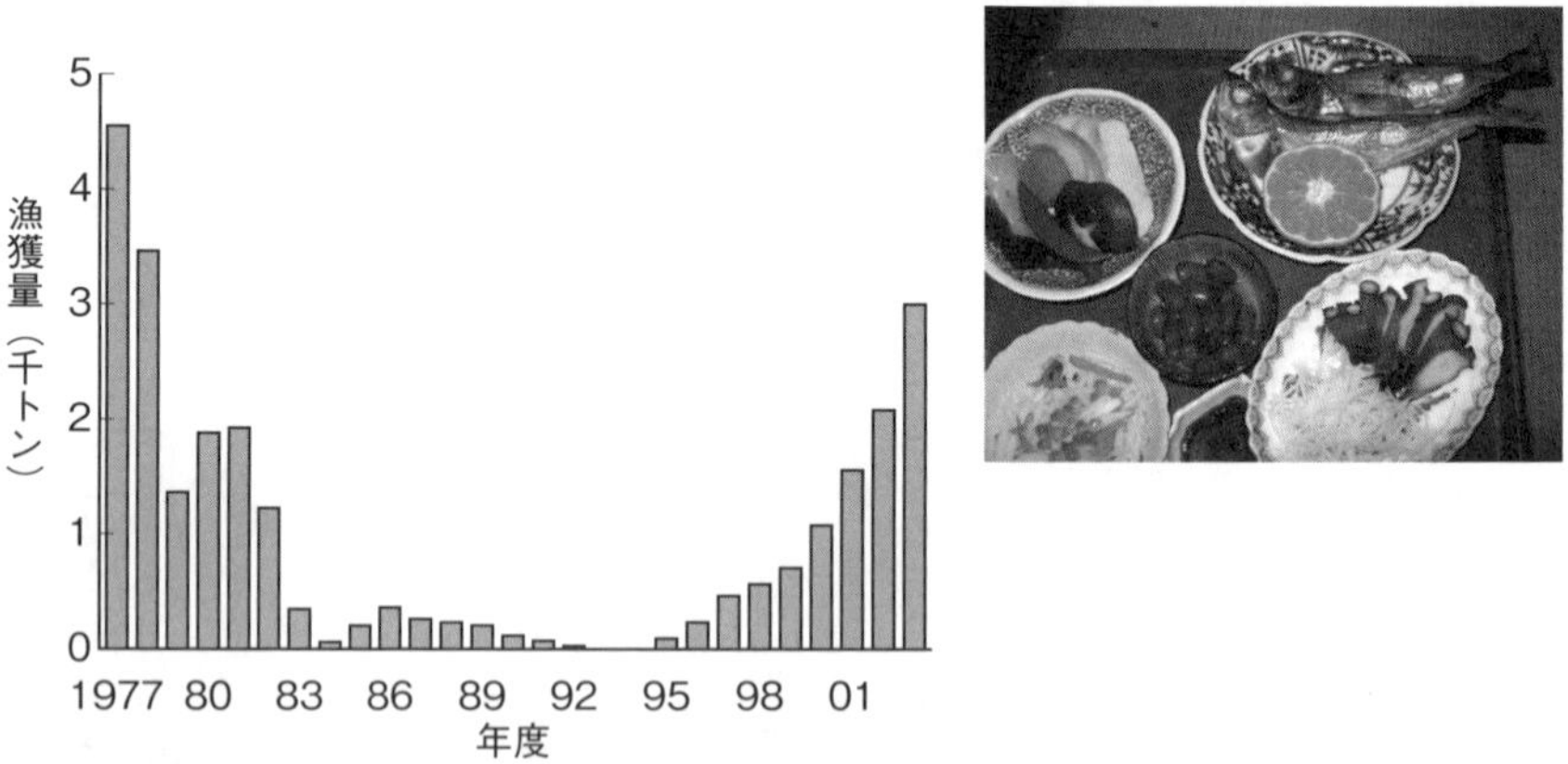

図 11　秋田県のハタハタ漁獲量の変遷。写真は地元のナマハゲ祭りとその際に供する料理。食卓の右上がハタハタ（写真：杉山秀樹氏提供）

図 12　漁業者の家族による植林運動（蒲郡漁協、冨山実博士提供）

図 13　沖縄県石垣島白保地区の竿原（ソーバリ）に復元された魚垣の例（撮影：辻野亮博士）

また、日本の漁民は、古くから植林を行い、森林が豊かな漁場をもたらすと認識し、「魚付林《うおつきりん》」という言葉があった。植林は今でも取り組まれている（図12）。

陸上だけでなく、漁場そのものを改変する例も古くから知られている。水産庁が二〇〇四年に選定した「未来に残したい漁業漁村の歴史文化財産百選」には、そのような例が多数含まれている。干潟など遠浅の海岸に石を積み上げ、満潮時に石積みの内側に魚介類が入り込み、干潮時にそれらが内側に取り残され、それを獲る伝統的な漁法はその例である（図13）。これは長崎県では石干見（いしひみ、いしひび）、沖縄県では魚垣（ながきぃ）などとよばれる。類似の漁法は環太平洋などに広く知られている（白保魚湧く海保全協議会ＨＰより）。

五　伝統的環境概念としての「賢明な利用」

環境概念の東西比較

順応的管理も海洋保護区も、言葉は近年になって生まれたが、似たような概念は昔から、世界中にあったと考えられる。「生態系サービス」という用語も、「自然の恵み」あるいは「海の幸、山の幸」と言い換えれば、古くからあった概念である。ほぼ対応する概念であるが、前者は功利主義的概念であり、後者はそうではない。この違いが、自然保護を考える際の姿勢の違いをもたらすかもしれない。

他にも、言い換え可能と思われる概念を表4に示す。環境経済学では、市場経済で評価できない非市場的価値を考慮するが、無駄なものをすぐに捨てない「もったいないことを避ける」という規範があれば、このような解析がなくても、市場価値のない生態系を守ることができるだろう。市場外価値というだけでは、結局は経済価値に換算できるものしか守れないことになる。もちろん、欧米人がそれ以外の価値の重要性を認識していないわけではないが、それは環境保護の概念として、科学的に組み込まれているとは言えない。

地元の生産食物を用いずに遠く離れた生産物を利用することへの戒めとして、輸送時のエネルギー消費量を石油で換算した指標「フードマイレージ（food mileage）」を用いることがある。材木の場合は「ウッドマイレージ（wood mileage）」とよぶ。より直接的な表現としては、「循環型社会」という概念が広く用いられるようになった。日本では、「地産地消」という用語がある。しかしこれも、一九八〇年代に提唱された、比較的新しい概念である。より古い対応する概念としては、中国南宋時代に起源のある仏教用語に「身土不二《しんどふに》」がある。これは今までの行為の結果としての身体と、それがよりどころにしている環境を意味する「土」が切り離せないことを意味するという。

リスク便益分析を使わなくても、極端を避ける「程ほどがよい」という規範があれば、リスクが大きくなるまで気づかないことはある程度避けられるだろう。実際には、リスク便益分析を行っても中庸が最適となることは数学的に限られていて、極端な解をとる例は少なくない。これは、考慮すべき要因を十分考慮できていないからかもしれない。

自然に対する管理責任（stewardship）という考え方は、キリスト教に固有のものかもしれない。人間に壊される自然は子どもと同じく物言わぬ弱者であり、それを保護するのは人間の責務であるという考え方である。

一方、キリスト教以前のケルト文化には、居住地の周囲にある森が恐ろしいところであり、立ち入るべきではないという考えがあったことは、現代の映画にもたびたび登場する。また、人とクマの共存を考えるとき、クマが人を襲う事件がときどき見られる。これを防ぐには、クマに人を恐れさせることが有効とされる。これを「緊張関係のある

表4　近年多用される環境概念と伝統的概念の比較。英語表現は仮のもの

環境科学概念	伝統的概念
生態系サービス（Ecosystem services）	自然の恵み（Grace of nature）
非市場的価値（External-market value）	もったいない（Mottainai）
フードマイレージ（Food mileage） 循環型社会（Society for sound material cycles）	身土不二、地産地消（Local production for local consumption）
リスク／ベネフィット（Risk/Benefit）	程ほど（Prudent）
（自然の）管理責任（Stewardship）	自然への畏敬（Awed by nature ）
公衆含意（Public involvement）	話し合い（Mutual consensus）

共存」とよぶ。世界の多くの人々は、自然を恐れるとともに、自然の恵みを自分たちに欠かせないものと認識しているだろう。

漁業者が自主管理を行う方法にも歴史がある。執政者が管理計画を決める上位下達型の方法から、合意形成段階で利害関係者の意見を求めて反映させる公衆含意が、市民社会に求められている。しかし、市民自ら話し合い、管理計画を決めることは古くから行われてきた。日本の漁業の自主管理は、漁業者自らの話し合いで管理計画が合意され、実施されてきた。

前述の秋田県のハタハタの三年間禁漁の場合、禁漁前（一九九二年一〜九月）に五八回、禁漁中に一四七回、再開後（一九九五年九〜一九九七年八月）に四二回の会議を開いている（表5・図14）。自主管理の場合、強制できないので、皆が合意しなければ実現できない。図11に見るように、ハタハタの漁獲量が低迷するなかで、解決のために何か実施しなければならないことは漁業者の共通認識だっただろう。しかし、利害関係のともなう決断をするには、皆が納得するまで、何度も話し合いを続ける必要があった。

このような自主管理が成功した理由がいくつか考えられる。①かつて利益のあがっていた漁業が資源の枯渇により

図14　漁業自主規制の方法を話し合う愛知県の漁業者たち（冨山実博士提供）。

表5　ハタハタ資源管理にかかわる会議開催回数（杉山秀樹氏、私信）

	経営体	地区	漁協	部会	漁連	海区	国	計
禁漁前	14	14	6	4	14	3	3	58
禁漁中	5	70	15	17	21	17	2	147
禁漁後	0	9	0	23	7	2	1	42

利益があがらなくなり、漁業者自身が危機感を感じていた。②地元でつき合いの長い研究者が熱心に説得した。③成熟年齢が数年以下の魚種であり、資源管理の効果が数年先にわかる。④すでに利益が減っていて、資源管理自体の追加損失が少ない。以上のような理由がある例が多い。

六　伝統的な環境概念としての「賢明な利用」

以上、主に漁業管理のいくつかの例を用いて、持続可能な利用とその批判、実際の漁業管理の成功例などを紹介した。伝統的な方法でうまくいっているところばかりではない。特に後継者がいないような漁村では、将来のための漁業管理を合意するのは難しいと考えられる。

本章で列挙した「賢明な利用」と持続可能な利用の相違は、以下のようにまとめられる。持続可能な利用は、最大持続漁獲量概念に見られるように、持続可能に利用することを明示的に意識した利用であり、科学的に持続可能性を担保したうえで利用することが多い。しかし、不確実性に関する考慮が不十分であれば、実際には持続可能な利用は達成できない。そのため、不確実性を十分に考慮した順応的管理が推奨されている。順応的管理においては、現在の科学的知識が不完全であることを認識し、管理しつつその知見を見直す作業を並行して進める。最大値を目指すのではなく、収益をあげながら失敗するリスクの少ない方法を実用的に選んでいる。

本書で論じる「賢明な利用」とは、持続可能性を意図したものばかりではなく、結果として乱獲を回避し、持続可能性を実現する利用の総称である。科学的知識が伝統的知識に比べて有効かどうかは、今後の検証を待つべきである。現在の順応的管理の理論を見ても、科学的に唯一の解が得られるのではなく、合意形成の手続き、不確実性の考慮、評価方法、実施後の見直し手続きが重視されている。その意味では、伝統的な知識や手法が再評価されつつあると言えるだろう。

結論として、「賢明な利用」とは、漁獲物のような供給サービスの持続可能性だけでなく、多様な生態系の恵みを総合的に利用することという定義を提案する。そのためには、生態系の不確実性、非定常性、複雑性を考慮して順応的に管理すること、科学的知識の限界を認識し、伝統的知識を生かすこと、利害関係者の合意を図ることが重要である。

第7章 「賢明な利用」と環境倫理学

安部 浩

自然の賢明な利用と環境倫理学の関係について論じることが、本章の課題である。そこでまず「賢明な利用」という表現が、何を言わんとするものであるかという点をつまびらかにすることから始めよう。

一 「賢明な利用」の三段階

言うまでもなく、自然を賢明に利用することはそれ自体、我々人間による自然利用の一形態である。したがって「賢明」な仕方――その内実の如何はとりあえず不問に付すが――においてなされるにせよ、もしこうした利用がいかなる点でも我々を益することがないのであるならば、それは決して「賢明な利用」とよぶに足るものではなかろう。かくて第一に、「賢明な利用」とは、我々による、我々のための自然利用である（以下、涙点（丶）による強調は安部による）と言わなければならない。つまり、それはオーストラリアの哲学者、ジョン・パスモアによる有名な区別にならえば、天然資源を後日の消費のために節約する保全（conservation）[16]でありうるとしても、手つかずの状態で温存すべく、生物種や原野を損傷、ないしは破壊から救う保存（preservation）[16]ではないのである。

こうした自然利用において「賢明さ」とは一体何を意味するのか。以下我々はこの問いに三とおりの解答を試みることによって、賢明な利用における三つの段階を区別してみたいと思う。ここで「段階」の高低は、後に示されるように、考慮される事柄の範囲の大小を表さんとするものであり、低次の段階ほど考察対象の領域は狭く、逆に高次のそれほどその範囲が広いことになる。

「賢明な利用」の第一段階

自然利用における「賢明さ」とは何か。この問いの答えとしてさしあたり我々の念頭に浮かぶのは、おそらく次のようなものであろう。賢明な利用とは、それが(広い意味で)「持続可能(sustainable)」であるということに他ならない(なお近代的な資源管理における「持続可能性」の問題点については、第6章を参照されたい)。すなわち、自然利用の賢明さとは、その自然の利用の仕方が、ある個人(ないしは小集団)に対して、ある程度長期間にわたり、一定量の自然資源を常に供しうる点に存するのである。むろんその際、どのくらいの年月をもって「長期」と見なし、どれほどの分量をもってして「一定の量」と判断するかということは、それ自体がまた大いに考慮を要する問題であることは疑いがない。こうした「賢明な利用」の第一段階の例として、我々は何よりもまず、文化人類学が明らかにしている先住民族のさまざまな伝統的生業におけるいくつかの事例をあげることができるであろう。[*1] さらにはアメリカの環境経済学者であるH・デイリーが提唱する「定常状態の経済(steady-state economy)」もまたその好個の例であると言えよう。[*2]

「賢明な利用」の第二段階

だが、このような自然利用の方法は、それによって利得に与る者が多ければ多いほど、より一層「賢明」であると考えられるであろう。[*3] たとえば、もしその受益者の範囲が、一個人や地域内の小集団だけにとどまることなく、地域の内外を超えた大集団へ、そして最終的には全世界にまで拡大されるのであるなら、しかもそれが現在の世代のみならず、将来世代においても末永く可能となるのであれば、この二点に鑑みて、より「賢明」であると言えるかもしれない。第一の点における「賢明さ」、つまり自然利用が特定の個人や集団のみならず、人類全体に福祉をもたらすことは、すでに一七世紀に英国の哲学者、F・ベーコンが繰り返し説いてやまぬことであった。[*4] また、第二点で言われる「賢明さ」は、一九八七年に国連の「環境と開発に関する世界委員会」(いわゆるブルントラント委員会)が公にした「持続可能な開発(sustainable development)」の定義として知られる「将来の世代が自らの欲求を充足する能力を損なうことなく、今日の世代の欲求を満たすような開発」[19]において実質的に表現されていると見てよい。そして事実、以上のような意味において「賢明さ」を最大化する自然管理

＊1　たとえば、ベネズエラの熱帯雨林に暮らすサネマの民に関する次の記述を参照されたい。「サネマは土壌の搾取をしない農業システムを開発した。窒素の乏しい土壌でもたやすく育つ作物［…中略…］を栽培する。そして疲弊した土壌を回復させるためによく移動する。［…中略…］畑を放棄して森へと長い旅に出ることがサネマ経済の一環に含まれている。［…中略…］それが一地域にかかる負担を最小限にとどめることになるのである」（ジュリアン・バージャー（著）、綾部恒雄（監修）、やまもとくみこ他（訳）、『図説・世界の先住民族』明石書店、一九九五年、二二六頁）。なお引用文中の角括弧内の補足は安部による。以下同様。

＊2　デイリーは「定常状態の経済」に関して、以下のような説明を与えている。「よい生活をするのに十分な、ある標準ないし一人あたりの資源利用で人口が暮らしていくためには、一定水準のスループットが長期にわたって生態学的に持続可能でなければならない」（ハーマン・E・デイリー（著）、新田功他（訳）、『持続可能な発展の経済学』みすず書房、二〇〇五年、四三頁）。なおここで「スループット」とは、「原料の投入に始まり、次いで原料の財への転換がおこなわれ、最後に廃棄物という産出に終わるフロー」（同、三七頁）のことである。

＊3　むろんここで、今述べた「利得」の享受という事態をどのように理解すべきか——つまりそれを①「一定の財を意のままに用いうる権限」と見るか、それとも②個々人の主観的な満足である「効用」としてとらえるか、あるいはまたインド出身の経済学者、A・センのように、③個々人が財を用いて各人各様の仕方で発揮すべき「機能」や「潜在能力」（個々人において各人の機能の発現を可能にする諸条件）をも含めて考えるのか——ということは、別途考察されるべき重要な問題である。また利得をいかなる仕方で定義するにせよ、各人や各世代毎に利得の内実が相異なり、しかもそれぞれの利得の間で齟齬が生じることも容易に想定されうる。この場合、何をもって「受益者の範囲の拡大」と見なすかということもまた——「最大多数の最大幸福」という功利主義の原理をいかに理解すべきかという難題と相まって——当然詳論を要するわけであるが、紙幅の都合上、今は問題点の指摘のみにとどめざるをえない。

＊4　ベーコンの以下の言を参照されたい。「ところがもしある人が、諸々の事物の世界［すなわち自然］に対する人類（humanum genus）自身の力と支配を革新し、増大することを試みたとするならば、その野心は疑いなく［…中略…］他の様々な野心と比べてより一層賢明にして崇高（sanior et augustior）である。しかるに諸々の事物に対する人間の支配は、ただ諸技術と諸知識のみに基づく。というのも自然は、もし［人間が自然に］服従することによるのでなければ、［人間によって］支配されることがないからである」（F. Bacon, *Novum Organum*, in: *The Works of Francis Bacon*, vol.1, collected and edited by J. Spedding et al., New York , 1968 (Reprinted) , p. 222. なお傍点による強調は安部による。以下同様）。

のあり方を考察することは、今日の環境系社会科学、とりわけ「環境ガバナンス論」にとって重要な課題の一つであると言ってよい。

「賢明な利用」の第三段階

今後さらに議論を展開していくうえで、念のために具体例を用いて、これまで述べたことを再度確認しておくことにしたい。ある村で稲作を行っている一家が存在すると仮定しよう。自然の「賢明な利用」の第一段階は、この一家にとって、毎年順調に自分たちが食べるだけの量の米を作り続けている状態に相当する。これに対して、この一家が自家消費分に加え、村人たちはおろか、村外の多数の人々が食べる米をも恒常的に生産し、しかもその生産が一代限りで破綻してしまうのではなく、子々孫々に代々途絶えることなく受け継がれていく場合、そのような自然利用はもはや第一段階ではなく、第二段階の意味で「賢明」とよばれうるのである。

だが我々は、この自然利用の「賢明さ」をさらに別様に把握することが可能である。この点を説明するために、我々は以下、米国の生態学者で、しばしば環境倫理学の創始者とも目されるA・レオポルドの所論を引くことにしたい。彼の根本的な主張たる土地倫理（land ethic）は、土壌、水、植物、動物、すなわち総じて「土地」を包含すべく、共同体の概念の範囲を拡大すること[8]を通して、我々の道徳的配慮が人間社会に限局されることなく、自然にまで及ぶべき旨を説くものであり、その要点は次のようなものである。

> かくて土地倫理は「我々の」生態学的な良心を反映しており、そしてこの生態学的な良心はまた、土地の健康に関する個々人の責任「というものが存在することに対する我々」の確信を反映している。「ここで言う、土地の」健康とは、土地が有する自己更新の能力のことである。「そして土地の」保全とは、この「土地の」能力を理解し、保存しようとする我々の努力のことである。[9]

つまり右の一節を我々なりに敷衍するならば、賢明な自然利用とは、もっぱらその自然の再生能力の維持に鑑みて遂行されるべきものなのである。我々はこれを「第三段階」の賢明な利用とよぶことにしたい。前掲の例に則して説明するならば、くだんの一家が単に米の収穫量の多寡のみに気をとられるのではなく、むしろ水田とその周囲の環境をあまねく視野に入れ、それらを絶えず健全な状態に保つべく努めながら稲作を行うことに相当するものであると言えよう。

そうであるとすると、このような「第三段階」の賢明な利用と前述した「第二段階」のそれとの相違は明白であろう。たとえ我々が自然のある利用形態を通して、特定の生態系から何らかの自然資源を長期間たえず一定量獲得してきたとしても、言いかえれば、その利用の仕方が「第二段階」の見地に照らして「賢明」なものであったにせよ、このことは、くだんの自然利用が当の生態系の「健康」に留意しながら行われていることを必ずしも意味するわけではないからである。このことは、たとえば集約農業による単作を通して、「不健康」ではあるが、特定の作物を絶えず生産し続けるような生態系が存在することを考えてみれば、容易に理解されるであろう。しかも我々は「逆もまた然り」と付言しうるであろう。なぜならば、ある生態系が「健康」であるからといって、その生態系が必ずしも何らかの自然資源を恒常的に供給し続けることが可能であるとは限らないためである。

それではこのように「第三段階」の見方に則して「賢明さ」をとらえ直した場合、我々は生態系の「健康」に関して十分に配慮した自然利用をいかにして遂行しうるのであろうか。この点について考えるうえで手がかりとなるのは、レオポルドの次の言である。

> 土地倫理とは、「土壌、水、植物、動物といった」ホモ・サピエンスの仲間の成員たちの尊重、および「土地という」共同体そのものの尊重をも意味している。(8)

レオポルドの思想の研究者として知られる、米国の環境倫理学における第一人者、B・キャリコットもまた、前掲の引用文に註していみじくもこう述べている。「かくて土地倫理は個体論的な傾向と同様、全体論的なそれをも有することになる。事実、「レオポルドの主著の最終節にあたる」『土地倫理』の論旨が展開するにつれて、「彼の」道徳的関心の焦点は、個別的にとらえられた植物、動物、土壌、水から、「それらを」総体的に見た生物共同体へと次第に移行していく」。(1) するとレオポルド（ならびにキャリコット）の右の言に鑑みるに、我々は、土地倫理、すなわち我々のいわゆる「第三段階」において説かれる意味での賢明な利用は、ひとえに生態系全体の諸機能の保持を通して行われるものであると考えてよいであろう。そしてそのためには、生物学や生態学の諸知見が必要不可欠であることは言うまでもない。

二　賢明な利用と環境倫理学の関係

以上我々は、「賢明な利用」の三段階に対して、それぞれ順次考察を加えてきた。それでは、この「賢明な利用」と環境倫理学とはいかなる関係にあるのか。この問いに答えるためには、まず、環境倫理学とは何かということを確認しておく必要があろう。

環境倫理学とは何か

環境倫理学の内実を明らかにするうえで、初めにつまびらかにしなければならないのは、そもそも倫理学とは何であるかということであろう。

ここで注意を要するのは、倫理学は倫理と相似て非なるものであり、両者はきちんと区別されねばならないということである。そしてその相違は次のように略説されうるであろう。すなわちまず「倫理（ethic）」とは、「何々すべし」や「かくかくすべからず」といった、ある行為規範の呈示を旨とするものである。他方、「倫理学（ethics）」においては、そもそもそれが「倫理（ethic）」に関する「学（-ics）」に他ならない以上は、当の行為規範が成立する根拠、ないしはその正当性こそが問題とされるのである。したがって以上の議論を踏まえるならば、環境倫理学とは、自然に対する我々の行為に関する何らかの当為、「まさに～すべし」を単に主張するのではなくて、むしろそのような当為の正当化を試みることであると言えよう。

賢明な利用の第三段階における行為規範とその成立根拠への問い

それでは環境倫理学がそれに対して根拠を与えようとする「自然へのかかわりにおける当為」とはいかなるものであろうか。実のところ、それはまさしく先述した自然利用の「賢明さ」（むろんこれだけが唯一のものであるわけではないにせよ）に他ならないのである。というのもこの「賢明さ」は、自然の利用（これが「自然へのかかわり」の中の一つであることは言うまでもない）に際して「賢明であるべし」という当為を我々に突きつけてくるものであるからである。たとえば、生態系全体への配慮をともなった自然利用である「第三段階」における賢明な利用は、レオポルドによれば、次のような行為規範を含意するものである。「ある事柄[を行うこと]が生物共同体の統合性（integrity）、およびその安定性や美しさを保存する傾向にある場合、その事柄［を行うこと］は善である」[10]。

だが先ほど述べたように、賢明な利用が指し示すこのような当為を基礎づけることこそが、まさしく環境倫理学の課題である。では右に引いた賢明な利用の第三段階（つまりレオポルドの土地倫理）における行為規範自体は、いったい何によって正当化されうるのであろうか。換言すれば、自然利用において、生態系はなぜ総体として守られなければならないのか。我々は以下、この倫理学的な問いに取り組むことにしよう。

自然観——賢明な利用における行為規範を根拠づけるもの

この問いを考察するにあたって、我々はいったい何を手がかりにすればよいのであろうか。そこでまずレオポルド自身による土地倫理の説明を再度取り上げることにしよう。それは次のようなものである。

> 約言すれば、土地倫理はホモ・サピエンスの役割を〈土地という共同体の支配者〉から〈この共同体の平々凡々たる一成員にして市民〉へと変更する。［…］人類の歴史において（私はそう希望するのであるが）我々は、支配者の役割とはつまるところ自滅的なものであることを学んできた。なぜか。このような［支配者としての］役割の中には、以下のことが暗々裡に含意されている。すなわちそれは、共同体の時計の針を動かしているものがまさに何であるのか、および共同体の生活においてまさに何が、また誰が価値のあるものであり、ないしは価値のないものであるのかということを支配者はその職権に基づいて知っているということである。［しかしながら結局のところ］支配者は上述したいずれのことも知らないことが常に判明するのであり、そしてこうしたわけでその支配は、最後には支配者自身を滅ぼすことになるのである。同様の事態は生物共同体においても存在する[11]。

ここでレオポルドは、人間が生態系において「支配者」ではなく、あくまでも「一成員」にとどまるべき旨を説くわけであるが、右の引用文を一読すれば明らかであるとおり、その理由はもっぱら〈自己自身の存続を図らんとするならば、人間は生態系の諸構造、およびそれぞれの生物種が生態系において果たす役割に関して知悉する必要がある〉という点にある。ではこのことから直ちに、我々が生態系全体を守らなければならないという帰結が導出されうるのであろうか。今日の生態学的な見地に立てば、その答えはむしろ否定的なものとなるであろう。というのも、生態系の諸機能の維持に際しては、すべての生物種がおしなべて対等の役割を担っているわけではないからである。つまり生態系においては、ある機能が発揮されるうえで必要不可欠となる重要なはたらきを行う生物種、いわゆる「キーストーン種」、およびこのキーストーン種によって下支えされたさまざまな種間関係にかかわって当該機能の発揮に実質的に貢献している生物種が存在する一方で、いずれにも該当しない生物種もまた見出されるのである。このことを理解したうえで、我々が右の理由を基にして得ることが可能な結論とは、せいぜいキーストーン種（及びこれと密接な関係にある生物種）の保全の必要性であって、必ずしも生態系全体の保全ではないということになろう。

　しかしながら、前掲の引用文に「共同体の生活においてまさに何が、また誰が価値のあるものであり、ないしは価値のないものであるのか」というくだりが認められるように、優れた生態学者でもあったレオポルドは、生態系を構成する種にはキーストーン種とそうでないものが存在する事実を重々承知したうえで、あえて生態系全体の保全の必要性を訴えているのである。では彼の真意は一体いかなる点にあるのであろうか。それをうかがわせるのは、「土地倫理」における以下の一節である。

> 普通の市民は今日、共同体の時計の針を動かしているものが何であるかということを科学は知っていると思い込んでいる。［だが］科学者［当人］は同様にまた、彼自身がそのことを知らないとも確信している。科学者は、生物のメカニズムは余りにも複雑すぎて、その仕組みが完全に理解されることなど決してないであろうことを知っているのである。(12)

つまりレオポルドは科学者として、科学的認識の有限性を誰よりもよく熟知していたために、今日の生態学者によってキーストーン種と見なされている生物種のみを守ることが生態系の諸機能の維持にとって十分なものであるか否かを疑うのであり、したがって彼はこうしたキーストーン種やこれに深いかかわりを持つ生物種のみならず、生態系全体の保全こそが肝要事であると考えるのである。

　だが我々はなぜこのような「石橋を叩いて渡る」慎重さをもって生態系を守る必要があるのか。この点に関してレオポルドは、別の論文の中で次のように述べている。

科学は最近まで人間の利用に対する土地の反応についての、根拠のない幻想と事実とをきちんと見極めることができなかった。だから地中海沿岸の国々が過放牧や浸食によって永久に悪化してから後、住民たちは何が起こっているのか、どうして起こっているのかを知ることになった。［…］要するに、土地の健康を害する力が、土地が傷つくことがあるという危惧より速い速度で成長したのである。(6)

ここには、科学技術の発展などにより、我々人類が「土地の健康」に致命的な打撃を与えうる絶大な力を、きわめて短期間に備えるに至ったことに対する、強い懸念が表明されている。そうだとすると、科学的認識の有限性を痛感していたレオポルドにとっては、次のような問いが当然抜き差しならない問題になったはずである。自然に対して行使しうる、こうした我々の力の強大さと、当の自然のメカニズムに関する我々の知の乏しさの間に認められる、埋めようのない著しい落差を前にして、我々は自然に対していかなる態度をとるべきであるのか。

「生物共同体の安定性は、その統合性に基づく」(7)というレオポルドの環境思想の根本命題こそは、まさしく以上の問いに対する彼の回答に他ならない。つまりこの命題の眼目は実のところ、〈今や生物共同体に対して回復不能なほどの甚大な損傷を容易に負わせうる以上、我々はそうした取り返しのつかない事態を招くことのないように予め細心の注意を払い、当該共同体の統合性を絶えず保つようにしなければならない〉という洞察にあるのである。レオポルドの右のような考え方は、今日の予防原則、すなわち、たとえ十分な科学的確実性を欠いているにせよ、甚大にして不可逆的な悪影響を及ぼすおそれのある災厄は、これを未然に防止すべきであるという主張をいちはやく先取りしたものであると言えよう。

このような根拠に基づき、レオポルドは生態系の全体的な保全、換言すれば、人間、動植物、無機物の別を問わず、生態系の全構成員を平等に扱う一視同仁の立場を説くことになる。ただし、その際に注意を要するのは、このようにいずれの構成員も等しく尊重されるのは、それらがあくまでもめいめいの仕方で生態系全体の諸機能の維持に資するという理由からである。つまりレオポルドによれば、生態系の各構成員は、たとえ初めから意図されていたわけではなく、単なる付随的な帰結としてにせよ、生態系全体のあるべき姿の実現に向けて一定の「寄与」を行うのであり、そしてその限りにおいてのみ、それらは尊重に値するのである。したがって、このような考え方に従うならば、外来種のように生態系の諸機能の維持に貢献するどころか、かえってこれを破壊するようなものの存在は、尊重に値しないということになろう。

すると、レオポルドは、今日の生態学者の標準的な見解とは異なって、生態系全体の理想状態を何らかの仕方で初めから暗々裡に想定しており、そしてまさしくこの想定こそが「生態系の全体的な保全を行うべし」という彼の規範的な主張の根拠をなしていると我々は考えざるをえないであろう。ではこうした生態系のありように関する理念は、それ自体何に由来するものであるのか。我々はそれを自然観とよぶより他にないであろう。かくて第三段階の賢明な利用における行為規範を根底より支えているのは実のところ、このような自然観に他ならないのである。

三　日本の伝統的な自然観とそれによる自然保全の基礎づけ

しかしながら一口に自然観と言っても、時代や地域の差異、さらには自然観の表現形態の相違によって、実に多種多様なものが存在することは、いまさら贅言《ぜいごん》を要さないであろう。ではそれらのうち、我々が規範とすべき自然観とはいかなるものであるのか。また我々がその自然観を選びとる際、この選択の基準となるものはいったい何であるのか。これらの問いに答えることはとうてい至難の業であり、本章の課題を超える事柄である。またそれは本シリーズの趣旨に沿うものでもなかろう。そこで我々は、日本の伝統的な自然観とはいかなるものであるか、またこのような自然観によって自然の保全はいかにして正当化されることになるかの二点に問題を絞り込んだうえで考察を進めていくことにしたい。

日本古来の自然観

第一の問題に取り組むことから始めたいが、日本古来の自然観の十全なる解明は、それ自体がなおも難事であるため、我々はあえて一面的な考究を行わざるをえない。それは日本語における「自然」の語義を探るという方途である。

我々は今日「自然」をいわゆる自然界（つまり英語で言えば〈nature〉）を指す言葉として用いているわけであるが、「natureの翻訳の影響によって、「自然」が名詞として使われるようになるのは、明治二〇年代以後のことである」[18]がゆえに、こうした用法は、実を言えば比較的最近の現象にすぎない。すると明治中期以前、「自然」の本義はいかなるものであったのか。それを如実に示すものとして、この語の初期（上代）と末期（明治一〇年代）の用例をあげることにしよう。

まず初期の例として、『萬葉集』の中から一首取り上げてみたい。

山辺乃《やまのへの》　五十師乃御井者《いしのみゐは》　自然《おのづから》　成錦乎《なれるにしきを》　張流山可母《はれるやまかも》[17]

続いて末期の一例として、『哲学字彙』（本邦初の西洋哲学辞典）における〈natural〉と〈nature〉の項目を引くことにする。

Natural　合性、自然、天真

Nature　本性、資質、天理、造化、宇宙、洪鈞、万有[3]

この二つの例から、次の二点が明らかとなる。まず第一点は、「自然」という言葉が元来、形容詞（『哲学字彙』の例）及び副詞（『萬葉集』の例）としてとらえられていたということである（「偶然」、「突然」、「俄然」、「当然」などの語が今でもなお副詞として用いられていることを想起されたい）。換言すれば、この語は長らく「自然な」、「自然に」、「自然だ」といった意味で理解されていたのであり、現代日本語の文法用語でいえば、形容動詞であったということである。したがって「自然」とは本来、存在者ないしは存在領域を指すのではなく、むしろ、そうした存在者の存在様態やあり方を指す言葉なのである。そして第二点は、『萬葉集』の例が示すように「自然」とは「おのづから」の意であったということである。つまりもともと日本語の「自然（おのづから）」は、英語の〈nature〉（ラテン語の〈natura〉に由来）のように、物の本性や本質といったことを指す語ではないのである。では「おのづから」が意味することは何であるのか。この点について日本政治思想史家の丸山真男は、次のような説明を行っている。

［漢語］の「自然」にも、［ラテン語の］「natura」にも、ものごとの本質、あるべき秩序というもう一つの重大な含意があるのに対して、和語の「おのずから」はどこまでもおのずからなる、という自然的生成の観念を中核とした言葉であって、事物の固有の本質という定義には、どこかなじまぬものがある。[13]

つまり「おのづから」とは、おのづからなること、生成することなのである（ただし管見によれば、和語の「おのづから」と同様、漢語の「自然」も『老子』や『荘子』等における用例に鑑みるに、元来は丸山のいわゆる「自然的生成の観念を中核とした言葉」である）。

さて以上の議論を要するに、「自然《おのづから》」という語は本来、あるものがおのずと生成し、生まれ出てくるありさま、あるいはおのずから出現し、立ち現れてくる物のあり方を指しているということができよう。だがここで、物のこのような生成や出現を単に〈物のさまざまなありさま（ないしはあり方）のうちの一つ〉としてとらえることは禁物である。なぜか。その理由はこうである。

アリは語形上、アレ（生）・アラハレ（現）などと関係があり、それらと共通なarという語根を持つ。arは出生・出現を意味する語根。日本人の物の考え方では物の存在することを、成り出でる、出現するという意味で把える傾向が古代にさかのぼるほど強いので、アリの語根も、そのarであろうと考えられ［る］。[15]

すなわちそれは、「ある」とはそもそも生成し（「生《あ》る」）、顕現する（「現《あら》はる」）ことをおいて他にないからなのである。

さてこのように「ある」ということ、すなわち存在が生成や出現の意味で理解されるのであるなら、我々は、日本語の「自然《おのづから》」とは、つまるところ「存在」のことであると言ってよいであろう。自然（おのづから）は存在である――なるほどこれは一見奇怪千万な主張である。だが次のように考えてみれば、こうした見解が実は少しも奇をてらったものではないことが判然とするであろう。先述したとおり、自然《おのづから》とは〈あるもの（存在者）がおのずと生成し、出現してくること〉を指すのであった。すると存在者とはそもそも、それが発現すること（すなわち自然《おのづから》）を通して、それとして立ち現れ、存在しうるわけである。さてそうであるとすると、自然《おのづから》とは、存在者をして初めて存在者たらしめるもの、つまりは存在そのものに他ならないことになる。

そして仮に右のように考えることが許されるのであるなら、ここから我々は思考の歩みをさらに進めて次のように言ってもよいのである。自然（おのづから）は必然的に自己自身の姿を隠して背景に退かざるをえないため、常にいわば黒衣として現れる、と。これはいったいどういうことであろうか。

先述したとおり、自然《おのづから》とは存在者をして初めて存在者たらしめる存在のことであった。そしてこのようにそもそも存在なくしては、存在者はそれとしてあることが不可能なのであってみれば、両者の関係はあくまでも存在が主役であり、存在者は脇役であるということになろう。しかしながらひとたび存在者がそれとして存在し始めるやいなや、この主従関係はたちまち逆転する。というのも両者の間の主導権は、形あるものとして我々の眼前に見紛うことなく立ち現れるに至った存在者の側に移り、元来影も形もない存在は、今や単なる〈存在者の存在〉として、つまりかろうじて存在者の従属物として理解されることになるからである。かくて存在（すなわち自然《おのづから》）は、存在者を存在させるものの、しかし皮肉にもそれによって必然的に、それ自身が存在せしめた当の存在者の背後に隠れ退くことになるのである。

自然《おのづから》が自然《おのづから》としてありうるのは、こうした自己隠蔽的なあり方をおいて他にない。だが自然《おのづから》が隠れ去ることは無論、自然《おのづから》がまったくなくなってしまうことを意味するわけではない。たしかに、いかなる存在者でもないという点では、自然《おのづから》は「無」とよばれうるものである。しかしながら存在者が存在する限り、自然《おのづから》は、存在者が主人公（すなわち「図」）として表舞台に登場することを可能にしている背景の「地」として、つねに存在者とともに現れている以上、それはまったくの虚無というわけでは決してないのである。いうなれば、自然《おのづから》は（存在者とは異なる仕方においてではあるが）やはり「ある」のであり、逆説的な表現になるが、たえず「隠れる」という仕方で「現れている」ものなのである。

日本の自然観による自然保全の正当化
――松尾芭蕉と熊沢蕃山の例を手がかりとして

以上の論述はいまだ到底委曲を尽くしたものとは言えないうらみがあるとはいえ、我々はこれをもってひとまず自然観に関する考察を終え、ついで前掲の第二の問い、このような自然観によって、自然の保全はいかにして正当化されうることになるのかという点の考察に進もう。この問いに答えるべく、我々は手始めに、日本の伝統的な人間観、ことに〈自然とのかかわりにおける人間〉に対する見方を如実に示していると思われる範例を江戸前期の文学と思想に求めてみたい。

松尾芭蕉は次のように述べている。「夷狄《いてき》を出《いで》、鳥獣を離れて、造化《ざうくわ》にしたがひ、造化にかへれとなり」(14)。またほぼ同時代の儒者、熊沢蕃山《くまざわばんざん》もこう言う。「かくのごとく、万物も同じく太虚《たいきょ》の一気より生ずといへども、太虚天地の全体を備《そなふ》ることなし。人は其形《そのかたち》すこしきなれ共《ども》、太虚の全体ある故に、人の性にのみ明徳の尊号あり。[…]我心則《わがこころすなはち》太虚なり」(4)。ここで芭蕉のいう「造化」とは『荘子』大宋師篇に、蕃山が述べる「太虚」は宋代の儒者である張横渠の『正蒙』に由来する概念であるが、両者はいずれも存在者を生み出し、存在者をしてそれとして存在せしめるはたらきを指すものであると言ってよい。よって我々はこれらを先述した意味での「自然《おのづから》」（ないしは「存在」）に置き換えて理解することが許されるであろう。すると芭蕉や蕃山に代表される我々の人間観は、次のようなものであることになる。

すなわち、人間が「鳥獣」や「夷狄」とは異なって真の意味における人間としてあることとは、「自然《おのづから》のもとに帰る」ことであり、別言すれば、自己自身が本来、「自然《おのづから》の全体」、つまり自然《おのづから》をそのあるがままのありさまにおいて受け入れうる者であることを悟ることである。ただしその際、人間は「自然《おのづから》に従う」、つまり「我が心」を「自然《おのづから》に則したもの」にするという仕方で自然《おのづから》へかかわらなければならない。

だが「自然《おのづから》に従いつつ、自然《おのづから》のもとに帰る」こととは、いったい何を意味しているのであろうか。それはつまりこういうことである。自然《おのづから》がそれ自身を隠蔽することにより、我々は普段、まるで初めからまったく存在しないもの（虚無）であるかのように、自然《おのづから》のことをきれいさっぱりと忘れ去ってしまっている。それゆえ、まず「自然《おのづから》のもとに帰る」とは、このように自然《おのづから》を忘却し、自然《おのづから》から離れ去ってしまっている状態から、自然《おのづから》が虚無などではなく、〈隠れつつも現れているもの〉であることを我々が理解するに至ることであるといえよう。そして「自然《おのづから》に従う」とは、自然《おのづから》の自己隠蔽に抗うことなく、かえってこれを尊重することであると解しうる。換言すれば、それは、自己自身を隠蔽している自然《おのづから》を無理やり白日の下にさらそうとしたり、あるいは、存在者とは異なる「無」のごときものとして現れている自然《おのづから》を、たとえば「造物主」と同一視することによって、それ自身一つの存在者であるようなものとして把握しようとしたりする態度を改めることなのである。

　かくて、以上のように芭蕉や蕃山の言をその典型と仰ぎながらつまびらかにしてきた日本人の人間観を我々はこう約言しうるであろう。人間の人間たる所以とは、自らを隠す自然《おのづから》をしてそれが自らを隠すがままになさしめることに、そしてそのようにして〈虚無とも存在者とも異なる〉自然《おのづから》独自の〈隠れた仕方での現れ〉をそれとして見守ることにある、と。それでは、右のような人間観および既述の自然観を基にして、我々は自然保全をいかなる仕方で根拠づけることができるのか。

　先に述べたことであるが、自然《おのづから》はそれだけで単独で現れるのではなく、常に「図」である存在者に対する「地」として、自然《おのづから》自身が立ち現れさせている存在者とともに、隠れた仕方においてではあるが、自らを示すものである。そしてそのように現出するためには、自然《おのづから》はこの「図」となる存在者（たとえば自然）を不可避的に必要とすることになる。したがって以上のような自然観に依拠することによって、我々は第一に、〈自然《おのづから》の顕現に対する必要性〉なる観点から自然保全を基礎づけることができるであろう。

そしてこのことは、以下に引く蕃山の言においてすでにして示唆されていた事柄であるように思われる。

　万物一体とは、天地万物みな太虚の一気より生じたるものなるゆへに、仁者は、一草一木をも、其時《そのとき》なく其《その》理《ことわり》なくてはきらず候《さうらふ》。況《いはん》や飛潜動走《ひせんどうそう》のものをや。(4)

　だが今述べたような存在者が必要となるのは、何も自然《おのづから》ばかりではない。自然《おのづから》が自然《おのづから》として現れるために、こうした存在者（自然）が不可欠となるのであれば、我々人間にとってもまた、それはなくてはならぬものであるからである。かくて右の人間観に照らして、自然の保全は第二に、〈人間が真に人間であることにとっての必要性〉という見地に鑑みても正当化されうるであろう。そしてこうした意味においては、我々は蕃山とともに「万物は人のために生じたるものなり」(5)ということができるのである。

結語にかえて

　以上、我々は、自然の「賢明な利用」ということが何を意味するかということをつまびらかにしていくなかで、わが国を例にとりつつ、自然の利用の「賢明さ」を下支えしている自然観を解明し、そのうえでこの自然観に基づく自然保護の正当化を試みるに至った。

我々は自然を何故に守るべきであるのか。本章において我々が最後に行き着いたこの問いは実のところ、環境倫理学という学問分野が全世界に先駆けて米国において創始されて以来、その初期（すなわち一九七〇年代から八〇年代にかけて）の段階の発展に大きく寄与したものであると言ってよい。というのも当時の環境倫理学の動向を一言で要約すれば、自然界にあるものの存在をもっぱらその有用性（つまり人間にとっての「道具的価値（instrumental value)」）のゆえに擁護しようとする「人間中心主義（anthropocentrism)」に抗して、自然保護を「人間非中心主義（non-anthropocentrism)」の立場から基礎づける試みに他ならなかったからである。

それならばこの人間非中心主義とは何を意味するのか。むろん一口に人間非中心主義といっても、そこには諸派が存在しているが、その中でも代表的なものの一つとして、我々は、自然界における各個体がめいめい存在すべきであることを、有用性の基準に照らした人間による価値評価の如何とはまったく無関係に、それぞれの個体に元来備わっている「内在的価値（intrinsic value)」や「権利」によって根拠づけようとした立場をあげることができるであろう。

しかしながら本章において我々は、こうした内在的価値や権利に立脚して自然保護を正当化する考え方を米国から輸入して事足れりとするのではなく、あくまでも我々なりにその基礎づけを試みてきたのであった。むろんそれは一つには人間非中心主義的な議論が、「価値」や「権利」といった概念が曖昧で、理論的に脆弱であるばかりか、実際の具体的な諸問題への対処に資するところが乏しいため、今や米国の環境倫理学者の間ですらあまり支持を集めていないからでもある。しかし我々がこの試みを敢行したことの最大の理由は、それぞれの地域（我々の場合であれば日本、さらには日本の諸地方）の文化の伝統的な発想法を批判的に摂取しながら、当該地域に属する人々の肺腑にストンと落ちるような環境倫理、及びそれを正当化する議論を構築することが、現代世界の喫緊の課題であることにある。というのも我々の心に知情意の全面にわたって訴えかけうるのでなければ、環境思想は、我々の日々の生に根差した、生きた行動規範を決して産み出しえず、またそのような規範なくしては、環境問題の解決は結局のところ、その場しのぎの弥縫策《びほうさく》の域を出ないままに終わるであろうからである。

だが我々の試みに対しては、おそらく次のような反問が寄せられることであろう。すなわち、ここでの議論がそれほど大過なきものであったにせよ、右の基礎づけには、はたしてどれほどの意義があるというのか。それはせいぜい日本国内においてしか通用しない話であって、世界全体に対しては何ら寄与するところのない、きわめて不毛な戯論ではないのか。なるほど、こうした反問はもっともなものである。最後にこれに対していささかなりとも答えておくことにしたい。

実のところ、本章において縷説した自然観は、ただわが国のみに妥当するものなのではない。詳論は省略せざるをえないが、それは西洋文明の淵源である古代ギリシアの自然観にきわめてよく符合するものなのである。ここではその証左として一例のみをあげるにとどめよう。いわゆる「ソクラテス以前の哲学者」の一人であるヘラクレイトスは、次のような言葉を残している。「自然（*physis*）は隠れる（*kruptô*）ことを好む［／常とする］（*phileô*）」[(2)]。

そしてそうであるならば、我々がこれまで試みてきた自然保全の正当化は、わが国だけに当てはまるような閉じた所説では決してなく、むしろ世界に対して開かれた思想となりうる可能性を原理的に秘めたものであると言えよう。そしてその成否は、ひとえに日本の環境倫理学者による今後の努力の如何にかかっているのである。

《付　記》

立論の都合上、旧拙稿「『自然との共生』について考える」（石崎嘉彦他編（二〇〇一）『知の21世紀的課題——倫理的な視点からの知の組み換え』所収。ナカニシヤ出版）と一部の論述が重複することを諒せられたい。

コラム2　アイヌの資源利用の実態

児島恭子

——このコラムの題、「実態」なんてわざわざ言うのは何だか暴露するみたいですね！

そんなつもりじゃないでしょう。何をどのくらい、というデータを示して議論しようということなのでしょうか。むずかしいですが考えてみましょう。まず聞きますが「アイヌの資源利用」にはどういうイメージがありますか？

——アイヌの伝統文化のことですよね。北海道で江戸時代に相当する時期のイメージで言うと、農耕も少ししたけれど狩猟・採集を生業にしていた。利用する動植物や道具にも魂があると考えて、特に人間にはない能力をもつ動植物は神と見なして役に立ってくれることを感謝する。「資源」も「利用」もいろいろな意味があるけれど、動植物をとって衣食住に利用するという基本的なことでいうなら、きっと、あらゆる動植物の生態を熟知して、賢い獲得と利用をしていただろう、というようなところでしょうか。

そういう感じでしょうね。でも具体的には、どういう動植物をどのくらいどう獲得してどう利用していたのかは部分的にしかわからないことが多いのです。地域が違えば植生や動物の分布も違うし、時期が違えば人間側の条件も違って、利用の仕方や資源としての価値は多様だったはずですね。

——それはどの民族でもそうじゃないですか。アイヌの資源利用の特徴は、先祖から受け継いだ自然の恵みを子孫に伝えられるように、採りすぎないように注意した持続可能なもので、それが先住民族の文化だというイメージがあります。それは間違ってないでしょう？

実際、存続したのだからその通りだったでしょうね。でも、考えてみてください。北海道のアイヌの人口は二〜三万人を超えなかったと思われます。海に面した河口部には交易や漁場の拠点として数十軒の大集落があったけれど、内陸では一軒に数人の家族が住む数軒だけの集落が川沿いに散在していた状態です。明治時代になっても、内陸の旅行記には今では信じられないような原生の森林と河川、広大な湿地、シカの大群などが記録されています。深遠な自然の懐に抱かれた人間の生活、陳腐な表現になってしまうけれど、そういう状況では、自然は人間の活動に対して圧倒的な包容力で存在していたとしか言えないでしょう。意識しなくても結果的に持続可能だったのではないでしょうか。

木の利用

——では、狩猟・採集による資源利用ということで具体的に見ていきましょうよ。アイヌの生活の道具は木製品が多いようですが、木材はどういう利用だったのでしょう。

住居の木材は、一例では一軒に直径三〜一七センチメートルの木材が三〇九本使われたそうです。倉庫や丸木舟、チャシ（砦）の柵、儀式に使うイナウ（木幣）などに大小の木材が使われました。それぞれ用途にふさわしい樹種の限定もあるけれど、用材が不足するようなことはなかったでしょう。アットゥシ（樹皮製の衣服）は一着分に落葉樹のオヒョウかシナノキの内皮約一二〇〇グラムが使われますが、自家用であればやはり不足することはなかったと思いますよ。

——樹皮は立ち木から剥ぐので、木が枯れず樹皮が再生するように、全部剥いだりしないで、残した皮が風でめくれてはがれないように帯をさせると読んだことがあります。

そうするという証言と木は切り倒すという証言があります。樹皮を残す割合も半分だったり三分の一だったりします。実態は、自家用であればたとえオヒョウが立ち枯れしてもオヒョウ不足で困ることはなかったでしょう。でも、再生の実効性とは関係なく、おそらく剥ぎ残す行為自体に意味があって、樹皮をとるために切り倒すことはしなかったということになります。近代になって道東の北見では、生活がしにくくなったアイヌの救済策として樹皮製品製作を奨励し、無料で樹皮剥ぎ取りを認めたのですが、明治一〇年、剥ぎ取り後そのままのため立ち枯れするだけなので、切り倒して萌芽《ぼうが》させる（ひこばえを発生させる）ようにという開拓使根室支庁の布達が出されています。

——たくさん利用するようになるとそれまでの慣習が意味を変えてしまったということですね。剥ぎ残すことは、実効性とは無関係な精神的行為だったのが、資源保護の点で問題になるようになって、実効性と結びつけた意味づけがされるようになったわけですね。でも、アットゥシは江戸時代にも交易品としてかなり大量に生産されましたよね。それでも材料の木は不足しなかったのでしょうか。

オヒョウが少なくなってシナノキを多く使うようになったのかもしれませんね。

——冬が長いので薪をたくさん使ったと思いますが?

家の中では暖房、炊事、保存用食料の燻製に、一年中炉に火がありましたが、真冬でも四六時中ぼんぼん燃やす必要はなかったのです。土に蓄えられた熱があったからです。薪は流木や落ちた枝を拾うことでほとんど賄えたと思われます。川や海岸の流木はとても多かったのです。森林の元本を取り崩すような浪費はなかったでしょう。でも、どんなに豊かな資源があっても、自然の命の更新を身近に見ているから信仰心は湧くでしょうね。

——植樹するということはなかったのでしょうか。

そういう習慣は知られていません。地面に挿してあった、柳で作ったイナウが根づいたという話はありますが、イナウを挿すのは木を増やす行為ではないでしょう。

オオウバユリ・山菜

——食用植物の採集はアイヌの持続的な利用の仕方として有名ですよね。

デンプンとして最も大量に利用したのはユリ科の草本オオウバユリの鱗茎《りんけい》で、十勝地方では一世帯（三〜四人）で一年に加工前の状態で三〇〇〜六〇〇キログラム（六〇〇〇本）前後という計算があります。それは近現代のことで、以前はもっと少量だったかもしれません。一般的に、縄文時代から安定性のある植物性食料の獲得が重要だったと言われていますが、アイヌの場合どうでしょうか。いずれにしてもそのような量が何年間ぐらい継続的に利用されていたのかわかりません。どれくらい重要だったのでしょうね……

——オオウバユリは、花を咲かせているものは採らないで資源の保護をしているという趣旨で書いてあるものを見たのですけれど?

オオウバユリは花茎を出して花を咲かせるまで七、八年かかり、花が咲いたら一生が終わりです。その鱗茎にはデンプンがなくて次世代の小さな鱗茎がいくつかついている状態だそうです。だから食用にするのは花が咲く前のものです。たしかに結果として資源保護になっていますけれど、花が咲いていれば採ってもしかたがないのですからおおげさなような……。

——世間にはそういう思い込みがあるのですね。悪い誤解というわけではないからわざわざ否定する人もいないでしょう。

オオウバユリの密集地は豊富にあったと考えられています。密集地では五〇平方メートルに四〇本あり、そのうち採集に適した五〜七年生のものは一五本あって、一〇本のうち三本残すと言われているのにしたがえば一〇・五本を採ることになります。そういう採取を続ける群落地がなくて困るなどということはなかったのではないでしょうか。開拓されて生育地自体がなくなってしまうなんていうことはなかったから、採り頃のものがなくなった所も何年かしたらまた採れるでしょう。労働量から考えると、一軒で女性一人がかかわるとすると山への往復の時間を勘案して一日三〇キログラム（三〇〇本）のオオウバユリを三時間程度の採取で二〇日以上行うことになります。採ってきたらすぐ加工しなければならないし、毎日山に行くことはできません。限られた期間で、時間と資源量と労働量の計算がそれでうまくいくのか判断がむずかしい。密集地に着いたら収穫は競争で、どんどん手で引き抜いていってつかんだ葉が取れて土中に鱗茎が残ったらそれは放っておいて次々引き抜いていくという経験談があります。それなら、一分で二本という計算も無理ではないですね。カロリーの多いデンプン質はオオウバユリだけからとっていたわけではなく、他のユリ類やヒシ、クリなどからも、地域の植生によって、その年によく採れるものを労働量と兼ね合わせて利用したでしょう。

——山菜類はずっと収穫できるように、一つの場所で採り尽さない採取法だったといわれますが？

ギョウジャニンニクも成長が遅いのです。自然の状態では採り頃のものだけを採れば未熟なものは残って、次の年につながるのではないでしょうか。何であっても、自家用ならその地域で絶滅するほどの量を採らないですんだでしょう。現代の民俗調査では「根がついたままのものを縄で編んで吊るして干した」というから根ごと採ったということになりますね。オオウバユリもギョウジャニンニクも地元で採るのでなく、馬車で採りに行った場合があるそうです。近くにはなくなってしまったということでしょうか。農家では繁忙期に山菜採りに行く時間はなかったとも言われています。近代になってからの山菜採りにはどういう背景があるのでしょうね。

――縄文人は自然のもので豊かな食生活を送っていたらしいですが、アイヌもそうだったでしょうね。

薬用や織物・網袋などにも利用されるし、利用した植物は一八〇種以上（北海道全域と樺太）とか可食植物は一〇〇種以上（十勝だけの場合。常用は十数種）があげられています。でも同時に同じ程度にそれだけの種類を利用していたわけではないでしょう。緯度が南の地方に比べればかぎられた資源の中で、その地域にあるものをそこに暮らす人間に必要なものと見なしてさまざまな用途を見つけて利用したのでしょう。

シカ

――シカはどのくらい獲っていたのでしょう。今は知床をはじめシカが増えて害獣になっていますね。

シカは、一家族で年間一〇〜二〇頭が獲られ、シカのバイオマスからいって、適正な捕獲量であったと考えられています。一八五七年の静内地方ではシカ皮九三〇枚が産出されていました。人口は一二七軒六七五人で、男性は三一六人ですが、狩猟者の数はわかりません。シカ猟というと猟師が弓矢で獲るイメージがありますが、仕掛弓で捕ったり、集団で崖から追い落としたりもしました。毛皮は交易品になったから自家用に必要な数より多く獲ったでしょう。追い落とし猟は大量に捕獲できますが、肉や毛皮の全部を利用できたのでしょうか。

――毛皮は冬毛がいいのですよね。真冬や春先のシカは食用には向かないのでは？

そうですよね。まずくても食べたのでしょうか。

こういう物語があります。飢饉になったが、そのわけは人間が春のシカの肉は食えないといって粗末に扱うので、シカを天から地上に下ろす神がシカを倉にしまったからだと。幕末に蝦夷地を探索旅行した松浦武四郎《まつうらたけしろう》の紀行文には、同行したアイヌが食料として捕ったシカの毛皮を夏のは使い物にならないといって捨て去ったことが書かれています。

クマと毛皮獣

――クマ送りの儀礼はアイヌの資源利用の原理をあらわしているんじゃないですか？　再び人間のところへ肉や毛皮をもたらしてくださいって。

それならシカやサケに対する儀礼が盛大であってもいいように思います。クマは食料としての割合は低くて、頻繁に獲ったのではありません。毛皮は大きくて、肉はとてもおいしくて、胆嚢《たんのう》は薬用効果があって高く売れます。クマは価値の高い獲物だけれど日常的ではない危険な猟です。クマに対する儀礼は、クマ自体が資源というのではなく山の資源を支配する神であり人間との関係が重要だから、良好な関係を結ぶために行うのではないでしょうか。

――キツネやタヌキのような小動物も食べたのですか?

小動物の狩猟についてはこういうことがあります。一九世紀の余市地方で取引されていたのは、一八二八年から五七年までのうち一八年間でキツネ皮は一八六枚、カワウソ皮は三九枚、テンは七枚、タヌキは三枚。そして猟師は特定の人で、男性人口の四%くらいの一〇人前後だけでした。こういう小動物はアイヌにとって道具に利用するものではなく、以前は捕っていなかったのが一九世紀の初めに交易品として要求されて、狩猟技術も発展した可能性があると考えられています。

――割に新しい時期に狩猟が盛んになったなんて、意外です。キツネはチロンヌプって言って、〝我々がたくさん殺すもの〟っていう意味なのでしょう?

そうです。一七世紀の遺跡にキツネの骨はありますから一九世紀までまったく狩猟生活と関係なかったわけではありません。他の動物に比べればたしかに格段に多いといえるでしょう。その肉はどうしたのでしょうね。キツネもカワウソも食べたという情報はあります。ちなみに、先の余市の取引では、クマは三三頭でした。エトロフ島でも「主だった者」が毛皮獣の狩猟をしたという記録があります。つまりリーダー的な人たちでしょう。このことと関連して、子グマを飼ってから送るという首長層の儀礼が盛んになったのかもしれません。

――ワシの羽は交易品にしたのですよね。

鳥類の利用は、交易用のワシ・タカの羽や、局地的に見られたエトピリカなどの羽を全面に利用した衣服、骨やくちばしの道具利用以外にほとんど注目されないですね。重要度は低いでしょうが食用とされています。ツルの飛来が多かった地域では捕っていたところと捕らないというところがあります。鳥といえば卵についてはどうだったのでしょう。

サケ・マス

――サケは主食だったと聞きました。

サケは一世帯で二〇〇～六〇〇尾、マスは六〇〇～八〇〇尾が捕獲され、貯蔵されたと計算されています。ずいぶん幅があります。その量は、サケ・マスの遡上の多寡は生死にかかわる問題であったため適正な捕獲量が考慮されていたのか、あるいは労働力の結果なのかはわからないですね。一家族や一世帯というのは一組の夫婦と子どもを核に、老人、寄宿者を含めても五、六人です。

——資源保護のため産卵前のサケは捕らない、というのは?

脂がのっている魚は保存に向かないから大量に捕らないということで、すぐ食べる分はそのかぎりではないし、望んだとしても捕り尽くすことはできないほどの遡上があったはずです。さっきの物語で、飢饉《ききん》のもう一つの原因は、人間が産卵後のサケなんか誰が食べるというんだと捨てるので、魚を下ろす神が倉にしまって出さないからということになっています。サケがいないのは、産卵前に捕ってしまうからとかたくさん捕りすぎるからという理由にされていません。獲物が捕れない原因はすべて、獲物に対する敬意があるかどうかです。民俗調査ではこのような答えがあります。「魚などを取りすぎたら困るという考えはなかった。舟で網をかけると網を上げれないほどたくさん魚が捕れたからだ」。現場での心情が、それこそが実態ではないでしょうか。

クジラ

——アイヌは捕鯨をしていたのでしょうか?

クジラは大きさの点で魅力的ですね。白い脂身がアイヌの大好物だったようです。でも捕鯨には大きなリスクがともないます。アイヌは毒を調合し、銛先や矢に塗って大きな動物を獲る道具の力不足を補う技術がありました。それでも捕鯨のために船団を組んで漁に出た記録はなく、道南の噴火湾(内浦湾)の人たちの捕鯨の記録が有名ですが、それは魚をとっているときにたまたま遭遇したミンククジラを獲った克明な思い出話が記されているものです。それによれば、応援に駆けつけた複数の舟が綱のついた銛を数十本打ち込んでも舟ごと矢のように引き回される、命がけの冒険でした。食料が足りていれば危険を冒す必要はないと考えられるし、クジラを好んでも積極的に捕鯨を行わなくてもよかった事情があります。

——どういうことですか?

寄り鯨って知ってますよね。今でもときどきニュースになっている、岸に打ちあがってしまうクジラのことです。近年はストランディング(座礁)の情報を集めて統計がとられるようになってきていますが、往時のデータはありません。でもアイヌの伝承には人間の捕鯨のことはなくて……

――人間じゃない捕鯨って？

アイヌにとって捕鯨はシャチの役目でした。寄り鯨にまつわる物語や伝説、踊りがあるのです。寄り鯨はけっこう多かったのではないかと想像できますが、シャチが人間に恵んだと見なされました。しかし、断片的ですが一八世紀末に勇壮な捕鯨がエトロフ島の沿岸でも行われていたのを見たという記録があります。それは舟でクジラの背中に乗って銛ではなく毒矢で射るというのです。冒険として行われたかもしれません。

――寄り鯨でも、とにかくクジラは食べるだけでなくいろいろな部位が無駄なく生活物資に使われたのでしょうね。

よくわかりませんが、肉、脂、腱、骨が利用されています。肉は加工して交易にも出していました。太平洋岸の西部ではイルカや、マンボウ、カジキマグロといった大型魚類も獲っていました。流氷の海ではアザラシ猟もあったのですが、それらは運に左右される不安定な漁だったでしょう。

――年によって食料の種類や量は変動があったということになりそうですね。

推定されているアイヌの食生活は現代の聞きとりをもとにした、さかのぼっても明治期のことです。それから類推して、伝統的な資源利用ではシカ、サケ・マス、オオウバユリの三大食物を中心として栄養量は十分足りていたと計算されています。一七、一八世紀の遺跡から出土する貝殻や魚類の骨は一か所でも多種にわたっていることがあります。現代人より多種多様なものを食べ、生活に利用していたように見えます。しかし、季節によって、またその年の事情によって、小動物が主だったり、山菜が多かったり、ヒシばかり食べていた日々があったり、海岸の集落では貝や海草が主な日々があったりしたのかもしれません。

歴史に実態がある

――実態はなかなかわかりませんが、アイヌの資源利用はその変化を問わないまま、平板に自然との共生を謳われることが多いのかもしれないという気はしてきました。

北海道における人間と自然との関係を考えると、人間が自然に対して関係を真剣に意識するのは、観念的にではなく、自然から得る糧を失い、危機に直面したときであることに行きつかざるを得ませんでした（第四巻）。自然条件による利用の画期的な変化もあるし、社会の強制による変化もあります。

――資源利用には権利の問題もありますね。

資源に余裕があれば、集団どうしの資源利用権の調整は寛容で、狩猟・採集の空間も可動的で制限はゆるやかでありえます。しかし、交易のための生産活動の変化は経済活動としての排他的な資源利用の権利の強化につながり、実際に利用できた数量には条件があると言えます。人間の行為による数値は、その意味を考える必要があるでしょう。長い期間での利用の技術の変化や捕獲量の変化、利用の対象の変化などの動態が、〝資源利用の実態〟になると思います。人間と自然の関係史はそういう資源利用の実態の考察でもあるんですよね。

第3部

重層する環境ガバナンス

第8章　前近代日本列島の資源利用をめぐる社会的葛藤

白水　智

はじめに

二〇一〇年現在、日本列島の三分の二を占める山々は緑に覆われ、全体として目立つほどの過酷な環境破壊の爪痕は見られない。かつて高度成長期には、工場から垂れ流される汚水や排気、家庭からの排水で海も川もひどく汚染されていた。しかし今、河川から洗濯槽のような泡は消え、魚影が戻ってきつつある。列島を取り囲む海にも、以前より減ったとはいえ、多種多様な魚介類が生息しており、昔日の公害時代の悲惨な「自然破壊」の面影は薄くなった。明らかに日本では、自然をこれ以上急激に破壊してはまずい、少しでも自然を取り戻さなくてはならない、との思いが多くの人々に共有され、自然破壊や公害は抑制されたのである（言うまでもなく、自然破壊や公害はなくなったのではなく、あからさまには見られなくなったというのみであるが）。公害からの方向転換はおそらく、日本人にとって大きな自信となったのではないだろうか。そして現在では、「日本人は昔から自然と優しく共存してきた」というような耳当たりのいい言説が巷にあふれるようになった。

今、確かに山には緑があふれている。しかし、果たして日本の山は使うだけ使って疲弊した時期はなかったのであろうか、海の資源は枯渇したことはなかったのであろうか、という疑問も頭をよぎる。とくに公害甚だしい時代を目の当たりにしていれば、なおさらである。

本章では、近代に入る前、江戸時代までの時代（この時期までを「前近代」とよぶ）において、日本列島に暮らした人々がどのように自然とつき合ってきたか、また自然資源の利用にあたってどのような社会的問題を抱え、どのように解決してきたか、そしてその原動力はどこにあったのかについて考えてみようと思う。その際、注目したいのは山と海である。日本史ではこれまで平地の農業(特に稲作)中心の生業像が常識となってきた。日本史教科書でしばしばムラを一貫して「農村」とよび、また民衆を「農民」とよんできたのはその現れである。しかし日本は「農村」「農民」ばかりで成り立ってきたのではない。[*1]周囲を海に囲まれ、また多くを山に覆われた日本列島の環境を思い起こせば、農業を主体としない海村や山村が多数存在してきたことは自ずから明らかである。そうした村々こそ、列島の人々が様々な形で自然と対峙してきた場であり、この列島を特徴づける人と自然との関係性の見えやすい場でもある。本章では、海と山という自然の世界とどのように日本人は接してきたか、それを中心に据えて考えていきたいと思う。もちろん前近代社会の多種多様な側面について語ることは筆者の能力を超える。限られた事例からの考察になることはお断りしておきたい。

一 日本史像の再検討―山・海と列島の人々

歴史の教科書は今も、縄文時代には狩猟・漁撈が生活の主をなしていたが、弥生時代に入ると稲作が普及し、本格的な食糧生産の時代に入ったと述べる。律令時代において日本の人々の主要な生業が稲作であったとも書かれる。その後の時代についても、各時代において取り上げられる産業は稲作を中心とする農業が大半であり、その他のなりわいについては、ほとんど触れられることがない。こうして私たちは日本は古代から稲作の国、瑞穂の国であり、コメを主食としてきたというイメージを植えつけられている。しかし、果たしてそれは事実と見てよいのだろうか。

弥生時代から稲作が生業の柱になったのならば、なぜはるか時代の下った江戸時代において、多くの人々が冷害やそれがもたらす飢饉で苦しんだのであろうか。なぜ庶民は雑穀を主とし、コメはあまり食べられなかったのであろうか。なぜ近代以降の聞き取りの中で、古老がコメはハレの日にしか食べられなかったなどと語るのであろうか。

実際には、海に囲まれ山に覆われた日本列島では、多様な自然資源から食物を獲得する活動、いわゆる狩猟・漁撈・採集の活動は弥生時代以降も生活の重要な部分を占める形で近現代に至るまで続けられてきたと考えるのが妥当である。今日でも山間地では狩猟や山菜採りの風習が伝統的に見られるし、河海でも漁撈・漁業が行われ続けてきていることは、各種の史料・民俗誌等に頻出する。[*2] コメは政治的な貢納物としては重視され、支配者も水田の管理やコメ生産の奨励は行ってきたものの、人口の大半を占める民衆が、望めばいつでもコメの飯を食べられるようになったのは、第二次世界大戦後、特に高度経済成長期以降のこととみるべきであろう。もちろん地域的に偏差は大きく、都市部ではすでに江戸時代からコメを主食とする食事が広まっていたと考えられるが、都市部を除けば近代以前にはまだまだ雑穀食が広く行われており、コメを食べることは普通ではなかった。(12) その意味では、歴史教科書に書かれた稲作中心社会のイメージは大きく実像と異なっているということができる。しかしこれは、必ずしも日本の食生活が貧しかったことを意味するわけではない。むしろ多彩な山海の幸に恵まれた日本では、コメだけに頼らない地域色豊かな食材が利用されてきたととらえなくてはならない。

たとえば意外に思われるかもしれないが、山間地などでは肉食も広く行われていた。日本では肉や乳の利用を目的とした家畜飼育が発達せず、牧畜文化は民間に広まらなかったが、しかし肉を食べていなかったわけではない。家畜の肉ではなく、野生鳥獣の肉を利用する文化が広く存在したのである。一般に近代以前の日本人は肉食をしなかったと誤解されているが、その一つの根拠とされるのが、古代に天武天皇が出したとされる「肉食禁止令」である。[*3] この禁令には確かにウシ・ウマ・イヌ・サル・ニワトリの肉食を禁じた文言があるが、全体として肉食自体を禁止した内容にはなっていない。詳細に読み直してみると、この法令で命じられているのは、人を害する恐れのある危険な罠猟の禁止、九月末日以前の一網打尽型漁撈具の設置禁止、そして家畜食の禁止であって、野生鳥獣の捕獲や肉食は「そのほかは禁の例にあらず」とあるように、むしろ自由であ

＊1　この点、早くから歴史学者の網野善彦が、旧来の日本史像を「水田中心史観」として批判してきたことを想起する必要がある。網野善彦（一九九〇）『日本論の視座』（小学館）など。

＊2　近代以前の日本で、山野を舞台とする農業以外の多様な生業が盛んに行われていた事実に触れる論考は枚挙にいとまがないが、とりあえず赤田光男・香月洋一郎・小松和彦・野本寛一・福田アジオ編（一九九七）『講座日本の民俗学5　生業の民俗』（雄山閣出版）を挙げておく。

＊3　『日本書紀』巻二九　天武天皇四年卯月庚寅（一七日）条。

ることが保障されているのである。[15] 実際古代には、天皇自身が積極的に狩猟を催している記録が多数あるし、中世にも庶民が肉食を常としていた記載が多数見られる。[10] 山海の恵みである魚や鳥獣を、日本列島の人々が利用しなかったわけはないのである。

　このように、これまで日本史像の常識とされてきたことがらには、実は見直しを必要とするものが多い。決して稲作ばかりの一面的なイメージで語れるものではないのである。その意味では、日本の環境を特徴づけるのは稲作に適した平野や盆地ばかりではなく、周囲すべてを囲む海や全土の三分の二を覆う山であり、この自然こそ、列島の人々が長くつき合ってきた環境そのものなのである。現代でこそ地方の海村や山村は過疎に見舞われ、後継者不足もあって急速に衰退してきているが、かつては多数の人口を養い、多くの食糧や生活資材を生み出す重要な地域であった。そしてそこにこそ日本人と自然との接し方を探る大きな手がかりがあるのである。では日本の人々は歴史的にどのように自然とつき合ってきたのだろうか。

二　「日本人は自然に優しく生きてきた」のか？

時代によって「日本」の範囲も変動するので、歴史的には一概に「日本人」というくくり方はできないが、日本列島に暮らした人々という意味でいうなら、世界の諸民族と同様、この地の人々も与えられた環境を利用しながら生活してきたことは間違いない。ただ、その利用にあたって常に資源の持続性を考え、「優しく」接してきたかどうかということになると、はなはだ怪しくなる。以下、山の事例を中心に大まかに見ておこう。

　古代、近畿地方の巨木がたび重なる都の移転・造営によって枯渇してしまったことは、つとに知られている。その結果、鎌倉時代には東大寺再建にあたって料材を本州のはずれにあたる現在の山口県の山中から調達することになった。[19] 古代には王土思想の広まりによって、自然を圧伏しての開発が行われたことが指摘されている。『常陸国風土記』に見える伝承には、箭括氏麻多智《やはずうじのまたち》なる人物が谷田の開発にあたり、「これより上は神の地と為すことを聴さむ。此より下は人の田と作すべし」と宣言して蛇神たる地元の自然神を山側に追いやった事例や、さらに後、壬生連麿《みぶのむらじまろ》なる人物が用水池開発に抵抗する蛇神に対し、風化に従わぬことを批判し、工事にあたる人々に「目に見る雑《くさぐさ》の物・魚虫の類は、憚《はばか》り懼《おそ》るるところなく、随尽に打ち殺せ」と命じたことが記されている。(9)

中世を通じて自然木の伐採に頼る林業はますます発展し、戦国期には各地の戦乱にともなう建築と破壊の繰り返しで、多数の材木が消費された。近世には製鉄用の炭生産にともなって中国山地は広範囲に禿山となったことが知られているし、良質のヒノキ材で有名な木曽の森林も近世開始期の過伐がたたって一七世紀中には「尽山《つきやま》」となり、森林保全策が急務となったことが明らかである。(20) 同世紀の思想家熊沢蕃山《くまざわばんざん》は、「天下の山林十に八ツ尽き候」と述べているほどである。(7) こうした山の事例を概観しただけでも、日本の人々が必ずしも「自然に優しく」生活してきたわけでないことは明白といってよいであろう。

それでも日本列島の自然が回復不能なほどのダメージを受けなかった原因を考えると、高温多湿の気候下で旺盛な森林の回復力があったという自然的要因はもちろんであるが、人為的な問題としては、まず技術段階の低さによる影響の少なさが考えられる。たとえば森林伐採を考えても、チェーンソーや搬出用の架線・トラックなどは存在しなかったため、資源利用の規模が現在に比べて小規模でおさまっていた。広範囲に影響を及ぼす化学物質が使用されず、付随的な環境破壊なども低レベルにとどまっていた。しかしこうした技術段階の問題だけが自然の残された理由と考えるのは困難である。むしろ当時の人々がもっていた自然への認識、社会的な規制・抑制の仕組みについて考えていく必要がある。

三　生物多様性の場としての山野河海
―その非所有性―

前近代には、田畑や人の住む開けた里以外の場所を「山野河海」という言葉で表現することがある。日本列島の生物多様性を支えてきたのは、まさにこの山野河海と言える。ここは古い時代から人々の生業活動の場となり、林業・木工・狩猟・採集・漁撈・塩業など多様な生業に利用され続けてきた。にもかかわらず自然が大きく損なわれずにきたのはなぜか。そこには山野河海という場の特殊性がかかわっている。その特殊性とは、そこが個人の所有論理とは異質な場所であり、共同体や国家などの管理に委ねられる部分が大きかったことである。

田畑は通常、個人の所有あるいは管理下にある。低湿地帯の水田が農閑期に共同の鳥猟の場になるような特殊な利用を除けば、[18]基本的に一つの田畑を農作物栽培の場として共同使用することは一般的にはない。今までの歴史学が研究の対象としてきたのも、主にはこの個人の使用、あるいは私的所有にかかわる世界である。権力者や共同体に規制されつつも、私権・私有の世界が広がること、それを歴史の発展としてとらえてきた。これに対して、たとえば藤木久志が「棲み分け的な共同の場」という表現で説明したように、山野河海はそれと異なる論理を有した場である。[4]私的所有・私的使用になじまない性質の場所なのである。*4

その原因は山野河海のもつ資源の輻輳《ふくそう》性にある。輻輳性とは、さまざまな資源がいく重にも重なり合っているということである。たとえば森林を見ると、そこには草、樹木、鳥獣など多様な資源が存在している。草は肥料や食料・薬・衣料原料などに、樹木は木の実が食料になるほか、建築材・木工材料・燃料などになり、鳥獣は食料や衣料原料や薬になる、といった具合である。海も同様で、塩の原料となる海水を汲む場であったり、磯物を拾う場であったり、あるいは魚獲りの場であったり、海底の海藻や貝を採る場であったり、はたまた海面そのものは交通路にもなる。同じ海が実にいろいろな形で人間生活の用に供されている。海も山も、誰か個人が一つの用途に限定して独占できる場ではないのである。

また山野河海で行われる狩猟や漁撈が、移動する生き物を捕らえることを特徴とする生業であることもこれに関連している。待ち伏せする定置網漁や罠猟もあるが、それとて移動を前提として、捕らえやすい特定の場所にしかけるものであるから、やはり動く生き物が対象であることを特徴としているわけである。

このように、同じエリアが時には狩猟の場になり、時には山菜採集の場になり、木の実を拾う場所にもなるというような資源利用の輻輳性、そして狩猟や漁撈にかかわる移動性が山野河海には特徴的にある。とすれば、そこを個人の使用場所として細分化することはなじまない。たとえば獲物の棲息する山を個人所有のエリアに細かく区切って、その範囲内でしか人間が活動できないとすれば、狩猟という業は成り立たない。漁撈も同じである。山の農地利用である焼畑の場合も、作物の栽培期間には特定個人の管理下におかれるが、その期間が終われば再び山の利用は循環していく。

鎌倉時代に信濃国（長野県）北部に拠点をもっていた在地領主の市河氏が子息らに所領を配分した際、その譲り状に「あけ山は往古より境を立て分けざる間、今初めて立てにくきによりて、小赤沢を十郎に給ぶより他に兄弟共にも分け与えぬ也。材木取り・猟師など入れんに煩いを致すべからず」と書き残しているのは、こうした山の性質を如実に示す事例である（『鎌』二七八八六）[*5]。すなわち山奥のあけ山（秋山）とよばれる場所について、ここは昔から領地を細分化してこなかった土地で分けにくいので、小赤沢集落を十郎に与える以外には兄弟に分割譲与はしない。材木取りや猟師を兄弟たちが入れるときには、惣領は（一族共同利用の土地であるから）これを妨害してはならない、という意味に解釈される。

こうしたいわば「共的」な場のあり方については、入会に関する研究などを除けば史学の分野で中心的に取り上げられることは少なかったと言えよう[*6]。しかし実は前近代において、共的な場は予想外に広く存在し、一般的であったと考えられる。山野河海は集落やその間近に位置する田畑を中心とすれば、縁辺に広がる場所と見なされて「境界領域」などとよばれ、中心とは外れた周縁的な扱いを受けることが多かったが、こういう共的な場所の役割は、社会的に重要な位置づけをもっていたように思われる。

＊4　文献⒂。なおこの点、ヨーロッパでは私的所有が卓越したとされ、日本との相違がイメージされるが、近年のコモンズ研究では、各地で法的な土地の所有権とは別に自然資源の利用ルールが存在したことが明らかにされてきている。ただし、誰でも資源や場の利用にアクセスできるオープンコモンズとよばれる方向が強いため、限られた構成員による生業のための入会はさまざまな圧力を受けているという（三俣学・森元早苗・室田武編（二〇〇八）『コモンズ研究のフロンティア—山野海川の共的世界—』東京大学出版会）。

＊5　『鎌倉遺文』二七八八六号文書。以下、『鎌倉遺文』は同様に略す。史料番号は竹内理三による。

＊6　「共的」という語は聞き慣れないかもしれない。意味としては「公共的」に近いが、国家公権がかかわる印象を与える「公的」と在地社会の主体が皆で合意し取り組む意味の「共的」を区別する必要があるので、ここではあえて「共的」という語を用いた。近年のコモンズ論では、「公」と「私」の間にある「共」概念が提示されており、「公共」では表現できない課題に迫っている（三俣学・森元早苗・室田武編（二〇〇八）『コモンズ研究のフロンティア—山野海川の共的世界—』東京大学出版会、三俣学・菅豊・井上真編著（二〇一〇）『ローカル・コモンズの可能性：自治と環境の新たな関係』ミネルヴァ書房など）。

そして生物多様性の豊かな山野河海は、在地の個人の所持に帰す場所でなかっただけに、「みんなで使う場所」であり、そのためには利用にあたってのルールが必要な場所であった。ルールは在地の住民集団の間でつくられ、またはより上級の領主もからみ、あるいは国家的な権力までもが介入して決まる場合があった。言い換えれば、さまざまなレベルでのガバナンス（統治）が及んだ場であった。山野河海の自然資源が残されるか破壊されるかは、そのエリアを利用する多様な主体によるガバナンスのあり方が大きく影響していたと考えられる。海や山は領主支配の役割や支配の本質が認識しやすく、生業維持に果たす支配者の役割が見えやすい特徴もある。以下では、山野河海利用・管理のルールや秩序が、各時代の政治経済状況の中でどのようにつくられ、運用されたのか、具体的に検討してみたい。

四　山野河海の資源をめぐる秩序

公私共利の原則

律令の令の中（雑令）に、「およそ国内銅鉄出すところあり、官いまだ採らざれば、百姓私に採るをゆるせ、もし銅鉄を納め庸調にへぎ宛てばゆるせ、自余の禁処にあれざれば、山川藪沢《さんせんそうたく》の利、公私これを共にせよ」という一条がある。銅や鉄が産出する山野において、国家が採掘していないものであれば百姓（「ひゃくせい」と読み、一人前に税がかかる一般庶民をいう）が私的に採ることをゆるせ、もし銅や鉄で庸や調の貢納に代えるというのであれば、これも採ることをゆるせ、その他国家が定めた禁処以外のところについては、「山川藪沢」からの利は公私が共にせよ、との意味である。この「山川藪沢、公私共利」の文言は、その後平安時代にかけて山野河海をめぐる紛争に際して時折目にすることがある。(9)

たとえば延暦一七（七九八）年に朝廷の発した命令には、「山川藪沢公私共利」という原則が冒頭で書き上げられ、寺院や王臣家（有力貴族）・地方の豪民らが律令に背いて山野河海を占有し、一般住民を排除しているとして、これを批判している。*7 雑令での「公」は国家を意味するが、この文書では寺院から地方豪民レベルまでの支配者を指しており、それとの対比の中で一般庶民（百姓）の権利を認めている。八世紀末から一〇世紀初頭にかけては、類似の文言をもつ命令は他にもいくつもあり、当時現実には、中央・地方の有力者が競って山野河海の囲い込みを行っていたことが知られる。とはいえ、国家の立場としては、禁野など特殊な土地を除けば「基本的に山野河海は在地の人々が自由に利用しうる場である」という建前をもっていたことは注目すべきことといえる。

鎌倉時代に入っても、紀伊国で寺院どうしの境界争いが起こり、川の帰属が問題になった際、「山林河沢の実は、亦公私共にすべきの法か」との文言で、川はどちらの領域にも属さない「公領の河」たるべきことが朝廷の判決で述べられている事例がある（『鎌』七二五五）。公領は紀伊国の役所たる国衙《こくが》の支配地ということになるが、「公私共にすべき」とあるので、国衙領の民だけでなく「誰もが漁撈や採集を行える川」という解釈であったことになる。

漁業権の登場と展開

「山川藪沢」は中世に入ると「山野河海」の語に置き換えられるようになる。人々に身近な自然あふれる世界、すなわち「山野河海」は、院政期以降の領域型荘園（一定のまとまった領域を明確に確保した荘園）の広がりによって、制度的に荘園領主の領域に囲い込まれることが普通になっていく。とはいっても、それは必ずしも権力者の恣意によって在地住民の利用を排除するために設定されるものではなかった。なぜなら領主が山野河海の幸を貢納物として徴収しようとすれば、在地住民の狩猟・漁撈・採集活動を通してしかそれは実現できなかったからである。貢納物は住民が山野河海から獲得する資源の一部であり、囲い込まれる荘園領域は荘園住民の生業領域を反映したものであったと考えられる。古代・中世を通して、自然資源が在地住民の利用から隔離された形で権力によって独占されることは、基本的に普遍的ではなかったと言えよう。

そして中世以降、山野河海の資源をめぐって競合関係が次第に激しく見られるようになってくる。これは人口に対して自然資源が無尽蔵にあった状態が変化し、人口の増加が一定地域の資源の奪い合いを引き起こしたことが大きな要因と考えられるが、同時に資源獲得の知識や技術が次第に高度化してきたことも一因と言える。すなわち、動植物に関する知識が豊かになって分布や性質が明らかになって有用性の高い場所が特定されるようになり、また採取技術の進展で採取量が拡大したことが想定できる。鎌倉時代の若狭国（福井県西部）や肥前国（佐賀県と長崎県の対馬・

＊7　『新訂増補国史大系　類聚三代格（後編）』四七九頁、吉川弘文館（一九七四）。

壱岐を除く部分）の沿海部に残された史料からは、漁場や漁法をめぐる取り決めが大まかなものから次第に具体的・詳細なものへと変化していることが読みとれる。(13)(14) 漁業秩序の詳細化は、漁業をめぐる知識・技術の高度化を如実に表しているのである。

紛争が多く起きるようになると、当然裁判の重要性が高まることになる。在地住民どうしの競合は、住民が属する荘園や国衙領間の紛争として提起され、領主たちは支配下住民の代弁者として訴訟を闘い、あるいは支援することが求められた。逆に言えば、住民たちは紛争が起きた際に自らの生業を保証してもらうための対価として貢納を果たしていたとも言えるのである。たとえば若狭国(福井県西部)の海辺で起きた相論（訴訟）を見てみよう。

鎌倉時代末期、若狭国の海辺に並んで位置する入江の集落である多烏浦《たがらす》と汲部浦《つるべ》とが、漁場をめぐって裁判となった（「秦」四三）。*8 このとき多烏浦が近隣の須那浦《すな》という入江でのハマチ漁業権を主張するにあたって拠りどころとしたのは、二十数年前に領主から網の権利を保証された書類であった。その文書には須那浦など二か所での網を立てる場所について、多烏浦に権利を認めると書かれ、同時に「鰒網《はまちあみ》地《ち》御菜《ごさい》」を納入するようにと併記されている（「秦」二五）。このように、貢納を果たすことは権利を保証されるための要件になっていた。

中世の漁業裁判で注意しなければならないのは、資源利用に関する統一的な法体系・裁判体系は、必ずしも存在していなかったという点である。一時的な政治状況を除けば全国をカバーする統一権力は存在せず、複数の権力が並立して相互に補完あるいは対立し合う関係にあったからである。しかしそれは、裁判が有効性をもたなかったという意味ではない。在地のムラどうしの相論の場合、在地領主の裁判は意味をもったし、在地領主どうしの紛争では、守護の裁判で事態が収拾された。荘園や在地武士のかかわる裁判では朝廷や幕府の判決が事態を解決した。それでも体系的な漁業法がなく、操業権の優先度が全国的に決まっていなかったことは確かである。そのため、漁業者は自らの力で操業にかかわる保証をどこからか確保し、生業を維持することが必要であった。他者と漁業をめぐって争ったとき、漁業者はさまざまな形の権利をそれぞれが主張した。現代と異なる中世漁業権のあり方を、三つの類型に整理して考えてみよう。*9

領域を区切る（領内型漁業権）

入江の奥に漁業を営んでいる集落がある場合、その入海には当然その集落の漁業権があると考えられよう。このように荘園やムラの地先海域での漁業権を、陸地の領有と一体のものとして要求する権利主張がある。簡単に言えば、自分たちの住む目先にある海は自分たちに漁業権があるはずで、我が集落の一部を占めるものだとの身体的一体感に基づく主張である。史料上では、こうした領域がしばしば「領内」と表現されることから、このタイプの漁業権を「領内型」とよんでおきたい。直接集落の前海でなくとも、その属する荘園などが確保している陸地の地先海面に対しては、この型の権利が主張される場合があった。領内型の漁業権は、陸地の延長領域として海を囲い込むものであり、陸からの論理に立った権利の考え方ということができる。

協定を結ぶ（協定型漁業権）

二つのムラの境界付近や自村から離れた沿岸海域で漁業を行う場合など、さまざまな場合にその漁場にかかわる複数の荘園・ムラや個人が妥協点を探り、ルールをつくることがしばしば行われた。このルールに基づいてなされる権利主張がこの「協定型」と名づけたものである。当事者や周囲の関係者だけで成文化された合意を残す場合もあり、またより上位の権力者（領主）にこの合意を保証してもらう形をとる場合もあった。領主に保証を求める場合には、何らかの貢納が必要とされる。もっとも、支配者からの命令の形をとる場合でも、実際的な合意事項は在地の当事者主導で取り決め、それを領主が命令という形で保証していることがある。この型の権利は、どの陸地の地先かということは問題にされず、漁場だけの論理に則してルールが決められるものであり、いわば「海の論理」に立った考え方ということができる。

特権を振りかざす（特権型漁業権）

上の二つのタイプの漁業権は、それぞれ集落の地先や海上の特定地点での操業の場合であるが、漁業にはより広域に魚を追い求めて季節によって移動しながら行われる種類のものもある。その場合には、いつでも必要とする範囲で漁業を行えることが重要となるが、その都度いちいち漁場近隣の住民たちと交渉してから操業を始めるというわけにもいかない。このような漁業者が欲していたのが場所にと

＊8　秦文書四三号。以下、同文書は「秦」四三のように略す。史料番号は小浜市編（一九八一）『小浜市史　諸家文書編3』による。
＊9　文献⒁。また漁業権主張の三類型と山野における権利のあり方との共通性については、文献⒂において触れている。

られることなく漁業という行為そのものを保証してくれる権利であった。いわばいつでもどこでも必要な場所で漁業の行える特権である。

中世において、こうした個別領主の領域を超えた保証を可能とする権力は、天皇家や特定の神社であった。そして天皇家や神社の側も、天皇や神への捧げ物として新鮮な魚介類を常に必要としていた事情がある。こうして両者の要求が結びつき、天皇家や神社への特殊的な奉仕を由緒として、「櫓櫂《ろかい》の及ぶほど」と称されるような広域的な漁業権が与えられる場合があった。これを「特権型漁業権」とよんでおこう。

この型の漁業権は中世ばかりでなく近世にも各地に見られたが、特権の保証者は中世と異なり、個々の漁村を越えて権力をもつ大名や、さらに広域にわたる場合には個別大名を超えた権力をもつ幕府である場合が主であった。たとえば、琵琶湖に面した堅田《かただ》には、古くから広域的な漁業を行う漁業者が住んでおり、中世には天皇家に奉仕する供御《くご》人《にん》となって魚介類を朝廷に納めていた。ところが近世に入ると彼らは江戸幕府の台所に魚を納めるようになる。中世から近世への移行にともない天皇家の権威が凋落すると、供御人身分は十分な用をなさなくなったと考えられる。あるとき彼らは幕府から「もう魚は不要なので以後納入はしなくてよい」という申し渡しを受けた。しかし堅田の漁業者からすれば、これは生業を続けられるかどうかの死活問題である。彼らは「魚がダメなら銀納でも何でもいいので、貢納を続けさせてほしい」と懇願し、結果的に従来どおりの魚の納入を認められることになった。[*10] この事例からもわかるように、漁業者は自らの生業維持のために、時代によって保証者を替え、積極的に権力者とのかかわりをもったのである。

以上のように見てくると、天皇や幕府から在地領主によるものまで、漁業に対してはさまざまなレベルの支配者から保証がなされていたことがわかる。裁判を有利に進める証拠としては、まず第一に権利を記した古文書（過去の勝訴事例なども）が重視され、他にも在地の漁業慣習や古老の証言、それに操業実績などが取り上げられた。漁業者は貢納を果たし、あるいは相互の妥協点を探るなどのなかから漁業権を必死になって確保していた様子がうかがわれる。年貢の徴収など支配者が課する負担は、民衆に対する一方的・恣意的な搾取と誤解されやすいが、漁業にかけられる負担を見る限り、基本的には在地住民の生業保証にかかわる対価としての意味合いをもっていたことは確かである。

農業に関しては、領主の果たすべき役割としての「勧農」（農業の再生産を進めるために領主が行う田畠満作のための差配、道具類の貸与や種子農料の下行などをいう）が知られており、これは在地の農業生産の安定が確実な年貢等の収納につながるからでもあったが、同じことは農業村落ばかりでなく、山村・海村でも求められていたのである。在地からの貢納物は、その土地で本来行われている生業の生産物から徴収されるのが一般的であり、その意味では領主の支配も在地生業の庇護と表裏一体の関係にある。山野河海の生業では、直接の生産用具の貸与や種子の給与などに代わり、生業上のなわばりの確保や他村との紛争防止などに領主の力が必要とされる。在地において生業をめぐる紛争が生じた場合、さまざまなレベルの支配者がこれに関与するが、原則として過剰な競合状態を解消し、問題の起こらない状態にしていく方向性がとられる。その際、在地で直接山野河海と接する住民自身が収まりのつくことが必要とされるのであり、生業実態を無視した施策は結果的に持続していくことはない。そしてこのような資源利用の競合に対する調整の仕組みには、無秩序な濫獲を抑止してきた一面があると考えられるのである。

江戸幕府の全国支配と資源利用

近世になると、山野河海の自然資源は、さらに質的にも量的にも利用の高度化が進む。社会の前提条件として中世と大きく異なる点は、江戸幕府という絶対的な権力が確立し、全国支配を貫徹したという点にある。これがさまざまな影響を資源利用にも与えた。

著名な出来事としては、五代将軍徳川綱吉による「生類憐れみの令」の発布があげられよう。一般にはこの法令は綱吉という一風変わった将軍による個人的な性向から発せられたものと理解されがちである。が、一九八〇年代以来の歴史学の成果では、荒々しい武断政治の時代から近世の安定を得た政権が、次第に文治政治に転換していく社会状況を反映したものとして理解されている。[19] そしてこの「生類」には動物だけでなく人間も含まれることが指摘されており、生きとし生けるものに慈愛を施す観念が社会に広まったといえるのである。

＊10　日本常民文化研究所編（一九八二）日本常民生活資料叢書第18巻『江州堅田漁業史料』三六号文書（三一書房）。

ところがこれによって江戸時代の人々が「自然にやさしく」暮らすようになったかといえば、必ずしもそうではない。むしろ綱吉の政策はさまざまな混乱を在地にもたらし、山野河海の生業に多方面で影響を与えた。たとえば綱吉は殺生を止めるとして、タカを使って小鳥や小動物を獲る狩猟である鷹狩りを停止してしまった。鷹狩りが停止されると他の大名も次々とこれにならった。その結果、厳しい規制の下でタカの幼鳥を捕獲していた山では、その規制・監視がゆるみ、これが紛争の原因になったところもある（この事例については後述する）。一方で、鷹狩りの狩り場周辺では、（タカの獲物確保のために）厳しく狩猟などが制限されていたのが緩和されることになり、下総国（千葉県北部）の手賀沼では沼での鳥猟や漁撈に対する規制がゆるんでかえって盛んになった。そして、このことは厳しい規制下で特別に狩猟漁撈権を認められていた村とその他の村との間で、新たな対立の火種ともなった。[10]

近世には、河海に関する統一的な法原則が提示されたことも見逃せない。すでに江戸時代初期から漁業などをめぐる多数の争論が続いてきたが、それらに関する判例を集大成する形で、元文二（一七三七）年、幕府は「評定所御定書」を制定する。これは必ずしも個別紛争に対応した詳細を記したものではないが、幕府が河海の境界や用益に関する基本原則を定めたことは重要である。[11]

具体的には海に関して、「磯猟は地付次第、沖は入会」「漁猟藻草中央これを限りに取る」「浦役永これあるにおいては、他村前の浦漁猟たりというとも、入会の例多し」「漁猟入会場、国境には差別なくこれを取る」などの定めがあり、磯漁は村の地先のものとし、沖の漁は入会で行うこと、漁業権は（海や川の）中央部を境に分けること、浦役を貢納している場合には他村の地先でも漁業権が認められる、沖の漁場は国境と無関係に漁業権が設定される、などが原則とされている（政庁談）。*11 山に関しては、「官庫の絵図において は、論所の中央境たるべし」「国郡境山論水分けの論は、峯通り限り境たり」など国郡境の指標については述べるものの、村々の用益権にかかわる規定は見られない。もちろん山論は各地で続発しており、規定がないことは紛争がなかったことを意味しないが、山論の多くは、国郡にまたがるものを除けば、大名や代官も近隣村の仲立ちによる調停に期待するところが大きかった。そして実際、村どうしの紛争は在地の仲裁で解決されることが多く、国を越えた争論の場合には幕府が乗り出したのである。

江戸時代は幕府の強力なリーダーシップによって資源保護的な政策が推進されたかのように理解されることもあるが、それは必ずしも正しくない。[*12] 幕府や一部の大名が資源の過剰利用に危機感を抱き、それを抑制する政策をとったことは確かであるが、それは必ずしも近世を通じての基調ではなかったし、ごく一部の動きにすぎなかったと言える。何よりそうした政策は自然そのものや生物多様性の保全を第一義とするものではなく、あくまで幕府や藩にとっての有用資源を維持しようとするものであり、時には在地住民の求める自然の状態と抵触する場合もあった。[*13] 実際に資源をめぐる葛藤の当事者となっていたのは、それぞれの在地の住民たちであり、ときには領主権力を利用し、ときには権力に抵抗し、またときには利害のかかわる者どうしで調整を行いながら資源の維持を図っていたのである。以下にそうした在地の事例をとりあげて紹介してみよう。

山地資源争奪の現実――秋山の事例から

山地が資源の豊かな輻輳性から、多様な生業を生み出していることはすでに触れた。山地住民は季節により、時代により、林業・木工業・薪炭業・狩猟・漁撈・農業（焼畑）・採集・鉱山採掘などをさまざまに組み合わせながら生活してきた。なかでも大規模産業としての林業は、地域の自然環境を大幅に改変する可能性があり、しばしば地域の生業と抵触してきた。以下では山地資源がどのような形で保全

＊11　石井良介編（一九四一）近世法政史料叢書第三『政庁談』（弘文堂書房）による。

＊12　ジャレド・ダイアモンド著・楡井浩一訳（二〇〇五）『文明崩壊 下』（草思社）など。ダイアモンドの江戸時代の日本に関する記述は、かなりの事実認識の錯誤に基づいている。

＊13　近世から近代にかけての日本での水産資源の繁殖政策については、高橋美貴（二〇〇四）「近世における「漁政」の展開と資源保全―一八世紀末から一九世紀を展望して―」（日本史研究 五〇一号 一二七―一四四頁）、高橋美貴（二〇〇七）「〈資源保全の時代〉と水産―一九世紀における資源保全政策の世界的潮流と日本―」）歴史評論 六五〇号 二五―三九頁）がすぐれた成果として注目される（同氏 二〇〇七『「資源繁殖の時代」と日本の漁業』山川出版社にまとめられている）。この中で、やはり権力がかかわる資源保全政策は、藩にとっての「有用」資源を維持発展させることが目的であったことが指摘されている点が重要である。

表１　秋山の生業

種類	分類	物品・内容
農業	焼畑・常畠	粟・稗・荏・豆（大豆）・蕎麦・菜（野菜・大根）他
林業・木工業	伐木・運材・製材加工	材木・板・折敷（曲物）・盆・桶・木鉢・木鋤・（榑）・（椹皮）・（檜皮）・（栃盤〈醤油船板用〉）他
狩猟	獣猟・漁業	熊・鹿・羚羊・イワナ・巣鷹他
採集	食物・資材	茸・山菜・栃の実・楢の実・（栗）・イラクサ（山苧）・シナ皮・（山蝋）・（山牛蒡の葉）
商業	居売り・振り売り	粟・稗・荏・木鉢・木鋤、樫・檜・松の盤、桂板・（栃盤）・榾檜・白木の折敷、干茸・シナ縄・網ぎぬ〈蝋袋〉
鉱業関係	資材運搬・採掘？	（諸道具・食糧の運搬や連絡など）
手工業	織物・編物	縮織り（内職または奉公）・（苧績み）・網ぎぬ作り

『秋山記行』に出る物品など。（　）は古文書に見えるもの。ゴシック文字は『秋山記行』と古文書両方に出ているもの。

されてきたか、中部地方秋山地域における近世の事例を参考に考えてみたい。

越後国（新潟県）との国境に接する信濃国（長野県）山間部の秋山では、近世、地元の自然資源を生かした多様な生業が営まれていた（表１）。もちろんその内容は、同じ江戸時代の間でも時期によって変遷があり、近世後期の姿をもって安易に近世全体の姿であったとみることはできない。[*29]ただ近世を通して変わらなかったのは、秋山が小規模な家族的経営で生業を展開していた点である。林業では、地元の有力百姓と都市の有力な材木商とが手を結び、あるいは大名や幕府が絡んで伐採事業を展開する大規模林業（林業といっても、基本的には植林や育林よりも伐採・運材が主たる事業であった）が行われる場合もある。しかし秋山の場合には、地元有力者が差配する大規模林業の形跡は認められず、基本的には焼畑耕作や狩猟・採集による自給と、木工品や材木・採集にかかわる多少の商品生産・販売などが組み合わされる構造になっていたとみられる。

この秋山に大規模な伐採計画がもちあがったのは、一八世紀初頭の宝永五（一七〇八）年冬のことであった。同六年春には江戸から武士が材木見分のために秋山を訪れ、伐採の下見をする旨、地元百姓は代官所から通達されたので

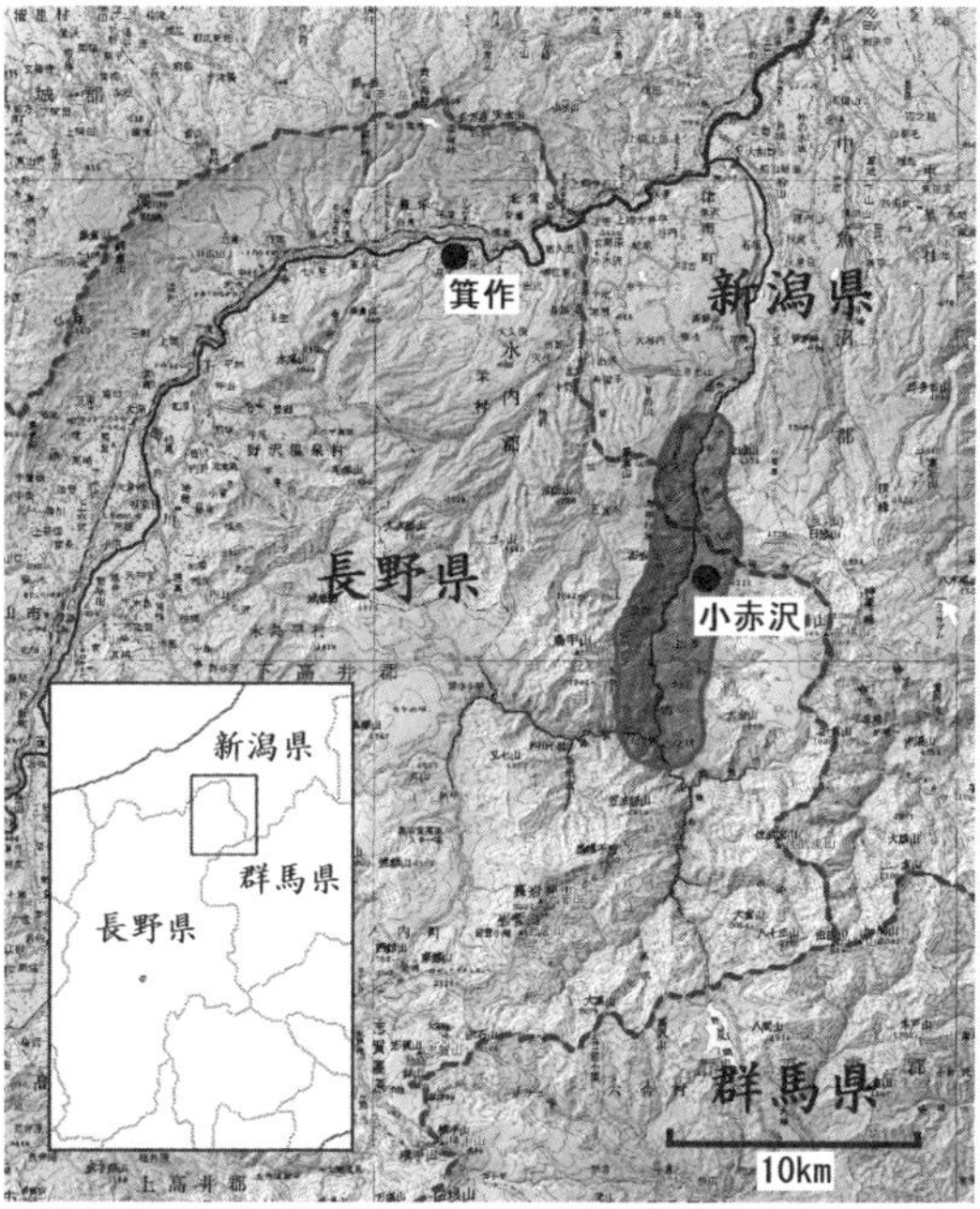

図1　秋山地図

ある。これに対して秋山の百姓たちはこぞって反対の請願を提出している。「御用木山となってしまったら秋山の百姓は家業が成り立たなくなってしまう。江戸への出訴でも何でもして、村中が難儀しないようにとりはからってほしい」と百姓たちは名主に願い出た（「島田」一〇六六）[*14]。江戸時代、秋山には数か所の集落が山奥に点在していたが、いずれも独立した「村」としては扱われず、行政的には直線距離で一五キロメートル以上も離れた千曲川沿いの平地にある箕作《みつくり》村の一部として組み込まれていた（図1）。つまり名主は秋山とははるかに離れ、生活環境も大きく異なる場所に住んでいたわけである。が、このときには村人の意向を承け、村の代表者として幕府代官所との交渉に臨んだと思われる。

　ところでここで問題となるのは、なぜ御用木山になると秋山百姓の家業が成り立たなくなるのか、ということである。御用木山とは領主の必要な材木を供給するための山をいい、それに指定されれば大量の樹木が伐採される恐れがあった。それは木材資源だけでなく森林を多様な形で利用

＊14　「島田氏古文書目録」一〇六六号。以下、同文書は「島田」一〇六六のように略す。史料番号は栄村教育委員会編（一九八二）『島田氏古文書目録』による。

し、生活を営んできた秋山の人々にとって、計り知れない変化をもたらすことになる。生活が根本から覆されるような転換を意味していたと考えられるのである。しかし結果的には、この幕府の目論見は実現しなかったようで、以後の史料にも御用木山となった形跡は認められない。だが、これで安心してはいられなかった。

この後、享保年間には西側の山向こうから、さらに北側の越後領から、商品としての薪や木工材を伐るために、次々と森林伐採の圧力が加わってきたのである。西側の夜間瀬《よませ》村など三か村からは「一日に八、九百人、または千五、六百人もの人数が徒党を組んで秋山山内に入り込み、立木をわがままに伐採している」という状態が迫りつつあり（「島田」四八五）、また越後領内からも赤沢《あかざわ》村等六か村とその枝村の者たちが「徒党を組んで材木・薪・売木などを伐採に侵入してくる」状態にあった。この事態は、秋山住民に深刻な不安を抱かせるものであった。なぜなら彼ら越後衆は、数十年の間に越後領の広大な山林を伐り尽くし、ついに信濃側の山へも迫ってきたといういきさつがあったからである。「このままでは箕作村枝郷の秋山は亡所になってしまう」と幕府への訴状では嘆いている（「島田」一〇八〇）。実際、この争論に際して作成された絵図では、越後側の山はすっかり立木がなくなり、畠が開かれている様子が描かれており、絵図に貼られた注記には「信越の境は分明である。その証拠は信州分は木立が茂り、越後分は切替畑（焼畑）・萱地となっている」と書かれている（「島田」一七三五）。

この越後側との争論は三年半以上にわたって続くが、最終的には信濃側が勝訴して終結を迎えた。これによって秋山をはじめ箕作村が守ろうとした森林は保全されることになったが、このとき信濃側が勝った最大の要因は、係争地が巣鷹山であるという主張を繰り出したことにあった。巣鷹山とは、将軍や大名などが行う鷹狩り用のタカの幼鳥を野生の巣から捕ってくる山のことである。この幼鳥を飼育・訓練して狩猟用のタカに育て上げるのである。秋山一帯では少なくとも鎌倉時代からタカの子捕りが行われており（「鎌」三九〇四・三九〇八）、江戸時代にもタカを確保する巣鷹山が随所に点在していた。そして越後・信濃の国境付近の係争地には巣鷹山が存在していたのである。巣鷹山は領主の管理下にあり、樹木の伐採はもちろん、営巣期の立ち入りなども厳しく制限されていた。当然越後衆も巣鷹山には手が出せないはずであった。

ところがここで問題となったのが、「生類憐れみの令」発布の影響である。同令は、伝統的に将軍や諸大名によって行われてきた狩猟を停止させ、鷹狩りの「道具」として珍重されるはずの巣鷹の献上も止められてしまったのである。巣鷹山は、近隣村の百姓が「巣守」に任命されて管理にあたっていたが、秋山では貞享五（一六八八＝元禄元）年以降巣鷹山制度が三十数年にわたって停止され、巣鷹山の管理はすっかり弛緩することになった（「島田」一一二八）。そしてこの間に越後衆は次第に巣鷹山にも伐採の手を伸ばしてきていた。

その後、生類憐れみの令の廃止とともに、当地からの巣鷹献上は正徳（一七一一〜一七一六）年中に再開されるが（「島田」一一二八）、箕作村の巣守や秋山の人々は、森林を保全するために、巣鷹山の復活を利用して、問題の場所が巣鷹山であることを前面に出して訴訟に臨んだ。訴状に見える「四拾ヶ年以前元禄年中より三拾余ヶ年の間御鷹御用に御座なく候内、年々少し宛て御巣鷹場近所にて盗み取り申し候、近年御鷹御用に付き盗み取り申さず候ところに、去る未《ひつじ》春中より今年に至り大勢徒党強勢に立木伐り荒らし、前々より入り込み候と申し上げ候義、もってのほかなる相違にて御座候御事」などの表現は、領主管理の地に不法な伐採が進行していることを印象づけるものとなっている（「島田」一〇八〇）。そして享保一五（一七三〇）年、幕府は「係争地の山は信濃国と認定する。そして当該地は御巣鷹山であるから、以後両国の者が立ち入ることは堅く禁止する」との判決を下し、信濃側の森林保全を命じたのである（「島田」一一二七）。

ただ、ここで注意しておきたいのは、箕作村の人々にとって巣鷹捕獲が生活を支える重要な仕事ではなかったということである。巣守には近世初頭より、税の免除や相当の扶持などが給付されていたが、それも本訴訟の頃にはほとんど廃止されており、まして巣守以外の村人や秋山の住民にとっては、巣鷹山の規制は邪魔でありこそすれ、積極的に守るべきものではなかった。さらに注目すべきは、巣鷹献上停止の間に、巣鷹献上にかかわる知識や技術がすっかり途絶えてしまっていることである。[2] このことは言いかえれば巣鷹にかかわる仕事は地元の人々にとっては持続的に行われる「生業」ではなかったことを意味しており、地元百姓にとっては支配者側の設けた制度に合わせて行われてきた生活度の薄いことがらにすぎなかったといえる。

それでも巣鷹山を表看板にして越後側と闘ったのは、訴訟上それが幕府を説得する好材料であったからにほかならない。幕府権威によるガバナンス（統治）をうまく利用したのである。

実際、越後・信濃両国の住民の立入禁止を定めた判決にもかかわらず、それは厳密には守られておらず、その後も巣鷹山は地元住民の管理の下に一定の利用がなされている（「島田」一一三九・七四七・一四四・一一四五・一一四九他）。つまり、現地の管理を実質的に担っていたのは在地の住民だったのであり、彼らは一方で巣鷹山の設置や停止という中央権力の政策に振り回されつつも、一方では立入禁止との幕府判決をよそに、別の在地秩序のもとで管理・利用していたのである。その意味では、巣鷹山の環境を守ったのはそこを生活の必須の舞台としていた人々自身だったといえ、結局環境が守られるかどうかは、その自然環境を破壊されては困るという在地住民の強固な意思の有無によっていたと言える。

五 生物多様性はどうして守られたか

守るべき資源とは何か？

人口稠密な日本にあって、なぜ自然環境が大幅に改変されず残されてきたのか、この問題を考えるのはかなり難しい。在地の住民も、地域の有力領主も、あるいは大名も、また全国政権の支配者も、それぞれに何らかの形で資源を「守る」ための動きを見せている。「社会各層のみんなが守ろうとしたから自然が守られたのだ」というのが答えならば、こんな簡単なことはない。しかし実際には、ことはそう簡単ではない。

たとえば社会の中の立場によって守りたい資源が異なる。草原を例にして考えてみる。日本の気候では、自然の状態でいつまでも維持される草原というのはない。野火が入って焼け、開けたところに草が生えて草原ができたとする。しかし放っておけばやがて草原には木が生え始め、次第に大きくなり、やがて樹種も遷移しながら森になっていく。牛馬の餌や茅葺き屋根の萱、あるいは堆肥の原料にするための草を確保したいという人々は、当然ながらいつまでも草原であることを望むであろう。一方、燃料にする薪をほしい人は、広葉樹のコナラやクヌギが生える明るい林の状態になることを望む。鬱蒼とした森林の中に生息するクマなどの動物の狩猟をしたい人は、そうした森の状態を最善と考えるであろう。建築材を提供させたい領主がいれば、これもまた森林の状態を好ましいものと考え、無用な伐採や火入れは厳しく規制することになる。

とすれば、どういう資源が誰にとって保全すべきものかも多様に考えられることになる。万人にとって好ましく利用しやすい自然の状態ということ自体が想定できないし、ましてや歴史的にその状態が長く続いてきた、ということもありえないわけである。「自然を守る」と一口にいうが、どの状態の「自然」が守るべきものなのか、人の手の入らない原始のままの状態から、不断に人の管理が及ぶ状態まで、そのイメージするところは論者によってもさまざまであろう。

本稿の冒頭で述べたように、前近代において自然環境が残された一つの理由は技術段階の低さにあろうが、それだけが理由ではない、と述べた。日本列島の自然自体のもつ特性から言えば、適度な気温と湿度、降水量による旺盛な植物の繁茂も理由であろう。ただこれだけでは、列島に暮らした人間の社会制度や意思とは無関係ということになってしまう。果たしてそうであろうか。

結局その土地の自然を日常的に利用するのは、地元の住民自身である。また支配者がその土地の資源を利用するとしても、それは支配者本人が自ら出向いて利用するわけではなく、その土地に住む住民を通して提供させることになる。とすれば、最終的に自然環境を左右するのはその土地に生きる住民自身ということになる。もちろん支配者の強い意向によって強制的な森林伐採や逆に立入禁止の措置などがとられた場合もある。中世には在地社会に対する支配者の依存度が高いために、殺生禁断などの観念的圧力以外には広範囲・持続的にはそのような政策はあまりとられなかったと見られるが、近世には木曽山林の管理などの例に見られるように、そのような事態も起こった。あるいは経済的な欲求から、支配者ならぬ近隣地区や都市部の百姓・商人らによる資源利用のはたらきかけもあった。

その期間には地元住民による資源の管理は十分行き届かないが、住民がそこに住み続けようとする、あるいは住み続けざるをえないかぎり、その土地で生きていけない状態に対しては嘆願が繰り返される。地元住民はその場合、年貢などの貢納を果たせないことを強調し、また同時に生活の永続を望む文言をあげて訴えることが多い。「百姓（生活の）成り立ち（永続）」は近世社会を表すキーワードであり、支配者を牽制する重要な大義名分であった。(6) 支配者としては、庇護下の百姓を生活できない状況にさらすことは、名分の立たない事態であり、年貢などの収納にも問題となった。したがって一時的・局所的な場合を除けば、永続的なシステムとして百姓の存続を危うくする政策はとることができなかったと考えられる。

資源をめぐる綱引き
—残したい者、消尽もいとわない者

千葉県にあって、過去水質汚濁日本一の汚名を連年浴び続けた湖沼が手賀沼である。かつては魚や水鳥・水草が豊かに息づき、沼辺の人々の生活を支え続けてきた水界であった。その手賀沼がなぜかくもひどい状態に陥ったのか、それを考察した菅豊はこう結論づけている。周辺の住宅開発、都市からの人口流入など言われてきた原因は、いずれも直接的ではあるが表面的なものにすぎず、真の原因は沼辺の人々が沼の自然を利用して生きる生活から離れ、沼に対して関心をもたなくなったことにあると。[18]

ある地域の自然が残されるか否かは、地元の住民の意思によるところが大きい。特に小規模な在地生業で生活している人々の場合は、環境の改変をより以上に恐れるようである。これに対して、外部の者は自らの生活に密着した土地でないだけに、開発・破壊をいとわない向きが強い。資源をとれるだけとり、利用するだけしたら、あとは他の場所へ移っていくのである。もちろん在地住民であっても、あるいはだからこそ、過剰な利用を行って自然に圧力をかけすぎ、資源を損なうこともある。が、その場合には土地の自然環境を根こそぎ改変するような形はとらず、代替の生業が成り立つ程度での破壊にとどめる場合が多い。つまり自らの生活と、それを支える生業とが地域の自然環境に依存したものであることを十分承知している在地住民は、生活スタイルや生業が大幅に転換しないかぎり、地域の自然環境を守る側に立つのである。これが日本において自然が維持されてきた一つの理由と考えられる。

一方、在地住民どうしによる資源利用上の紛争もしばしば起きている。その際に注意したいのは、結果的に資源を守る規制が敷かれたとしても、その目的が資源の保全にない場合が見られることである。これまでに見てきた各種の在地での紛争も、究極的には自然を保全するためというよりは、利用の均等化をめぐる調整という色合いが強いことに注意する必要がある。もちろん多数者の参入によって資源が枯渇する恐れがあることは経験的に理解していたであろうが、それが直接的な自然資源の保全という意識ではなく、主には限られた資源を欲する近隣住民どうし不平等の出ないように利用しようという意識として表出していたのである。「山の口」「海の口」などと称され、前近代から続いてきた解禁日を設定する資源管理のやり方も、資源へのアクセス機会の均等を図る智恵の明確な表出ということが

できる。[15]ところが、あくまで利害の調整にすぎないこれらの智恵は、結果的に過当競争によるいきすぎた資源奪取を防止し、持続的な資源利用をもたらすことになった。それは機会の均等が同時に、アクセス権をもつ地域の人々に、ある程度十分な資源採取を保証するためのものでもあるからである。また、各藩の役人など為政者による資源保護の動きも一八〜一九世紀にかけて盛んになってくるが、その動機は生物多様性を保全するためではなく、地域産業の維持発展とそれによる税収の確保を目指すためであったことも指摘できる。地域の資源が利用され尽くさなかった理由を考える際に、これら資源利用の均等化と税収確保という動機は見すごせない要因と言えよう。人々は常に自然環境の保全や生物多様性の確保を考えてきたわけではなく、この場合は結果的にそれが守られたということになる。

以上に見てきたことを総括すれば、地域のある程度人手が入った状態の自然環境が好ましいものとして保全されるかどうかは、究極的には在地住民の意思（直接自然を守るためという目的意識をもつかどうかにかかわらず）によるということが言える。どのような形で人の手が入った状況を好ましいとみるかも、地域の住民の意思によるところが大きい。外部の民衆たち、あるいは大名権力などの支配者による過剰な改変のはたらきかけがある場合には、それらを排除すべく在地住民は動いた。とすれば、自然環境の維持は、その状態を守ろうとする地元住民と、それが破壊されても構わないと考える外部者との綱引き関係で決まったということができよう。

手段のためには目的を選ばず？

そしてまた、地元住民がその環境を維持したいと思う理由についても考えておくべきことがある。それは明確な実利的目的がない場合もある、という点である。たとえば富士山の北麓の広大な裾野地域に、「富士吉田市外二ヶ村恩賜県有財産保護組合」の管理する草原・林が広がっている。近世には肥料・秣《まぐさ》となる草や燃料材などを採取する複数村の入会地であった。近世の間にもいく度も村どうしの争論が起きており、どの村が権利を持つかをめぐっては意見が分かれることもあったが、大きく言えば入会地であったことは間違いない。ところがここは明治時代に入り、国有林

*15　秋道智彌（一九九五）『なわばりの文化史』（小学館）は、在地における多様な資源利用ルールのあり方を紹介している。

に編入されて「皇室御料林」とされ、地元住民の利用秩序が大きく乱されるに至った。その後大規模水害に際して、この地は県に返還され、「恩賜林」とよばれて実質的には地元住民の利用に供されてきた。しかし第二次世界大戦前、当地は再び軍の演習用地として国家により強制買収されることになる。さらに戦後戻ってくるかと思われた土地はそのまま占領軍に接収され立入禁止となった歴史がある。(5) 今も、使用協定を結んでのことではあるが、一部は自衛隊の演習地として使用されている。

ところで、現在、同組合が自衛隊演習地を除いて管理している土地は、採草や薪採取のために使用されているわけではない。組合事業としての林業は行われているが、最近強調されているのは健康増進や林野環境そのものの価値である。入会地であることを確認する明認行為として、毎年草原への火入れが行事として行われてはいるものの、住民自身にとっては、その地はかつてのような日常生活に不可欠の役割は果たしていない。それでも入会組合としての組織は維持され、自然環境が維持・管理されているのである。そこからわかるのは、時代によって目的は変わりながらも環境の維持は行われている、言い換えれば環境を変えずに維持すること自体が重要視され、目的は時代の要請に応じて後からついてきているといっても的外れではない、ということである。

しかしこうしたことは、個人レベルでもしばしば見られるもので、実は環境保全上重要な心理的要因をなしている可能性が考えられる。「先祖伝来の畑を自分の代で荒らしたくないので、食べきれない野菜を毎年作っている」というような、田舎でよく耳にする話も同様である。本来食料を作るために開いた畑だが、過疎化による耕作放棄地の拡大の中で、食料を作るためではなく、畑という環境自体を維持していくために野菜を、それも自分が食べきれないほど栽培するというのである。何世代にもわたって続き、なじんできた景観を変更してしまうことへの忌避感が、結果的に環境を維持させていることになる。こうした環境・景観の継続性への願望を、目的からはずれた愚かな行為と断ずることはできないのではあるまいか。

以上のように、日本列島において自然(生物多様性)が大きく消滅させられなかった要因としては、自然的な気候環境のほか、人間社会にかかわるものとして①技術段階の低さによる影響の小ささ、②地元住民の生業維持にかかわる環境保全の意思、③資源利用の均等原則による過剰利用の抑制、④環境・景観改変への忌避感の四点をあげておきたい。

第9章　木材輸送の大動脈・保津川のガバナンス論
――コモンズ論とのかかわりから

森元早苗

一　クロ刈りと川刈り

京都府丹波地方には「クロ刈り」という風習がある。「クロ」とは水田の周辺を指す言葉で、畦のことを指す場合もあるが、丹波地方では水田に隣接する山林の斜面のことを指すことが多い。つまり「クロ刈り」は、この山林の斜面の草木刈りのことである。水田のすぐ近くまで木が生えていると水田への日光を遮り、また草が生えている場合、害虫が発生する原因となる。さらにシカやイノシシなどの野生動物が繁茂する草木に姿を隠し、水田に侵入するという獣害の原因ともなる。

そこで、隣接する山林の水田に接する部分から少し上の斜面までの山林を水田の所有者が刈ることができ、これを「クロ刈り」とよんでいる（図1）。山林の所有者と水田の所有者が違うこともあるので、そのような場合は、他者の山林の木や草を刈るということになる。また、化学肥料や化石燃料が普及する前は水田所有者が刈った草や木などを肥料や燃料として利用することができた。

これと同じ習慣が、たとえば山口県阿武川流域にもあり、そこでは「ハタゴリ」とよばれている。「ハタ」は端、「コリ」は木こりの「こり」で、水田の縁の木を切ることである（安渓遊地氏私信）。

これらの慣習は、山林所有者が木を植えたり、その木を切ったりする管理・利用の権限が、その側の水田耕作者に無償で譲り渡されるというおそらく全国に広がっている事例で、水田周辺の樹木が稲の成長を妨げないようにするという効果をあげてきた。

図１　クロ刈り(5)
京都府南丹市日吉町　2007 年

また、水田に続く里道および水路は、ごく最近までそれぞれ赤線と青線で地積測量図に明記される国有地であって利用の制限や勝手な売買などは一切できなかった。これは、私有権によって水田耕作のための通行や水利の権利が制限されないように、国が保証していたものだったのである。

このように、土地や資源の所有の権利と管理・利用の権利は、必ずしも一元的なものではなく、多様な主体による環境ガバナンスが重層していることに気づかされるのである（第10章参照）。

所有と利用・管理にずれがあるもう一つの例として、「川刈り」を紹介しよう。「川刈り」は、河畔に生い茂る草を刈る村落内の共同作業である。「川刈り」は大水の際の河川の氾濫を防止するほか、刈った草を肥料や燃料、飼料として利用したり、茅葺屋根の素材として利用したりといった目的のため行われてきた（図2）。また、ＮＰＯ法人亀岡・人と自然のネットワークのメンバーである専門家は、「川刈り」は川の陸地化を防止し、魚のすみかを確保していたと指摘しており、生態系保全の面からの重要性も見直されている。「川刈り」は通常一世帯から一名が参加し、参加ができない場合は、出不足賃の支払いや、お酒などの物資提供が義務づけられる。これは、自分の所有地ではない土地の手入れを義務づけられるという例である。

しかし、近年は高齢化により、一律の出不足賃の負担が大きく感じられるようになり、また人員の確保という問題もあって、川刈りそのものが行われなくなっている村落もある。そこで、農業生産の維持を図りつつ、農業のもつ多面的機能の増進を目的とする中山間地等直接支払制度という補助制度が、二〇〇〇（平成一二）年より農林水産省により導入されている。京都府内でもこの補助金を利用して川刈りを復活させた村落が見られた。[5] このように日本の村落では、自然資源を共同で利用するとともに、共同作業によって資源の状態を維持してきたのである。

図２　川刈り前（上）と川刈り後（下）(5)
京都府南丹市日吉町　2007 年

人間による自然資源利用の一形態として、コモンズといわれる資源利用・管理形態がある。コモンズについての詳細な説明は次節で行うとして、ここでは（ローカル）コモンズの定義として、村落など地域の共同体が共同で利用・管理する資源およびその制度としておく。日本には、入会林野、ため池、里山、温泉など、実に多種多様なコモンズが存在する。これらのコモンズにおいて、人間は利用対象者、利用期間、利用量などのルール（制度）を設定し、持続可能な利用を実現する場合もあれば、何らかの理由でルールが設定されなかったり、設定されても順守されず「非賢明な利用」となり、資源の枯渇が生じたりする場合もある。

コモンズを少し広い視点からとらえると、直接的な利用・管理を行うのは地域共同体であるが、「川刈り」のように共同的な資源利用・管理を実現するためには、現在では地域共同体が管理を行う正当性を法的に認めて、場合によっては補助金などを与える公的主体の存在が必要となる。また、川のようなコモンズの場合、近隣の村落と、取水時期、取水量など、水利についての調整が不可欠となる。このように、ある地域の資源利用・管理といっても、地域内外の多様な主体を視野に入れて、それぞれの主体の役割を検討する重層するガバナンスという概念がある。

本章では、コモンズとガバナンスをキーワードとし、人間による資源利用・管理の歴史を振り返り、どのように人間が自然資源とかかわり、いかに多様な主体が対立と協調を繰り返し、資源に対するガバナンスを確立してきたのかを検討する。

まず、本章のキーワードとなるコモンズとガバナンスという二つの概念について整理し、これらの共通点・相違点を確認する。次に、京都府の保津川をコモンズとガバナンスの事例として取り上げ、筏《いかだ》流しにかかわるさまざまな主体の様子から、その意識を探り、対立、協調を経て、どのように制度や資源利用を行ってきたのかについて考察する。

二　コモンズとは

コモンズの源流

コモンズは、英語のCommonの複数形Commonsをカタカナ表記したものであるが、このCommonというのは、中世イングランド及びウェールズで見られた資源管理制度である。

室田・三俣(19)によると、中世のイングランド及びウェールズでは、コモンの権利（right of common）と言われるように、「一名ないしは複数の人間が、他の人の所有ないし保有する土地で自然に生み出されるものの一定部分を、採取ないしは利用する権利」が認められていた。具体的には、領主が保有する荘園（manor）において、領主から土地を借りている農民や領主直営地で雇われている隷農が、家畜の放牧や薪・泥炭などを採取する権利であり、その土地のことをCommonとよんでいた。フランスの画家ジャン・フランソワ・ミレーの「落穂拾い」もフランスでのコモンの様子を描いた作品であり、地主の土地で麦の刈り入れが終わった後に、農婦が畑に落ちた麦の穂を集めているコモンの権利が描かれている。

図3　英国 Norwich 近郊の Mulbarton Common

しかし、一三世紀から土地所有者である領主によるエンクロージャー（囲い込み）とインクロージャー（コモンの権利の消滅）が始まり、特に一五世紀から一七世紀にかけてこれらが進行した結果、一九世紀初めには多くのコモンが消失した。その後、工業都市化、大都市化にともなう環境破壊を機にコモンの保全運動が展開されるようになり、現在、コモンはオープンスペースとして都市などのアメニティ機能を担う役割を果たしている（図3）。

今日のコモンズの議論の出発点とも言えるのが、一九六八年の生物学者ハーディンの論文「コモンズの悲劇（The Tragedy of Commons）」である。この論文の目的は、人口問題は「技術的解決」が不可能な問題であるとして、その深刻さを訴えることであった。[*1] しかし、その後注目されるようになったのはハーディンの論旨ではなく、論文での寓話が議論されるようになったためであった。ハーディンは、「コモンズにおける自由の悲劇」という節で、イギリスのコモンズとして、次のようなコモンズを想定した。[(6)]

誰にでも開放されている牧草地を想定する。各牧夫は、「コモンズ」に可能な限り多くの家畜を放牧すると予想される（無制限に家畜を放牧するという）。このような取り決めは、「部族」間の紛争・密猟・病気などにより、人間及び動物の数が牧草地の収容範囲内であったため、何世紀にもわたり適切かつ十分に機能してきた

そして、牧夫は次のような考えで、自分の放牧する家畜の数を決定するという。

合理的な人間として、各牧夫は全員、自分の所得を最大化しようとする。明示的もしくは暗黙的に、多かれ少なかれ意識して、各牧夫は自問する。「自分の家畜にもう一頭追加した場合の自分の効用（the utility to me）はどうなるか」

つまり、牧夫は家畜が一頭増えることによる「自分の」効用（利益）とコモンズに家畜が一頭増えることによる損失を比較し、家畜数を決定するであろうと述べた。この寓話では、牧夫が家畜を一頭増やすことによる利益は、家畜を売るなどして得られたすべての利益が牧夫のものになる。一方、家畜が一頭増加したことにより、牧草地が荒廃し、家畜が痩せてしまうという損失が生じる。この損失は牧夫全員が被るものであり、牧夫一人あたりの損失は家畜を増やした牧夫の利益よりも小さいとした。つまり、私的利益しか考慮しない「合理的」牧夫は、「家畜をもう一頭追加する」ことを決定し、結果的にすべての合理的牧夫が家畜を無制限に追加することになる。そして最終的には、家畜がどんどん放牧され続け、牧草地の荒廃という牧夫全員にとっての悲劇を招くことになると結論づけた（第6章参照）。

ハーディンは、この悲劇を防ぐためには、コモンズが私有財産か公的財産として管理される必要性を説いている。同様に、新古典派経済学者のデムセッツは一九六七年に自然資源管理の効率性に関する論文を発表し、私有、国有、共同所有の三つの所有形態のうち、共同所有はメンバー内の交渉や取り決めによる取引費用が大きく非効率的であり、私的所有の方が効率的であると説いている。

コモンズ再考

このように、「コモンズの悲劇」、本章のキーワードで言うと「非賢明な利用」を防ぐ方法として、公有化か私有化という処方箋が提示されたわけであるが、その後多くの事例研究から批判を受けることになる。

まず、「コモンズの悲劇」への批判として、所有制度には、公的所有、私的所有、共的所有、オープン・アクセスという四つの形態があり、ハーディンの寓話でのコモンズは共的所有ではなく、ある特定の個人やメンバーに限定されず、排除性のないオープン・アクセスと混同しているという指摘がある。[1] ハーディンもその後、修正を加えて「The Tragedy of the *Unmanaged* Commons」と表現して、管理(所有)がなされていないunmanaged(unowned) commonsと管理(所有)によって過剰利用を防ぐことが可能なmanaged(owned) commonsに区別している。[7]

しかし、所有権を明確にするだけでは処方箋となりえない。たとえば国有化によって所有主体は明確になるが、その所有主体あるいはその利用・管理の委託を受ける主体がどのような資源利用・管理を行っているのかが重要な問題となる。その一つの事例としてネパールにおける森林管理政策を紹介する。

櫻井[23]によると、ネパールでは古くから地域住民によって森林資源が共同的に利用されてきたが、一九五七年に私有林国有化法により森林国有化が行われた。地域住民による国有林での資源利用は禁止されることになり、営林署を設置して国有林警備を行うはずであった。しかし、予算と人員の不足、これまで森林資源を利用してきた住民と営林署との対立により、住民による慣習的な利用システムが崩壊し、森林の荒廃が進んだ。そこで政府は、一九七八年に林業計画を策定して森林法を改正し、国家による森林管理からCommunity forestryという、住民によるコモンズ的な森林共同管理を推進しようとした。この政策では、村落レベルの行政組織である村落パンチャヤットに国有林の管理・経営の一部を委譲した。パンチャヤット林では、村落パンチャヤットが自主的に植林を行い営林署に登録すると、収益の一〇〇%を村落パンチャヤットが獲得することができた。しかし、数千の人口と複数の村落から構成される個々のパンチャヤットの構成員に森林を共有しているという意識が弱く、また対象の森林が複数のパンチャヤットにまたがって存在する場合があり、パンチャヤット単位の森林管理にも問題が見られた。

＊1　「技術的解決」とは、人間の価値観や道徳の変化をほとんど、もしくはまったく要求せず、自然科学における技術の変化のみを必要とする解決法と定義されている。

このような問題点からネパールでは、一九八八年の林業マスタープラン、一九九〇年の森林法改正により、地盤所有は国家のままで、実際に森林を利用している森林利用者グループ（Forest User Group）に森林の「利用権」を与え、管理義務を負わせるという政策をとった。[*2] 手続きとしてはまず、農民自らが、森林の区画とその森林を利用している個々の農民を特定し、森林利用者グループを結成する。次に、グループ内から一〇人前後の森林利用者委員会（Forest User Committee）を結成し、森林利用規則を自主的に制定する。そして郡の営林署に、対象の森林、利用者団体名簿、委員会名簿、利用規制を届け出る。登録内容が営林署に認められれば、森林の「利用権」が利用者グループに譲渡され、活動資金として補助金が与えられる。補助金は、育苗、植林、森林管理の費用のための一時金であり、その後、森林から収入を得て自立することが期待されている。一九九三年の新森林法により、利用者グループは森林からの収益を森林育成以外の用途に使うことが許可され、利用者グループが森林管理規則を自主的に変更することも許可されるなど、利用者グループの自立性が法的にいっそう高められた。

このように、ネパールの事例からも、所有権の明確化だけではなく、誰がどのように利用・管理を行うのかが「コモンズの悲劇」に影響しており、所有、利用、管理の三つの軸からコモンズをとらえる必要性が示唆されている。

さらに一九七〇年代末から、世界中のコモンズの事例から、実際には資源利用に関する制度的取り決めがコモンズを利用するメンバー内で行われており、長年にわたり人間にとっての「賢明な利用」が実現されてきたことを示す研究が、欧米の人類学者を中心に数多く発表された。二〇〇九年にノーベル経済学賞を受賞したエリノア・オストロムは、それらの事例研究、たとえばスイスのアルプや日本の入会林野における利用ルール、スペインのウェルタ（灌漑耕作地）における水利制度、フィリピンのサンヘラという伝統水利組織などから、どのようにしてコモンズが崩壊せず、長期に存立することができたのかという「コモンズの長期存立条件」を以下のように導き出している。[20]

一．明確に設定された境界

コモンズとなっている資源を採取する権利をもっている個人または世帯は、その資源の境界と同様、明確に定義されている。

二．地域の条件と利用ルール・供給ルールの調和

時間、場所、技術、資源の量などを制限する利用ルー

ルは、資源利用に必要とされる労働力、物資、金銭の供給ルール及び地域の条件と相互に関連している。
三．ルール変更プロセスへの参加
資源利用の運用ルールに影響を受ける個人は、ルールの変更に参加することができる。
四．相互監視
コモンズの資源の状態や利用者の行動を監視する人は、利用者に対して説明責任のある人、あるいは利用者自身である。
五．段階的な制裁
運用ルールに違反した利用者は、他の利用者、利用者に対して説明責任のある人、あるいはその両者によって、違反の深刻さや背景に応じた段階的な制裁が加えられる。
六．紛争解決の仕組み
利用者や説明責任のある人は、利用者間、あるいは利用者と役人の間での紛争を速やかに解決することができる仕組みを低コストで利用することができる。
七．制度を組織する権利の最低限の保証
利用者が自身の制度を組織する権利は、外部の政府機関によって脅かされない。
八．入れ子状の組織（重層するガバナンス）
利用、供給、監視、実効化、紛争解決、そして、ガバナンス活動は、重層的な入れ子状に組織されている。

改めてコモンズとは

ハーディンの想定したコモンズと、事例研究で明らかにされたコモンズの実態には大きな違いがあることがわかる。所有制度の四類型でいえば、ハーディンのコモンズはオープン・アクセスであり、事例研究の多くは共的所有に基づいたコモンズである。

また、イギリスのコモンやネパールの森林利用者グループのように、所有権は領主や国家に帰属していても、その土地で収益権が認められる事例もあることから、近年では、所有を軸に考えるのではなく、利用・管理が共同で行われている場合をコモンズとすることが一般的となってきてい

＊2　櫻井(23)は「所有権」と表現していたが、地盤所有は国家であり、「所有権」は国家にある。利用者に与えられているのは利用する権利であるので、「利用権」と表現した。

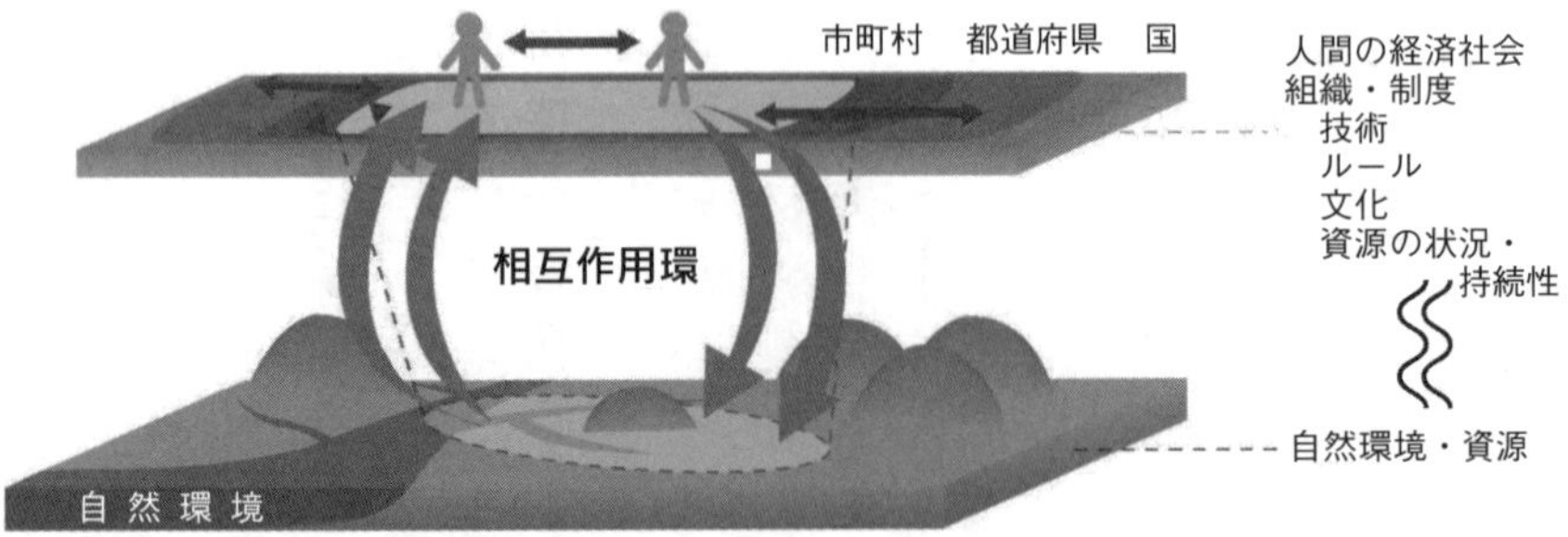

図４　コモンズの射程の概念図⒄（三俣に基づき作成。©Kayuza Hashimoto）

る。

さらに、コモンズは共同で利用・管理されている資源そのものを指す場合もあるが、多くの事例研究では、人々がその資源をいかに持続的に利用してきたのかに関心があることから、井上・宮内⑽のように制度に着目し、資源と制度の両方をコモンズとしている。

本章では、井上・宮内⑽に倣い、三俣・森元・室田⒄で定義しているように「①共有・共用する天然資源、②それらをめぐって生成する共同的管理・利用制度」をコモンズとする（図４）。

三　ガバナンス

ガバナンスとは

ガバナンス（governance）は、辞書によると、統治、統轄、支配、政治といった訳語があてられる。ガバナンスという用語は比較的新しく、一九六〇年代頃にアメリカにおいて、企業による人種差別、公害など、非人道的、非倫理的な行動を批判する形で「ガバナンス」あるいは「コーポレート・ガバナンス」という用語が使われるようになった。「コーポレート・ガバナンス」は「企業統治」と訳され、企業の不祥事防止や企業価値の増加、さらには企業の社会的責任（ＣＳＲ）の実現のため、企業経営の倫理性、効率性を監視する規律や仕組みのことを指す。

また、松下・大野[16]によると、一九八〇年代後半からは、地球環境問題を背景に、国際関係学や国際政治学の分野で「グローバル・ガバナンス」という用語が用いられるようになる。グローバル・ガバナンスでは、オゾン層の破壊、酸性雨、地球温暖化などの地球環境問題に対し、各国政府が協調し、国際的に取り組むための規律、組織、制度に主眼がおかれている。国際政治学の分野においては、当初、ガバナンスは、政府がいかに統治するのかが主眼にあり、それを受けて当初のグローバル・ガバナンスという考え方では、国家単位で解決できない国際的な問題に対し、いかに政府が協調して統治するのか、ということに関心がもたれていた。しかし、国家間の利害対立などで、調整が進まないことなどから、伝統的な政府による統治の限界が指摘され、市民（ＮＧＯ、ＮＰＯ）や企業、メディアといった新たな統治の担い手が注目されるようになる。それにともなってグローバル・ガバナンスの概念が広がりをもつようになり、国際的な問題に対して、政府、市民、企業などの多様な主体が利害関係を調整し、協調するプロセスととらえるようになった。

流域ガバナンス

ガバナンスという概念をより具体的に理解するために、一例として流域管理を取り上げてみよう。

谷内[25]によると、日本の河川管理の目的は、これまでは治水・利水であり、洪水抑制・水資源確保のために河川改修やダム建設などが行われてきた。そのため、河川や湿地にすむ生物の生息地を消失させたり、河川の連続性を分断させる開発が行われ、結果的に生態系や環境に深刻な影響を及ぼす結果となっていた。また、河川改修やダム建設の工事実施にあたって、基本計画の策定主体は国であり、地域社会や地域環境に大きな影響を与えるにもかかわらず、地域住民などの利害関係者の参加・参画は前提とされてこなかった。

しかし、一九九〇年代初め頃から、長良川河口堰建設問題（岐阜県）のように、地域住民の声に耳を傾けることなく大型公共事業が次々と進められることへの批判が高まり、環境破壊だけでなく、誰が主体となりえるのかという点についても問題提起された。このような折、一九九七年の河川法改正に代表されるように、日本の河川政策は大きな転機を迎えることになる。すなわち、それまでのように治水・利水だけではなく、河川環境の整備・保全が新たに河川管理の目的として加えられ、河川管理計画の主体として地方自治体や地域住民なども含めた流域委員会を設置し、政府だけではなく地方自治体や地域住民の意見も取り入れることが義務づけられるようになり、河川管理の方針が大きく転換された。

河川は、上流、中流、下流、あるいは本流、支流といったように、ある一定の空間的な広がりをもつものである。河川の管理を考える場合、生態系や物質循環の視点から、上流だけ、あるいは下流だけを含んだ行政単位を基本とした区域だけではなく、流域として一元的に管理を行う必要があるために「流域管理」が注目されている。

しかし、実際の流域管理を考える場合、谷内[25]によると、空間的重層性、持続可能性、科学的不確実性、地域固有性の四つの課題がある。まず、空間的重層性として、主体間の利害対立、利害調整の難しさがある。流域は、上流、中流、下流、あるいは本流、支流として、空間的な階層性として構成されている。それぞれの空間的な階層に居住する人々がいるが、自分の生活に直接影響が及ぶ流域管理については強い関心を示すものの、自分の生活に直接影響のない空間的な階層については関心が低く、流域管理というマクロレベルで意思決定を行おうとする場合、階層ごとに考え方に違いが生じ、調整を行うことが難しい。持続可能性としては、流域は原生自然とは異なり、人間活動の影響を大きく受けていると同時に、人々が日常的に利用する自然である。生態系の持続性とともに人間の社会経済活動も持続的になるような管理でなければ、流域管理が持続的に行われないことになる。科学的不確実性とは、流域の複雑なシステムにより、人間の社会経済活動が流域の生態系に与える影響を正確に予測することは非常に難しいということである。そのため、管理目標を立ててそれに沿って管理を行うということが難しいというものである。地域固有性とは、水循環・物質循環という視点から汎用性のある指標やモデルを構築することは可能であるが、流域の生態系や社会は、その地域の自然科学的な特徴や歴史的背景など地域固有の要素の影響が大きく、全国一律の管理方法が提示できるわけではないという点である。

このように、近年の流域管理の転換は、ガバナンスに当てはめてみると、国というトップダウンの一元的ガバナンスから、地方自治体や各流域の住民などの利害関係者を含めた協働型ガバナンスへの転換を示す一例と言える。ただ、これまで述べてきたように、いかにして多様な主体の利害を調整することができるのかという、合意形成過程が大きな研究課題となっている。

矢作《やはぎ》川流域（愛知県）での水質保全活動の事例は、上流域、中流域、下流域の利害が異なる主体による協働型ガバナンスの成功例として有名である。太田[21]の研究によると、高度経済成長にともない、矢作川上流域では山砂利採取や宅地・ゴルフ場開発、中下流域では工業化が進み、下流域は工業排水や生活排水などによる水質汚染の被害を受けていた。下流域の農業者や漁業者は独自に水質調査を実施し、行政への陳情などを行ってきたが、状況が改善されず、一九六九年に下流域の農業者と漁業者が中心となり、中下流域の自治体にもよびかけ、矢作川沿岸水質保全対策協議会を設立した。引き続いて、中流域の農業者・漁業者や上流域の自治体にも参加をよびかけながら、上流から下流までの流域規模の組織となり、「矢作川方式」といわれる民間主導型の流域管理を実現しているとして、高く評価されている。

四　コモンズとガバナンス

コモンズとガバナンスの概念、視点について説明してきたが、二つの概念の共通性と相違性というのはどのようなものであろうか。共通性・相違性を表す概念図として、三俣・大野・嶋田[17]の図5を示しておく。

共通性としては、コモンズ、ガバナンスともに、対象とする資源規模に違いはあるものの共同体や流域といった資源管理を対象としている。また、人間の社会経済活動と自然資源の両方の持続性を視野に入れた資源管理のあり方に関心をもっている。

三俣・大野・嶋田[17]では、この二つの概念の関連性を分析しているが、共通点として、主体の関係性と調整をあげている。コモンズもガバナンスでも、ともにある一定地域においてどのような主体が存在し、それらの主体がどのような関係にあり、利害が対立する場合に、どのように調整方法を行うのかという点に着目することが重要である。

一方、相違点としては、対象とする主体や資源の規模がある。コモンズの場合[20]、主体は共同体、すなわち地域住民であり、オストロムは多くとも一万五〇〇〇人が利用する

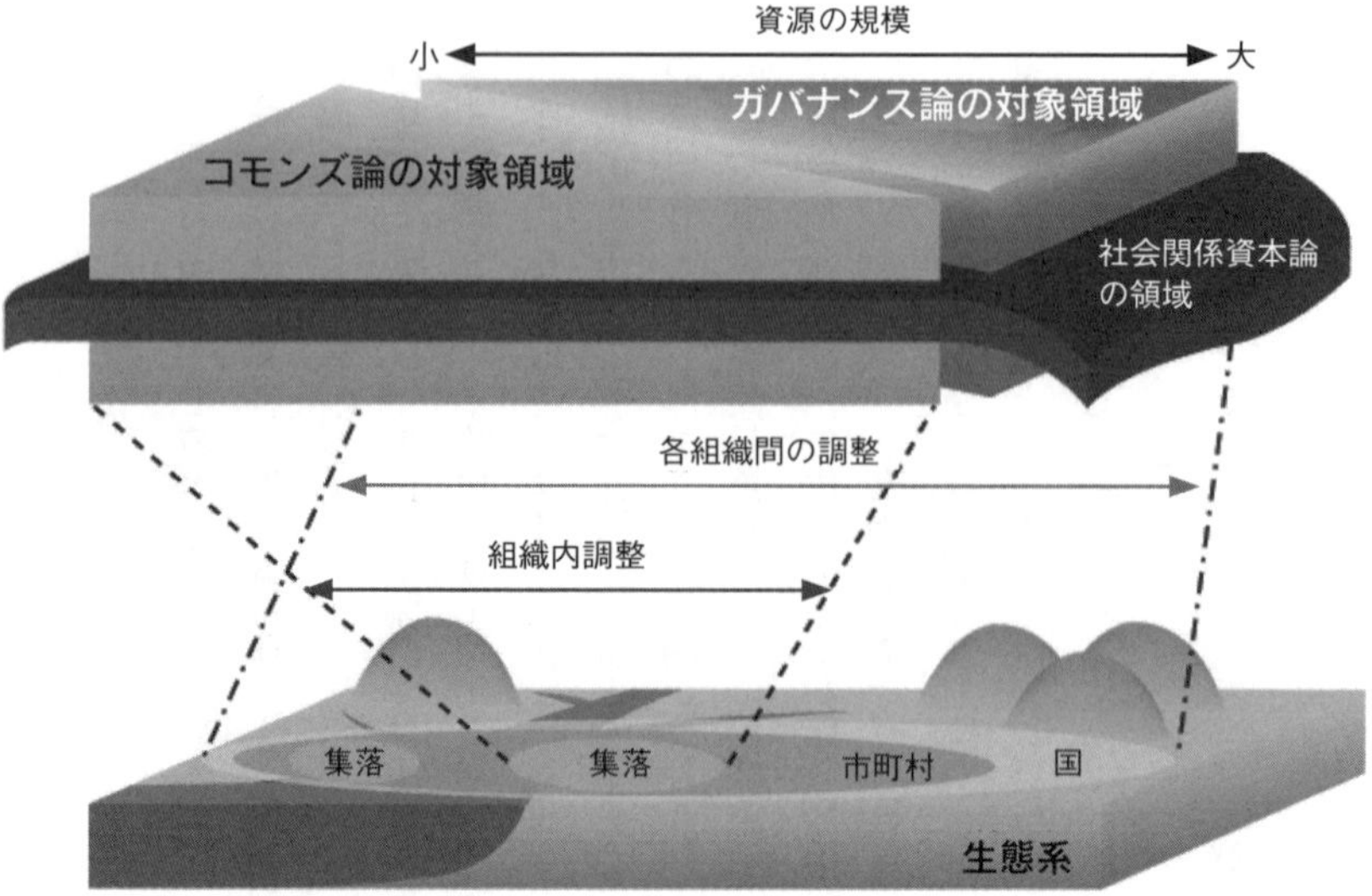

図５　コモンズの射程の概念図(17)（©Kazuya Hashimoto）

規模の資源までをその対象としている。一方、ガバナンスは、主権国家や地方自治体による制度設計や、国際機関による国家間の利害調整など、国家レベルあるいは国際レベルという大きな規模を対象としていることが多い。また、コモンズのように共同体、地域住民だけではなく、政府、地方自治体、企業、NGO・NPOなど多様な主体を対象としている。ただし、コモンズも、地域住民が管理・利用するローカル・コモンズだけではなく、オゾン層の破壊、酸性雨、地球温暖化などの地球環境問題に対しては、グローバル・コモンズという概念を打ち出して、各国政府が協調して国際的に取り組むための枠組みも対象に入れている。

もう一つの相違点は、組織内調整か組織間調整かという点である。コモンズ論は対象とする主体の共同体、あるいは共同体の資源利用・管理に関する制度や組織に着目し、その成立過程、成立条件、意思決定方法、組織内調整を分析することが多い。ガバナンスでは、対象とする主体が大きいので、政府、自治体、市民、企業といったさまざまな主体間の調整に着目しており、また、各主体の役割を分析し、どのようにして協調に向けた調整が行われているのかという点に関心がある。ちなみに、第10章では、環境ガバナンスという概念を、世帯といった小規模な主体からグローバルなものまで、一元的に適用することを提案している。

五　保津川に見る利用をめぐる重層するガバナンスの歴史

ここに京都府を流れる琵琶湖・淀川水系の一つである川がある。川の流れは一つであり、現在の行政上の呼称は「桂川《かつらがわ》」であるが、この川は、流域の人々によって上大《かみおお》堰川《いがわ》、上桂川《かみかつらがわ》、大堰川、大井川《おおいがわ》、千歳川《ちとせがわ》、保津川《ほづがわ》、桂川などさまざまなよび方をされてきた。一八九六（明治二九）年の旧河川法制定以降は、行政上の呼称は桂川に統一されるが、それ以前は、行政上も嵐山までの区間を「大堰川」、嵐山から下流を「桂川」とよんでいた。この桂川は京都市左京区広河原の山中を源流とし、そこから京都市右京区京北地域、南丹市日吉町、同八木町を経て、亀岡市へと流れ、京都市右京区嵐山へと続く全長一〇八キロメートルの川である（図6）。このうち亀岡市から京都市右京区嵐山までの約一六キロメートルの区間は、特に「保津川」とよばれ、現在も保津川下りに代表される観光地として広く知られている。

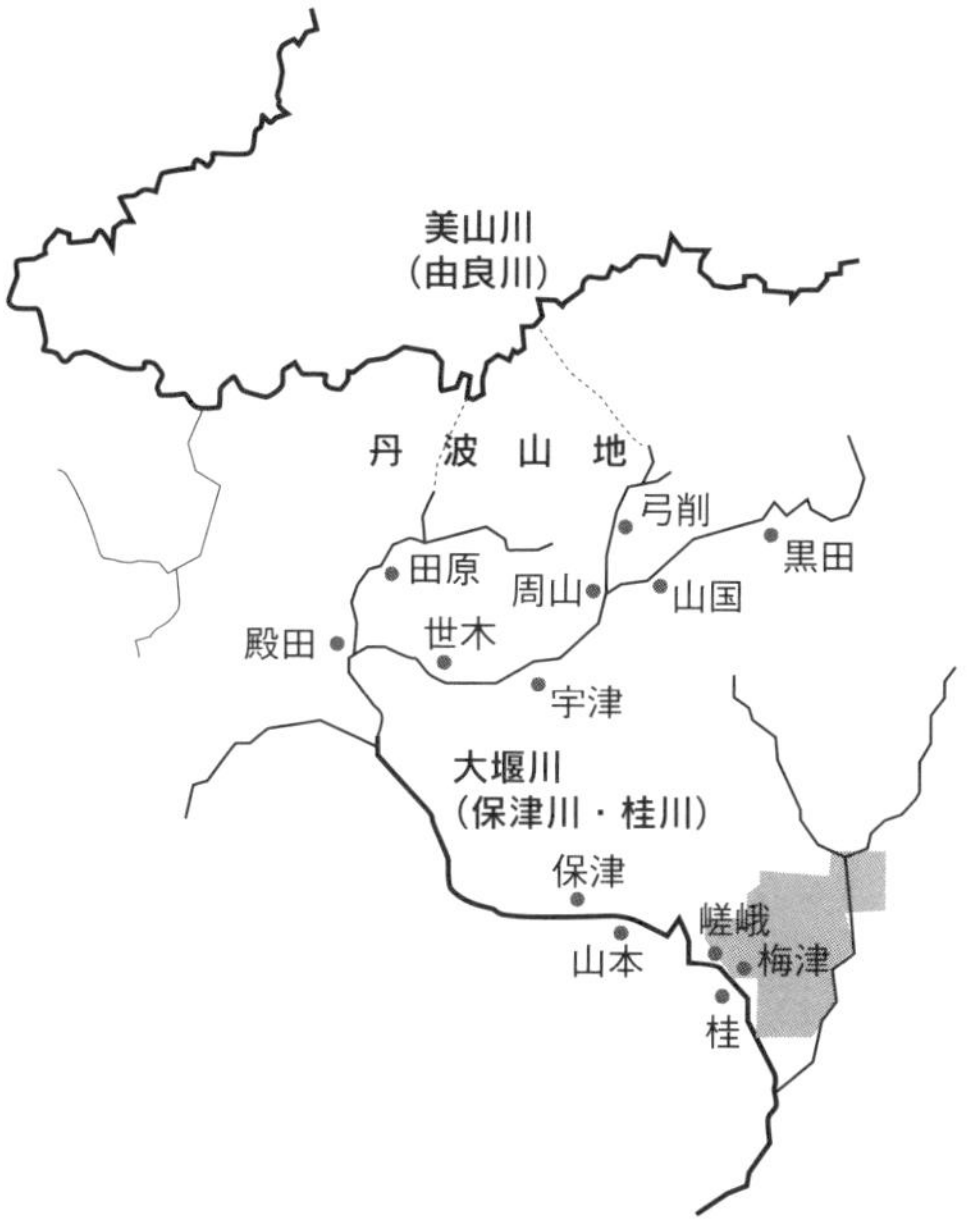

図6　大堰川流域図（作成 原田禎夫）

本章では、この保津川の利用をめぐるガバナンスの歴史を検討したい。

保津川は古くから筏流しや舟運が盛んな川である。近年では、流域に伝わる伝統文化として筏流しを復活させる取り組みが行われ、新たな流域管理のあり方について模索が進められている興味深い事例である。(4) 以下では、この自然の流れをうまく利用した筏《いかだ》の歴史から、保津川の上流を含めた桂川（近世では大堰川とよばれているため、本章では以後、大堰川とよぶ）をガバナンスの観点からとらえ、保津川の筏にかかわるさまざまな主体の関係性や意識を探り、主体間の対立や協調を経てどのように時代の変化に対応した制度や資源利用を実現してきたのかについて検討する。

筏による木材の搬出

現在に続く保津川を含む大堰川の水運の歴史は、木材の搬出のための筏流しから始まる。長岡京や平安京の造営において、丹波材が保津川を経て嵯峨まで流されていたことがわかっており、その歴史は少なくとも約一二〇〇年ということになる。[8] その後、足利尊氏は一三四二（康永元）年に、天龍寺造営に際して、大堰川の筏流しによって大量の丹波材を運ばせている。また、一五八三（天正一一）年の大坂城築城では、羽柴秀吉が保津（現亀岡市保津町）の筏士（実際に筏に乗り、筏を操る人々。指子、差子ともいう）一五名に対して、朱印状により諸役を免除して丹波材の流送に集中させ、さらに一五八六（天正一四）年には保津の筏士一〇名を増やすことも命じている。続く一五八八（天正一六）年には上流の宇津（京都市右京区京北下宇津町）や保津・山本（亀岡市篠町山本）の筏士五〇名にも木材輸送を命じたほか、世木（南丹市日吉町天若）、田原（南丹市日吉町田原）、保津、篠村の筏士六五名に飯米を与えたうえ、筏流しのため召集することを命じている。[12][13]

近世になると、木材需要の急激な増加とともに、一部の木材は山越えによる陸送も行われていたが、そのほとんどは大堰川を利用した筏による輸送が最も重要な運搬手段となり、江戸時代末期には年間六〇万本を超す木材が大堰川を通して京都へと運ばれている。

自然の流れを利用しているとはいえ、保津川の上流である上大堰川は、もともと水量が乏しいうえに、川幅も狭く、突出した岩などもあり、筏流しに適した川ではなかった。そこで、灌漑用水を引くための井堰を利用し、筏を流す際に堰を切り、次の堰まで鉄砲水で流すという方法がとられていた。

また、筏による木材輸送が活発となった一五九六（慶長元）年から、山国・黒田の農民たちの手により浚渫工事が始まった。その工事費用は「郷割《ごうわり》」といって村落単位で分担され、その分担額は村高、移出筏数、旧名主（中世末期の一〇八世帯の名主）の負担などに応じて決められた。後に下宇津・周山（京都市右京区京北周山町）や弓削（京都市右京区京北上弓削町、下弓削町）といった下流や支流の農民も加わり負担するようになった。藤田[3]の分析によると、郷割の中でも旧名主が負担する割合が大きく、費用を多く負担することで大堰川の利用権を掌握しようとしていた様子がうかがえる。また、下宇津・周山・弓削などは、単に下流、支流に位置していたからではなく、黒田・山国同様に丹波材の移出のために上桂川、大堰川を利用したかったため、浚渫工事に参加したと分析されている。

また、こうした浚渫工事以後も、洪水や渇水などにより水の流れは常に変わることから、毎年、筏流しが始まる前に川作《かわさく》とよばれる川の整備が大堰川全体で行われ、筏の流路の整備を行っていた。日吉町誌[9]によると、水量は十分であっても、川幅が広いために深さが足りない水深二〇センチメートルほどの浅瀬では、蛇籠を置き流水幅を狭めることで、流筏に必要な水深を確保した。川の流れが遅く浅い場所では、川柵を設置し、川の中央に水を寄せていた。さらに、護岸堤防や沈床を設置し、洪水被害を最小限にとどめるようにしている。川柵や沈床の松枠は三〇年ほどで朽ちてしまうため、このような作業を毎年行うことで、これらを作り変えながら、筏を流せるようにしていたのである。川柵、堤防、沈床は巨大な石で組まれており、人工魚礁として、ウナギ・ギギ・フナ・ハヤなどの魚を育てる場所としての役割も果たしていた。[9]他にも、固定堰には筏水路《いかだみと》とよばれる水路が設けられ、筏の流下を妨げない工夫がなされていた。

このような水運を念頭においた河川改修は低水工事とよばれ、一定の洪水は許容しながら、筏や舟の航路の確保が図られたのである。この低水工事に示されるような人々と川とのかかわり方は、結果として定期的な撹乱を河川環境にもたらすとともに、河川そのもの、あるいは河川と水田の連続性を途切れさせることもなかった。このことが、現在もなお豊かな生態系が残る独特の大堰川の河川環境を形成したと言えよう。[*3]

さて、丹波山地より筏で移出された木材は、クリ、マツ、キリ、竹もあったが、スギやヒノキが中心であった。藤田[3]

＊3　たとえば京都府亀岡市内の保津川とその支流は、国内で二か所しか確認されていない国の天然記念物であるアユモドキの生息地として知られている。他にも大堰川は良質のアユの産地としても古くから知られており、特に上流の世木のアユは、世木ダムが完成するまでは日本一のアユとして知られ、皇室にも献上されていた。

図７　大正期の保津川を流れる筏（金岐の瀬付近）

によると、黒田・山国地域から移出される筏は、商品価値の高いスギが大半であり、たとえば、黒田・山国で常に移出筏数が最も多かった大野村の一八六二（文久二）年の記録では、スギ筏が五五％となっている。

　中世までは貢納輸送が中心であった筏流しであるが、近世になると商業木材の輸送が活発となる。丹波材の多くは、京北などを中心とする、支流も含めた山方五二か村（のちに八四か村）といわれる生産者（筏荷主）に大堰川での筏流しの権利があり、京都の嵯峨・梅津・桂の三ヶ所材木屋（材木問屋）へ販売していた。まず、丹波材は山国・黒田などの大堰川上流の本流や支流でいったん大小さまざまな筏に組んで流され、輸送量の増加にともなって近世初期に成立したと言われる筏問屋まで運ばれた。筏問屋は流通の中継点であり、宇津・上世木・殿田・保津・山本に設けられ、それぞれの筏問屋を中継して京都の三ヶ所材木屋まで運ばれ、遠くは大坂にも運ばれた。[22]

　筏流しは、実際には筏問屋に隷属していた筏士によって行われた。保津・山本までは「平川造」や「平川組み」とよばれる筏として組まれたが、保津・山本からの輸送は、川幅も狭いうえに巨岩と急流が続く最大の難所である保津峡を通過しなくてはならなかった。そこで保津峡を下ることになる保津・山本の筏士によって、宇津根《うつね》浜（亀岡市宇津根町）などで「荒川造」あるいは「荒川組み」といわれる筏に組み直されて急流を下った。[＊4]

商業材の増加により、一六四〇（寛永一七）年以降一六五〇（慶安三）年以前頃から、運上木という商人材筏に対する税金（原木）の徴収が始まる。運上木は筏一乗につき二〇分の一運上と定められていた。藤田[3]の考察によると、この運上は幕府運上として徴収され、一六六四（寛文四）年に亀山藩が徴収事務の委託を受けるようになり、亀山藩宇津根運上所で徴収された。その後、徴収された運上木は入札によって嵯峨・梅津・桂・淀などの材木屋が落札することが多かった。

このように、保津川、大堰川の筏は、一七六〇（宝暦一〇）年に六三万三六四七本の材木が流されたという記録からもわかるように、近世の重要な流通手段として発展したのである。江戸時代末期から近代にかけて大いに栄えた保津川の筏流しであるが、明治以降の鉄道の開通やトラック輸送の普及、世木ダムの建設などにより、一九五〇（昭和二五）年をもって山国・黒田といった上流からの筏流しは途絶え、細々と残っていた保津峡内での筏流しも一九五八（昭和三三）年に終わり、その長い歴史に幕を下ろした。

筏に見るコモンズとガバナンス

さて、保津川及び筏流しに関する制度をコモンズ、その流域となる上流の山国・黒田から下流の桂までの大堰川の筏流し及び各主体間の利害調整をガバナンスとすると、どのような分析ができるであろうか。

まず、コモンズの主体としては、筏問屋・筏士・周辺農民が考えられる（図８）。保津村と山本村の筏問屋が保津川の筏流しを寡占している形となっているのは、最大の難所である保津峡のすぐ上流に位置していたという地理的な条件もあるが、この二か村の筏問屋は秀吉の朱印状を受けて輸送に協力したことに始まり、亀山藩から御下り木（領主貢納）の無賃輸送に対する代償として公認を受けたこと

＊4　保津峡を下る「荒川組み」とよばれる筏は、それより上流の「平川組み」とよばれる筏に比べて、いくつかの特徴的な構造をもっていた。たとえば、「カセギ」とよばれる、筏の背骨のような役割を担う構造は、筏が曲がりすぎるのを防ぎ、曲がりくねった急流の続く保津峡で筏が破損するのを防いだ[14]。

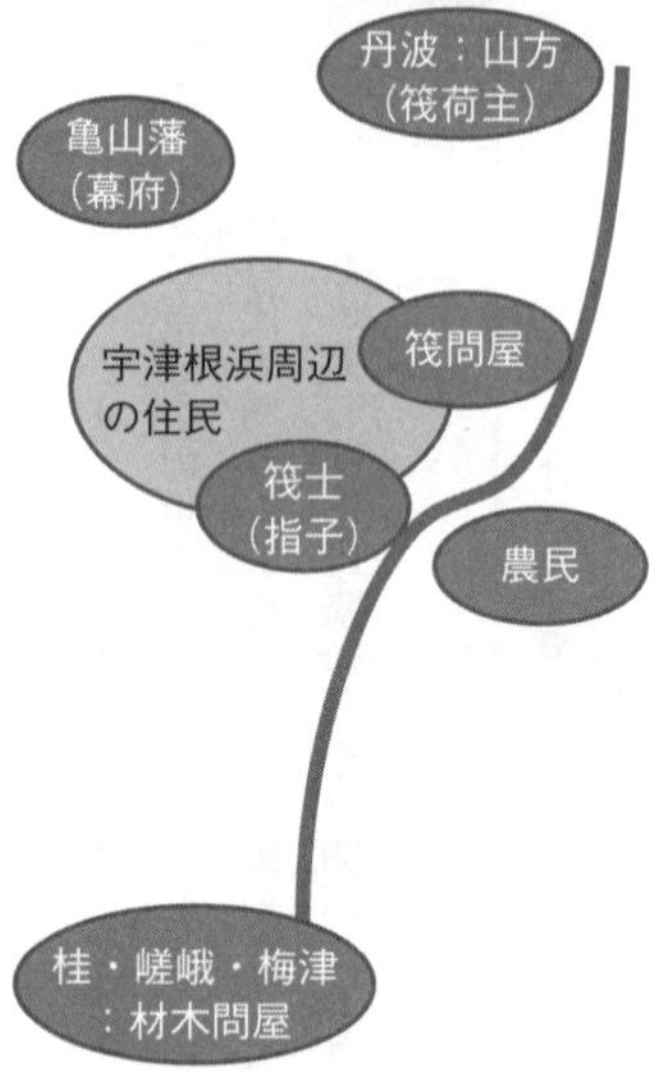

図８　筏による材木輸送による各主体の関係図。筏問屋は筏の輸送を受けもつ回漕問屋である。

で、筏問屋として保津川の筏流しにかかわるレジティマシー（正統性・正当性）を獲得したことも大きな意味をもつ。筏問屋は一六七二（寛文一二）年には保津に一四軒、山本に三軒あり、村内の長百姓により独占されていた。村内の下層の百姓は筏士として筏問屋に隷属する形で筏流しにかかわっていた。上流からの筏をすべてこの二か村の筏問屋が引き受けるため、当初は保津と山本の間での競争や対立が激化することとなった。まず、大堰川上流から流されてきた筏は、保津村のすぐ近くにある宇津根運上所でいったん停泊し、運上木の徴収を受けなくてはならなかった。そのため、保津村より下流となる山本村の筏も保津村領内にとどまる必要があった。一六三九（寛永一六）年以降、この筏つなぎ場に関して両村でたびたび対立が起きる。一六七二年（寛文一二）に近隣の宇津根村や余部《あまるべ》村の者による仲裁によって二か村の筏つなぎ場の場所が決められ、山本村の筏問屋が利用する区画については、山本村の筏問屋が毎年地代銀三〇匁で借りることで決着している。[3]

また、筏問屋は山方から材木の輸送を請け負っているにすぎないが、どの筏問屋を指定するかは山方が決定していた。保津と山本の筏問屋は、山方との筏の規格・運賃の交渉に関して対立することもあり、一六七二年と一六八一（延宝九）年に連帯責任と平等的発展を基調とした規約を作っている。しかし、保津・山本の筏問屋の中には、少しでも移送を多く請け負いたいため、上流へ足を運び、規約に違反して勝手に山方の意向を受け入れたりする筏問屋もあった。一八四八（弘化五）年から一八六八年（明治元）年までの両村が請け負った筏を見てみると、長年にわたる取引を通じて、山本は黒田、保津は山国という分担が成立するようになる。[8]

筏流しの最大の難所は、巨岩や巨石が散在し、曲がりくねった急流がある保津峡であり、保津・山本の筏士は、筏問屋に隷属している身分ではあったが、この急流を下る技術を唯一有していたことから、次第に筏問屋や山方に対しての発言力を強めていくことになる。後述する通り、山方と筏問屋は筏の規格と運賃に関してたびたび対立しているのだが、一七八二（天明二）年の筏の規格にかかわる筏問屋と山方の対立では、筏問屋が筏士から出された要求をそのまま山方に提案している。これは亀山藩の財政悪化にともない、これまで亀山藩を支えてきた保津・山本の地主である筏問屋の経済的勢力も衰え、筏士を統制することができなくなったためである。筏士はその後も発言力を増し、ついに一八二六（文政九）年には筏問屋の会議に指子惣代五名までの参加が認められ、筏問屋の意思決定機関に参加するまでとなった。(3)

宇津根運上所付近で、筏は荒川造に組み直された。筏は、材木をコウガイ（主にカシの木）、藤ヅル、ネソ（マンサクの木を焼きねじることでロープ状にしたもの）でつなぎ合わせているが、荒川造に組み直す際に不要となったこれらの資源は、周辺に山がない宇津根浜近辺の住民によって、炊事用の燃料などとして利用されていた。また、京都まで運ばれた筏を解体する際に発生するこれらの資源は、やはり同様にして周辺の住民に利用されていた。そしてこれらを燃やした灰は、農地の肥料としても重用されていたのである。(14)

ガバナンスの主体としては、コモンズにおける主体である三者以外に、亀山藩および幕府、山方、材木問屋がいる（図8）。亀山藩および幕府は、前述の通り、保津・山本の筏問屋に保津川の輸送を公認することで、運上木を徴収していた。商業材木の輸送増加にともない、その収入は税源として重要な役割を果たしていた。亀山藩および幕府は、保津川の筏流し業者として保津・山本の二か村を公認することで、税収および御下り木を確保していたのである。*5

次に、山方は材木の生産者であり、筏流しの権利も有していた。その輸送を担う筏問屋を選ぶのも山方であった。筏問屋は輸送を委託されているにすぎないため、山方からの依頼がないかぎり仕事はなく、近世初期は山方の力が強かった。たとえば、一六六七（寛文七）年、上世木の筏問

＊5　明治以降も、運上木税は地方税として存続し、京都府の重要な税源であり続けた。また、太平洋戦争中には国家総動員法の下、戦時徴用として強制的に伐採された木材がやはり筏で運ばれている(15)。

屋が山方の許可を得ずに薪を乗せ、筏を流す事件を起こし、山方は上世木の筏問屋に委託するのを一時中止している。その後、上世木の筏問屋や筏士から薪などを決して筏に積まないという約束手形を山方に提出して決着している。

また、筏の規格（大きさ）と輸送費（運賃）について近世を通じて幾度となく山方と筏問屋の対立が生じているが、当初は山方の主張が通ることが多かった。輸送費は山方が負担していたが、山方としては、少しでも安くするために、筏の幅を広げ、かつ長くして流した。一方、保津・山本の筏問屋にとっては、急流の保津峡を下るため、大きく長い筏ほど危険をともなうし、何よりも筏が大きくなることで流筏回数が減り、輸送費からの利益も減る。さらに、荒川造に組み替えるのに日数を要することからも、筏の大型化は受け入れがたいものであり、山方に対して異議を申し立てた。

その後、一六八二（延宝九）年、材木問屋の仲裁によって山方と保津・山本の筏問屋の間で筏の規格についての協定が成立することとなった。規格は、幅が従来どおりの一間二尺（約二・四メートル）、長さは雑木筏の場合、従来どおりの二五間（約四五メートル）としたが、スギ筏は、山方の主張を反映し三〇間（約五四メートル）となった。これより長いものは、切り取り、超過分に対しては割増しされた。

保津峡を下る筏の輸送による運賃は、上流からの筏士の宿泊費を含む筏問屋の預り賃と保津峡を下る筏士自身の指賃から構成されている。運賃を負担するのは山方であるが、山方から筏問屋へ直接支払われるわけではなかった。運賃は、山方から三ヶ所材木屋へいったん支払われ、筏問屋は毎年二月と八月に受け取り、指賃は筏士の労働に応じて、保津・山本の筏士に支払われた。山方としては、運賃を筏問屋に直接支払う方法に変えることで、運賃の引き下げの交渉を行いたかった。一六六九（元禄九）年、山方は運賃の支払を「奥にて」直接支払うから上流側に受け取りに来るようにと指示したが、保津・山本の筏問屋は、指賃は昔から三ヶ所材木屋で受け取っていたので、今後もそうしたいという依頼を送付し、山方が運賃の直接支払者になることを阻止している。これは、支払い・受け取りに際して、中間に三ヶ所材木屋をおくことで、山方の意向に添った運賃改定を難しくしていたとも考えられる。このように、保津川の筏流しを独占している保津・山本は、徐々に発言力を増していったことがうかがえる。

しかし、同じ一六六九年には、保津川の筏の運賃に関して山方と保津・山本の筏問屋との間で対立が生じた。山方によると、殿田の筏士が保津・山本まで筏を運ぶ場合、三名で二日かかる。その運賃は一日一人あたり銀九分であり、総額五匁四分となる。一方、保津峡を運ぶ保津・山本の筏士は、三名で一日かけて三ヶ所材木屋まで届けている。その運賃は計算すると、一日一人あたり四匁二分であり、総額で一二匁六分にも及ぶ。保津・山本の筏士が担当する保津峡谷の部分は短い輸送区間にもかかわらず、運賃は二倍以上で高額ではないかというものである。

これに対し、保津・山本の筏問屋は、一二匁六分のうち、四匁六分は上流の筏士の宿泊費を含む筏問屋の預り賃であり、残り八匁は荒川造にするのに三名で二日を要すること、場合によっては保津峡内で、筏が岩に乗り上げ破損するなど、難所の通行が容易ではないといったことから、筏造り賃も考慮すれば筏士一日当たり一人前で二分程度であると反論している。山方は、運賃が安くならないのであれば、筏を大きくすることも訴えたが、京都奉行所の裁定により、一六八二（延宝九）年の規格をそのまま用いることとなった。その後も山方はたびたび、規格や運賃について筏問屋、さらには発言力を増していく保津・山本の筏士と対立するようになり、上流の筏士にそのまま保津川を乗り通させるという強硬手段にも及ぶこともあった。

材木問屋は、商業材の流通が盛んになる近世以前から丹波材の集積地であった嵯峨・梅津・桂で禁裏御用材の陸揚げや保管、加工を特権的に担う「問丸」[*6]として始まり、丹波材の需要増大にともない、幕府（京都所司代）により公認を受けて、京都市中、大坂へのその販売を独占的に取り扱うことができた仲買であった。一六七三（延宝四）年に、保津峡の造用費を山方が七割、材木問屋が三割負担するという協定を締結している。この協定では、材木問屋は産地で直買しないこと、また山方は京都にて直売しないことを取り決めた。これは山方と材木問屋のすみ分けを規定したものでもあった。

しかし、ひそかに直買・直売は行われていた。たとえば、一六八五（貞享二）年に黒田の山方が嵯峨の薪屋に協力を求め、大坂への直売が発覚した際、材木問屋への謝罪がな

＊6　問丸（といまる）とは、年貢米や御用木の陸揚地である港の近くに居住し、運送、倉庫、委託販売業を兼ねていた組織のこと。問（とい）ともよばれる。

されていることから、当初は材木問屋の方が力をもっていたと言えよう。しかし、材木販売の不況や京都市中での公役負担の変更にともない、材木問屋の権力が弱体化し、ついに一七三四（享保一九）～一七四二（寛保二）年の約九年にわたる山方直売訴訟により、山方の直売店を三ヶ所市場内のうち嵯峨と桂の二か所の設置を認めるという結果となっている。

最後に、大堰川地域の農民との関係にも触れておく。保津川も含め大堰川は、決して水量の多い川ではない。そのため大堰川の水資源は、地域の農民にとっても農業用水として非常に貴重な資源でもあった。大堰川の上流部では、農業用井堰を利用して筏を流していたため、筏が通る際に農民に通過料を支払っていたのだが、商業材の増加にともなって通過料が過分に請求されたり、農民によって妨害されたりするケースも見られるようになった。通過料も含めた筏の輸送費を負担している山方は、一六四〇（寛永七）年四月、園部藩内の三か村を相手どって奉行所に訴訟を起こしている。[11]その後の裁定により、筏の流送期間は、農業用水が不要となる九月一五日（旧暦八月一六日）から翌年の五月一五日（旧暦四月八日）までと定められ、この規定は、保津川から筏流しが消滅するまで継承されていた。もし、この期間内に筏による輸送が終了できない場合は、「日延料」を支払うことで、日数の延長を行っていた。たとえば、一七六二（宝暦一二）年に一三日間の筏日延べが願い出され、銀四九二匁三部七厘を山方が負担している。また一七六六（明和三）年にも山方は七日間の日延べに対し、銀二八七匁七分五厘を支払っている。

以上、近世における大堰川の筏流しと筏流しにかかわる主体の関係から、丹波材輸送にかかわる各主体の対立と協調の歴史を考察してきた。各主体は、丹波材の需要増大によりその経済的価値が高まるにつれて、各々の利益を考え、他の主体と対立・協調を繰り返し、したたかに生きてきた姿が見てとれる。そこには、大堰川の環境保全の意識というよりも、保津川の筏輸送を独占して輸送収入を確保したい保津・山本の筏問屋、その輸送を直接担い急流を下る専門的技術により発言力を強めたい筏士、筏からの運上木により税収を確保したい亀山藩および幕府、保津川の輸送ルートを支配することで京都での材木販売を行いたい山方、京都・大坂で独占的に材木を販売したい材木問屋というように大堰川の筏流し、そして丹波材の流通にかかわるさまざまな主体の利権をめぐる複雑な関係性が見てとれる。利権を獲得するために、ときには対立を繰り返しながらも、これらの関係主体は、浚渫工事をはじめとした川作を実施し、その費用や労力を共同で負担してきた。

また幕府側は、そのときどきのいわば政策目的の実現のために材木を運ばせたり、税を徴収（現物徴収）したりするために、それぞれの主体に特権を与えてきた。このような関係性の中で、筏の規格・輸送費・筏流しの期間といった利用ルールが対立や違反を繰り返しながらも確立されていったのである。そして、その結果として、浚渫や沈床の設置、あるいは一定の洪水を許容する護岸工事など、筏流しを妨げない河川整備が流域の関係主体の協力のもと、恒常的に行われてきたのである。

また、筏組みに用いられるコウガイや藤ヅル、ネソといった植物の採取は二次林としての里山の生態系の維持にもつながり、筏の中継地では不要になったこれらの資源を山林がない地域の住民が燃料として利用し、またその灰は肥料となるなど、さまざまな副次的な物流のネットワークを生み出していたのである。

おわりに

本章は、コモンズとガバナンスという概念を整理し、京都の保津川の水運を事例にして、多様な主体の意見や利害対立を調整する仕組みやプロセスを考察してきた。この事例では、歴史を通じてさまざまな利益誘導やルール違反、妥協を繰り返しつつも、結果的にはさまざまな主体の利害調整によって筏流しが継続されてきた。

保津川の筏の場合、オストロム[20]の長期存立条件に当てはめてみると、まず第一条件の資源と主体の明確に設定された境界という点では、資源となる保津川（大堰川）も川を利用する主体も明確に定義されていた。また、第二条件である地域条件と利用・供給ルールの調和としては、多様な主体が対立・協調を繰り返しながらも、運上木徴収で筏を停泊させる際に山本村から保津村へ支払う筏つなぎ場の借料、筏の規格・輸送費、筏流しの期間、川作の費用・労力負担など利用・供給ルールを主体間による調整を通じて確立している。第三条件のルール変更プロセスへの参加という点でも、当初は発言力のなかった筏士も含めて、ルールに関して発言を行うようになっている。第四条件の相互監視という点も、筏には材木の種類、本数、送り先といった内容の送り状がつけられており、材木の本数を過少、過大に申告することはできなかった。また、期間を越える場合の筏流しに対して延長料を支払っているように、利用期間を違反していないかという点も農民により厳しく管理されていた。第五条件の段階的制裁としては、上世木の筏問屋が山方に許可なく筏の上に薪を積み流したことで、一時的に取引を中止されたように、材木自体の商品価値が下がるような重大な違反に対しては、厳しい制裁が加えられている。第六条件の紛争解決の仕組みとして、筏問屋と山方の対立には、京都奉行所や材木問屋が仲裁に入って筏の規格の問題を解決している。第七条件の利用者が制度を組織する権利の保証としては、亀山藩や幕府により保津・山本の筏問屋や材木問屋といった組織が公認され、筏の移出や材木の販売をとり仕切っていた。最後に第八条件の入れ子状の組織としては、たとえば、筏問屋は宇津・上世木・殿田・保津・山本の各村落単位で存在しており、保津・山本のように筏問屋同士で上流からの受注をめぐって対立することもあれば、運送料をめぐる山方との対立では、協調して交渉にあたっている点などが当てはまる。

川の流れを利用する筏流し自体は、自然条件をうまく利用した「賢明な利用」と考えることができるかもしれない。しかし、実際には、浚渫工事をはじめとした川作など、人間の手が加えられることによって、筏や舟の航路を確保してきた。また、そのような人間による適度な河川環境の攪乱は、河川そのもの、あるいは河川と水田の連続性を途切れさせることがなく、人々の生活とさまざまな生き物が共生する環境が育まれてきた。このように人間が利用することによって成立する自然環境というものがあり、結果としては生態学的にも人間にとっても「賢明な利用」となっているのかもしれない。

保津川の事例の場合、流域のすべての主体が丹波材、あるいは筏流しがもたらす経済的利益を最終的な目的として、筏流しという河川利用を促進するための河川環境の維持・改修にかかわっていた。そこには、環境を保全するという意識よりも経済的利益という動機づけが大きくはたらいていたのである。しかし、三俣・森元・室田[18]で紹介した京北山国地区の共有林では、木材価格の低迷により、経済的利益が期待できない状況の中で、①山国地区の丹波材供給地としての文化・伝統の継承、②多面的機能としての役割、災害防止として環境保全意識、③地区のおつきあい、子孫への継承への義務感という点から地区の住民が森林管理を継続していた。このように、経済的な利益だけではなく、文化・伝統の継承、環境保全といった意識からもコモンズの利用・管理にかかわることがあるが、何らかの要因によりこうした意識が失われた場合、持続可能な資源の利用・管理が行われなくなる可能性がある。そのときには、共有林に人が手を加えなくなる結果、生態学的な持続性が実現されないだけではなく、災害の増加など人間にとっても持続可能でない利用となる可能性もある。

これまでに見てきたように、「賢明な利用」とは、自明のものとしてなされるものではない。さまざまな人々が、それぞれに何らかのインセンティブをもって環境を利用したり、あるいは利用しなかったりしているのである。この際に、人々がどのような意識をもち資源管理にかかわっているのか、あるいはかかわらないのかという経済的、社会的、あるいは文化的な背景を考慮して賢明な利用を考えることが、対象となるコモンズがローカルにせよグローバルにせよ、持続可能な環境の利用にとっては不可欠なのである。

本章の後に続く章で問題となる環境ガバナンスでは、ここで述べてきた人々の利害調整が中心のガバナンスと比較すると、人々のはたらきかけが環境を変化させることが原因で人々がしっぺ返しを受けるという別のプロセスが加わることを強調したい。関与するすべての人が平等に利益を受けられるわけではなく、関与するすべての人が平等にしっぺ返しを受けるわけでもない。このしっぺ返しが環境問題であり、スケールの大きさで地域の環境問題にも地球環境問題にもなり得る。地球上では、単に限られた資源を異なる主体で分け合うということだけではなく、ある主体が自然から資源という利益をうまく引き出すことで、別の主体は災厄として不利益だけを被ることがごく普通に起きている。ただ、環境ガバナンス論においても、利害関係の異なるさまざまな主体がいかに合意形成に成功し、また失敗するかという、ここで述べたコモンズ論とガバナンス論の一般原則と、これまでに示された教訓から学ぶ必要があることは確かであろう。

第10章　足もとからの解決——失敗の歴史を環境ガバナンスで読み解く

安渓遊地

一　いのちの危機の時代を生きる

かつて私は、十二人の仲間とともに、若者たちに次のように問うた。(12)

——今日うまれた子どもたちが成人する二〇一二年に、われわれの地球はいったいどうなっているでしょうか。そのとき、われわれは、健全な水と空気と土を、彼女らや彼らに手渡せるでしょうか。緑なす熱帯の森とそこに住む人々や動物たちは、その時も生き残っているでしょうか。日本の農業はまだ元気でいるでしょうか。田舎の村々には老若男女の声が響いているでしょうか。自然を畏怖し、その自然に生かされてきた人々の知恵はしっかりと受け継がれているでしょうか。今、世界中で話されている二〇〇〇とも三〇〇〇ともいわれる言語のうち、はたしていくつがしゃべられ続けているでしょうか。ゆたかな、おもいやりのある心のひろがりが、人と人の間にも地域にも満ちているでしょうか。さまざまな差別と貧困や病いに苦しむ人々はもういなくなっているでしょうか。もう戦争の不安におびえることはなくなっているでしょうか。

今まさに、われわれは、「いのちの危機」の時代を生きています。二一世紀の到来を目の前にして、この地球にともに生き、これから生を享けていくことになる、人間を含むすべての生命にたいして、わたしたちはどのように考えていったらいいのでしょうか。

これは、コロンブスの大西洋横断から五〇〇年という節目の年に、世界各地の文化と自然の多様性の破壊の歴史への反省にたって、新たな五〇〇年をいかに生きるべきかを問うたものであり、私にとっては、そのはじめの二〇年間の具体的な行動計画を見出すことを自らに課した真剣な問いでもあった。

二一世紀に入ってから、たとえば九・一一事件後の「テロとの戦い」の中で起こったさまざまなできごとや、気候温暖化二酸化炭素主犯説の「不都合な真実」の報道などのために、平和や人権や環境の、そして何より人類と地球の未来について、最近、すっかり弱気になっているかもしれないあなたとともに考えてみたい。環境問題の深刻化で、人類のおかれた状況が、霧の中の氷山にぶつかる寸前の巨大船に乗っているような状態だとしても、破局を回避するさまざまなシナリオは理想主義的なもので、経済成長を前提としたさまざまな活動をやめるわけにはいかないのが現実だ、と考えるかもしれない。しかし、そうした考え方を政治学者D・ラミス[21]は、破局にいたるまでそれぞれの持ち場だけを見て日常生活を続けようとする「タイタニック現実主義」とよんで批判した。しかし、状況が絶望的であることを正直に認め合うとき、そこから目を背けていたときには得られなかった新しい希望がわいてくる。[23] そして、自分の生きる場所である足もとこそが、問題解決の最前線なのだと気づくのである。

半農半 x の暮らし

「グローバルに考え、ローカルに行動せよ（Think globally, act locally.）」という言葉がある。しかし、おそらく宇宙飛行士の一部を例外として[38]「グローバル」な事象を、自らの暮らし方を根本から変えてしまうような行動につながるほどの実感をもってとらえることは非常に難しいのが現実ではなかろうか。

自分の足もとで、これだけは確かだというところから考え、行動しながら、それを最終的にはグローバルな理解に広げる方法はないものだろうか。そこでつかんだものであれば、あるいは、説得力をもって話せるかもしれない。環境問題を人に話すときに難しいなと思うのは、自分自身が環境に配慮しない暮らしをしていたのでは、誰も耳を傾けようとしないという事実である。その意味で、小文の冒頭に引用した山口大学での「いのちと環境」の授業紹介の結びを私としては「考え、行動するきっかけをつかめるでしょうか」としたかったのだった。

「知るは難く、行うは易し」という孫文の言葉がある。本当に納得したら、その瞬間から人は変わり、行動にも現れるはずだ、という意味だと私は理解している。わが家の場合、「知ること」は、一本のビデオ『ポストハーベスト農薬汚染』[43]から始まった。それがわが家の暮らしを根底から変えたと言っても過言ではない。[2] 輸入レモンやオレンジは食べなくても困らなかったが、収穫の後に農薬処理をされていない国産大豆の豆腐や国産小麦のパンなどはビデオが発行された一九九〇年当時の山口市ではどこでも手に入らなかった。輸入トウモロコシの飼料の汚染を考えると、牛乳も卵も肉もだめかもしれない……。妻は、スーパーに行っても何も買えずに帰ってくることが増えた。このとき、家の前の小さな田んぼを借りられたのは幸いだった。そこに子どもとともに植えたジャガイモが収穫できるのを待ちわびてそれを朝食に食べ、サツマイモを小さな畑一面に植えた。そのあと西表島でひと夏をすごして帰ってみると、ありがたいことに雑草の中にりっぱなサツマイモが育っていた。

これがきっかけとなり、一九九三年には、鳥取県の大山のふもとの小さな村で一年を過ごして田畑を借りた。この年は、東北地方を中心に稲が大凶作となった年で、タイ米輸入で日本中がパニックになっているなか、農薬も除草剤も化学肥料も使わない自家製の、家族一年分の飯米を枕元に積み上げて寝るという、このうえない幸せを味わった。有機栽培された稲は、冷害に強かったのである。

一度覚えた「半農半x」あるいは、第三種兼業農家（農業収入を目指さない農的な暮らし）の楽しみは、その他のことには代えがたく、山口に戻ってからも、つてを求めて田を借り、山の中に土地を求めて地元の木で家を建て、自分の家のまわりの山の木を主な熱源にして暮らすようになるまでには、それほどの大きなギャップはなかった。[7]

二　山で薪を作りながら考える「重層する環境ガバナンス」

重層する環境ガバナンス

ここで、わが家が所有・管理する約一ヘクタールの雑木林を舞台に、この林を管理するのがわが家だけではないことを紹介してみたい。ここは、暖房と風呂用の薪を調達する場所だ。まず、

A．どの木を伐り倒すかは、家族で相談して決めればよい。

このことは、明らかなことだ、と思っていた。ところが、あるとき山の中でチェーンソーのうなる音が聞こえて、太さ三〇センチ近いわが家のアカマツの木が次々に倒されたのである。駆けつけてみると、近所の人たちが松枯れが蔓延しないために被害木の伐倒駆除を行っているとのことであった。この場合は、慣例で、

B．断りなしに個人有地の木も切ってよいことになっているという。

郷に入っては郷に従えであるから、黙っていた。ところがその後、倒した松の幹に石油溶剤に溶かした有機リン系の農薬（フェニトロチオン）を原液のまま一斗缶から大量にかけるのが決まりだったのである。私は、子どもの頃、富山県の米どころで育ち、有機リン系の農薬の中でも人体への害が強いパラチオン散布の赤い旗が立つ田んぼの中の道を通学したためか、この種の化学物質に強いアレルギーがある。一息吸いこむだけで、猛烈な頭痛に襲われ、それが三時間ほど続く。自分の山なのに、原液を散布された場所には一年ぐらいも近づけないことになってしまったのである。

翌年からは、倒した後すぐに薪にするから薬剤を散布しないでください、と頼み込んでなんとか了承された。ところが、六月になると、松枯れの原因とされるマツノザイセンチュウを媒介するマツノマダラカミキリを殺すためとして、ヘリコプターからの農薬の空中散布が行われていることを知った。たとえ濃度は薄くても、私の山に撒くことはぜひやめてほしいものだ。そこで、

C．松枯れの空中散布を行っている市役所の担当部局に電話してみると、「地元からの要請があるから簡単には止められません」という返事だった。

いろいろご近所とも話をしてみるうちに、任意団体である自治会の会長が、地区住民にはかることなく市への要請を出し続けてきたことがわかった。そこで、農協の組合長などの地域リーダーたちに、空中散布の害や散布を止めた地域の新聞記事などを示して疑問を投げかけたところ、同じ集落の隣人でもある自治会長から二年間にわたってまったく口をきいてもらえないという扱いを受けるようになった。数年を経て、県レベルでの松枯れ空中散布の見直しが行われるという情報をつかんだ私と妻は、県内の空中散布反対の友人や団体と連絡をとり合って、

D．市町村からの要請や、マツ林の残存状況をふまえ、空中散布を行う地域を決める県の委員会に代表を送って反対意見を述べた。(41)

その結果、二〇〇七年度、山口県全体で五〇パーセント減、山口市で六〇パーセント減、わが地区では一〇〇パーセント減の決定がなされたのであった。田舎暮らしを選んだわが家が、山の中のきれいな空気の中で、化学物質に汚染されない暮らしをしたいというささやかな願い（Aレベル）を実現するためには、以上のようなB~Dレベルの取り組みと一〇年を越える年月が必要だった。

このように、自分の所有の山ならその環境の管理はすべて所有者である自分の思いのまま、とはいかなかったのである。しかし、幾層にもしばりがかかっているこうした状況がむしろ普通ではなかろうか。

そこで、「重層する環境ガバナンス」という考え方で、わが家を取り巻く状況をもう一度整理してみたい。ガバナンスとは、統治と自治を統合した概念であり、[25]「協治」とも訳される。[18]

まず一番重要なのは、直接にその環境（ここではマツの生えた雑木林）を利用する家族単位の層（Aレベル）である。その次が、隣近所の層（Bレベル）であり、任意団体としての自治会もここに含まれるだろう。日本においては、次は市町村の層（Cレベル）で、これに都道府県の層（Dレベル）が続く。わが家の山での空中散布の問題は、山口県の委員会での意見陳述（Dレベルへのはたらきかけ）で決着がついて、山口市（Cレベル）は、自治会長の不満（Bレベル）にもかかわらず、私の住む地区での空中散布の中止を決定し、合わせて伐倒したマツへの農薬散布も中止されたため、わが家は思い切り深呼吸できる幸せ（Aレベル）を手に入れたのである。

実は私たちは、もしも山口県でも決着がつかない場合に備えて、国会が松枯れの空中散布を時限立法で制定した経緯から批判すべく（Eレベル）、データの収集はしていた。[*1]

この先は、空中散布とは直接関係しないが、たとえば大陸からの汚染物質の飛来によるアレルギー症状などに対処し

*1　一九七七年に五年間の時限立法で「松くい虫被害対策特別措置法」（一九九七年に「森林病害虫等防除法」に吸収）が制定されたときにその根拠とされたデータの一つが、私が住む山口市仁保地区の荷卸（におろし）峠における実験に基づくものであった。ところが、散布区域と非散布区域において、散布区域の方がマツの枯れが少ないという実験結果は、区域外の枯れたマツの密度の違いの影響を無視した、無効なものであったと指摘されている。

ようとすれば、政府間パネルを設置しての調整（Fレベル）が必要になるだろうし、地球全体を汚染する核実験や原発事故などを未然に防ぐには、国連や国際原子力機関などのまさにグローバルなガバナンス（Gレベル）が必要となるのである。

　このように、汚染されない安心して生きられる環境を求めて田舎で静かに暮らしたいと願っても、それを実現するためには、AレベルからGレベルにおよぶ、多様な環境ガバナンスの層へのはたらきかけが必要になることがある。

　なお、これらのガバナンスの層が上下関係にあると考えるのは適切でない。それぞれカバーする地理的な広がりが異なり、それぞれに役割があるのである。そして、国境を越えて存在する河川や湖の場合に明らかなように、環境を協治していくために必要なガバナンスの地理的広がりは、人間が恣意的に引いた境界線とは一致しない場合が多い。このような自然の循環が定めている境界にそって生きることを、バイオリージョナリズム（bioregionalism）とよぶが、屋久島の詩人・山尾三省《やまおさんせい》は、これを適切にも「流域の思想」と訳した。[33]

　環境ガバナンスに注目する理由はもうひとつある。地域の資源あるいは地球環境の「賢明な利用（wise use）」とは何かを考えるにあたって、価値判断をともなう賢明・非賢明を論じだしたら、立場が違うステークホルダー（利害関係者）が合意に達することは非常に難しい。それよりも、多様で重層的な環境ガバナンスのあり方とその相互の関係を分析しながら共存への道がないか考えてみてはどうだろうか。過去の事例についても、「なぜそうしたのか」と動機を過重に評価することや、「結果よければすべてよし」といった再現性のない評価をするのではなく、人間からのはたらきかけと自然の応答のプロセスとその相互作用をきちんとしたデータによって扱うことができる可能性がより高いのは、重層する環境ガバナンスに注目することであろう。

　ここで、私がフィールドワークを通してやや詳しく知る機会があった、西表島と屋久島での開発と保護の歴史を紹介してみよう。

三　失敗をふまえて――西表島と屋久島における開発と保護計画の事例

西表島の場合

　琉球列島米国民政府は、一九六〇年、日本政府、琉球政府との連携のもと、四〇名近い調査団を一月あまり派遣して西表島での総合調査を実施した。[27] その報告の一つに、次のようなくだりがある。

「西表の河川の河口にあるマングローブ地帯は、今日経済的価値は全くない。しかし、埋め立てを行い、最小限度の堤防をつくると、これ等の地域は食用および餌用の養魚池にすることが出来る」。そして、合計三八六ヘクタールの土地がその適地であるとしている。また、これらが水田開発の適地ではないかという検討も行っており、「これ等の地域は一ヘクタール当たり二七一ドルから二九五ドルを投じると、熱帯植物の伐採、盛土、石灰施用等を行うことができる」としている。[31]

スタンフォード研究所の報告は、この調査の目的が「西表島の経済開発上、最適の方法を明らかにすることである」[31]と述べているが、具体的な目標は、沖縄における食糧増産（による沖縄統治コストの削減）と、米軍基地の建設により土地を失った人々に土地を与えるためだ、と調査を実施した米民政府の担当者は語ったという。[27] これら西表島のマングローブのほとんどを消滅させる計画は、同時に検討された多くの開発計画とともに、ほとんどが実施に移されることはなかった。

マングローブを含め、亜熱帯域の川の河口付近は、海産生物にとってきわめて重要な産卵・生育の場所であることが、最近明らかにされてきたが、[5] 食用になるカニの一種ノコギリガザミや掌ほどもある大型のシジミ類シレナシジミ、豊年祭で引かれる大綱の中に入れる丈夫な蔓をつけるシイノキカズラなど、島の生活の豊かさを支えてきたもののその価値が直接金銭に換算されることがなかったマングローブの恵みに気づくには、調査の方法と期間が短すぎたことに問題があったようである。しかし、開発計画が実行に移されれば、西表島のマングローブの消滅は実際に起こった可能性が高い。それは、島の中にそれに疑問を抱く意識も阻止できる発言力もまだほとんど存在していなかったからである。

当時の島での雰囲気を示す資料として、一九六四年に九州大学八重山学術調査隊に同行して福岡毎日放送が制作した「弧の果ての島――八重山群島」という記録映画がある。石垣島・西表島・与那国島を取材した、今となっては貴重な映像ばかりである。このなかの西表島の映像に、イタジイなどの直径一メートル近い大径木が、大型のチェーンソーで次々に切り倒され、ワイヤーで搬出された材木が、山腹を削って重機でならしただけのトラック道から搬出されるという光景がある。これにつけられたナレーションは次のようだ。[44]

――島の大部分を覆う原生林、厄介者だった原生林が今、パルプの原料として切り出されているのです。島をなんとか開発しなくてはという動きがここにはあります。切り出しのために作った道は、道らしい道がなかった島にとって何よりの贈り物だと言えるでしょう。

一九六七年に新種として記載されたイリオモテヤマネコとともに、西表島のマングローブはいまや西表島観光の魅力の中心をなすものとなり、地元竹富町は西表島の世界自然遺産登録を目指している。[36] わずか四〇年のうちに、「手つかずの自然」を強調した方がより大きな経済的な価値を生む、という大きな転換が起こったのである。

今は、誰もが「自然が大事」と口にする時代である。その価値観から、過去の開発計画を賢明でなかったと決めつけたり、立案した人たちを笑ったりすることはたやすい。しかし、それぞれの開発ないし保護の計画は、当時の最高の知恵を結集して、最良の選択と思われる提案がなされたことは疑い得ない。それでは、もしある選択が賢明でなかったとしたら、どこでどのように間違ったのか、それを検証してその失敗から学ばなければ、過ちを繰り返すことになるだろう。

結局は実施に移されなかった西表島開発計画を紹介したのであるから、実施に移されなかった自然保護計画のひとつを紹介しておこう。それは、住民をすっかり移住させてイリオモテヤマネコの楽園を作ろうという計画であった。

一九七七年八月、世界自然保護連盟（ＷＷＦ）の名誉総裁であったエジンバラ公は、西表島の保護を求める手紙を日本の皇太子（現・天皇）に送った。そこには「西表島の実情」というドイツの動物学者ライハウゼンによる報告と勧告が添付されていた。私も西表島で原文を見せられ、英語の内容のあらましを地元の方に説明したことがある。それによると、

――日本の西表島には、世界的にみて貴重なイリオモテヤマネコが生息している。しかし、後に移住してきた人間たちによってその数が激減し、種としての存亡の危機にある。そもそも西表島の住民は、第二次世界大戦後の移民であるから、行政として住民に補償金を支払って島外の適当な場所に全住民を移転させるべきである[21]……。

復帰の前後から西表島に続々とUターンしてきていた若者たちは、この勧告の内容を知って怒った。「もし、その学者が島に来たら、この山刀で叩き殺してやる」という血の気の多い青年もいた。

翌一九七八年二月には、これが新聞で報道され、地域社会に大きな波紋が広がった。二月二七日の参議院決算委員会で、沖縄県選出の喜屋武《きやん》真栄《しんえい》議員の質問に答えて環境庁長官はそのような手紙に関係なく、地元民との理解、協力が得られるような方法で取り組んでいく、と答弁した(39)。

ある島びとはイリオモテヤマネコと人との理想的な関係をこう教えてくれた。「ヤマネコは山の奥には少ない。田んぼの周りが主な餌場だ。だから、農薬を使わない田を作ってヤマネコの餌になるカエルなんかの小動物を増やしてヤマネコを養ってきたのは、われわれ島の住民なんだよ」

今日まで、西表島の開発と自然保護をめぐっては実にさまざまなできごとがあった。島びと達は、いろいろな開発計画が島外から持ち込まれては、はかない泡のように消えていくのを経験してきた。復帰後騒がれた計画の一部を挙げてみると、石油国家備蓄基地（CTS）、原子力発電所の放射性廃棄物処分場、戦前の炭鉱の坑道跡を利用する乾電池捨て場などなど、もっていきどころのない、はた迷惑な計画が多かった。最近では、日本で最も魚類相が豊かな浦内《うらうち》川河口のリゾート開発(13)をめぐって深刻な意見の対立が起こっている(5)。

西表島は、「原始の島」「最後の秘境」などともてはやされ、テレビなどであたかも無人島のように紹介されることが多い。しかし、そこには、四〇〇〇年も昔の遺跡があり、少なくとも五〇〇年以上にわたって連綿と続いてきた村がある。西表島に他にはない自然が残されてきたのは、そこに住んできた住人が、ヤマネコをはじめとする島の自然との共存を果たす智恵を身につけていたからではないのか。このような問題意識のもとに、島びとたちの智恵と知識の体系を学ぶことを中心に、私は西表島詣でを続けてきた。

ここで、一九八八年から西表島で取り組んでいる農薬・除草剤・化学肥料を使わない「ヤマネコ印西表安心米」（電話09808－5－6302）の産地直送について紹介しておこう。イリオモテヤマネコの主な餌場が、水田周辺の湿地であることをふまえて「ヤマネコも人も安心して暮らせる西表島に」をスローガンに、島民自身の健康と野生生物の保全を目標に二〇年目を迎えた。一九九一年からはアイガモによる除草をした米を全国に産直をしている。しかしヤマネコがアイガモを食べてしまうという問題が起きている。そのとき、中心メンバーの那良伊孫一《ならいまごいち》さんは、「少しは食べられるのも仕方がないよ。ヤマネコの顔を登録商標にしたから、使用料を請求されたわけだなあ」と言って笑ったのであった。

屋久島の場合

わが国の世界自然遺産登録には、屋久島という先例がある。一九六六年に発見された大岩杉（のちに縄文杉となる）をひと目みたいと、八時間以上山道を歩く登山者が、二〇〇六年、〇七年には年間六万人台であったものが、二〇〇八年には約九万二六〇〇人に達したという。一月から三月は訪問者が少ないので、シーズン期には一日平均三〇〇人以上が縄文杉登山をしている勘定である。(40)

しかし、屋久島を豊富な水力を生かした「重工業の島」にすることが戦前から計画されていたという事実をほとんどの観光客は知らないだろう。一九五三年二月に当時の上屋久村・下屋久村の村長と村会議長が屋久島電工㈱の株主あてに提出した「懇請書」(20)を見てみよう。

……屋久島に於てこの特典とする豊富低廉良質な電源を動力源として、化学産業を経営することについては、今や一人の疑う者もなきほどに確実性が信ぜられています。（中略）もとより屋久島に導入すべき電力利用の化学産業はいろいろと計画され製鉄、製塩、精錬事業を初めアルミや化学肥料や窒素ガス製造工業などいろいろと指摘することができますが（中略）引き続き第二期開発工事に着手されますよう事業計画を決定して頂き、もって真に屋久島電源開発事業が屋久島「重工業の島」の完成を目指しての実際の牽引力的機能を発揮して頂きますよう御取り計い有りますことをここに地元関係者相はかり連名書をもって懇願申し上げる次第であります。

この計画は、一九五四年一〇月に、鹿児島県と新日本窒素肥料㈱の共同出資によって、屋久島化学㈱が設立されるなど部分的に実現し、現在も屋久島電工は、水力発電の余剰を地域に提供しつつ、宮之浦において炭化ケイ素を中心とした製品の製造を行っている。(42)

こうした動きと並行して、ほとんどの屋久杉が伐採されようとした歴史があった。一九七〇年に閉鎖されるまでその前線基地のひとつであった、屋久島山中の小杉谷に二〇年間暮らした堀田優《ほったまさる》氏（一九二一年生まれ）のお話を、若者たちとともにうかがったことがある。(9)

――昭和三一（一九五六）年に試験的にチェーンソー

が入りました。アメリカ製のホムライトとかいいました。小杉谷で大々的にチェーンソーを使い始めたのは、昭和三四年ころからですね。それまでは、チェーンソーと人力の併用でしたが、三五年ころにはすっかりチェーンソーになりました。閉山までの一〇年にどんどんどんどん切ったんですね。今考えてみたら、もったいないことをしたなあ、と思います。あれだけの屋久杉をねえ。（中略）小杉谷もどうせ、いずれはなくなるという感じで暮らしていました。営林署のみんながそんな感じでしたね。縄文杉が発見されたり屋久杉が珍しいと騒がれた昭和四〇年ころから、うすうす「もうここも長くないかもしれない」という考えが、口には出さないけれどもみんなの胸の中に生まれてきていましたね。

　一九七二年、Uターンの若者たちが中心となって「屋久島を守る会」が結成され、「原生林の即時　全面　伐採禁止」を掲げて、島民に訴え、地元の行政や議会、林野当局への宣戦布告ともいうべき取り組みを繰り広げた。メンバーの一人、柴鐵生《しばてっせい》さんの記録と、ご本人からの聞き取りで、時代がどのように変化していったかを追ってみたい。柴さんは次のように書いている。[32]

――過疎化が進んでいた屋久島で、森林の開発が島民の支持を得、最大の産業であった時代に、島民の多数が関係する事業への真正面からの批判とその行動は、文字通り孤立無援の闘いであり、肉親に背き、友人や村人たちに仇とされるものでした。

　それどころか、縄文杉の発表に触発されて巻き起こった屋久杉保護の世論を受けて、林野庁自らの判断で「屋久杉ランド」「白谷雲水峡」が残され、そのことを高く評価している地元行政や議会にとり、全面伐採禁止のスローガンは、それまでのプロセスや、行政のルール、事業の妥当性を無視した、非常識極まりない者たちの言いがかりと映りました。

　しかし、若者たちの過激なまでの訴えと行動は日を追って大きな波紋となって、上屋久町議会を動かし、国をも動かして、ついには人類の遺産としての森を子孫に伝える道を切り開きました。

　屋久島は、一九八〇年にユネスコの「人と生物圏（MAB）計画」および「生物圏保存地域（BR）」に組み入れられ、後者の核心部分が、一九九三年に白神山地とともに日本で初めてユネスコの世界自然遺産として登録された。島の中央部の宮之浦岳を含む屋久杉自生林や西部林道付近など島の面積の約二一パーセントの地域が対象となったのだが、その条件として、スギ林と照葉樹林に加えて、西部林道付近で海から山頂にかけて亜熱帯地域から亜寒帯地域までの植物が分断されることなく垂直分布していることが大きく評価された。(24)

　これに先立つ一九八一年のこと、その垂直分布の中枢部分である瀬切川《せぎれがわ》上流部の原生林約八六〇ヘクタールが営林署によって伐採されようとした。その計画に反対して立ち上がったのが「屋久島を守る会」の面々だった。多くの困難を乗り越え、国会議員までも動かして川の右岸の森を伐採から守り通したのだが、柴さんは、「初めて瀬切の森を見たとき、『この森は残る』と直感した」と言う。屋久島は、これまで多くの人をひきつけてきた。その神秘的な力は、屋久島そのものの力であって、森に動かされて森を守った自分たちは、林野庁の担当者も含めて、森の遣《つか》い人《びと》として働いてきたのだ、と柴さんは語る。こうした森を守る血のにじむような運動の成果のうえに、「屋久島環境文化村構想」や一九九三年の「世界自然遺産」の指定があり、今日の屋久島の自然ブームもあるのだということを忘れてはならない。

　瀬切の森の南にある中間という集落に住む老夫婦を訪ねたことがある。そこでこんな言葉をきいた。「なんでも、西部林道のへんにはスイチョクブンプとかいう珍しいものがあるそうで、いっぺん見に行きたいなぁと思っています」

　地元の住民と研究者と政治家たちの協力で、もともとは専門用語であった「垂直分布」は、保護運動の武器となり、世界遺産登録への道を開き、やがて正確な意味はわからなくても地元住民にも次第に浸透していったのである。

四　重層する環境ガバナンス論で過去と現在を考える

重層するガバナンスから見た西表島と屋久島の歴史

　西表島でそのままの形では実現されなかった、マングローブ養魚池化計画と、住民移転によるヤマネコ保護計画は、なぜ実現にいたらなかったのだろうか。その点を第二節で述べた重層するガバナンス論から検討してみたい。

　スタンフォード研究所の報告のもとになった調査は、初めて米・日・琉の三政府の協力で行われ（Fレベル）、竹富町も加わった（Cレベル）。ひと月あまりにわたって現地の調査をしたが、これで住民の暮らしや意識（Aレベル）まで十分に理解できたとは思われない。メンバーの一人であった丸杉孝之助《まるすぎこうのすけ》氏は後に沖縄で働くようになると（Dレベル）、「あの調査結果はどうなったのか」とさんざんに冷笑痛罵された。(27) 西表島に赴任して、琉球大学の施設長として地域と交わり（Bレベル）、台風被害にも遭いながら（Aレベル）、しだいに西表島に溶け込んでいったのであった。

一方、これらのガバナンスの層からは自由な立場にあると思われる学者が、自然保護団体の名誉総裁であるエジンバラ公にはたらきかけ、プリンスどうしのよしみで、日本社会への影響力を行使できないかと考えたのが、ライハウゼン事件だったといえよう。「高貴な人脈」による環境ガバナンスがありうるというのは、幻想にすぎなかったのだが。

これに対して、ある程度の実現をみた屋久島の開発の取り組みは、地域住民の経済活動（A〜Bレベル）を拡大することを柱に、町長と議会（Cレベル）が、企業（C〜Dレベル）や、県と国（D〜Eレベル）に働きかけたものであった。

また、「屋久島を守る会」の柴さんらは、Uターン後、二年にわたって活動を開始しなかった。これは、住民として受け入れられる（Aレベル）までにそれだけの時間が必要だったということであった。自宅のある永田集落で、会社ぐるみで応援してくれる人たちがあらわれ（Bレベル）、それを地盤として街頭演説を重ね、二〇代で町会議員になって（Cレベル）、柴さんは、県（D）と国会（E）のそれぞれのレベルに知己を見つけながら、粘り強く運動を展開したのであった。

開発にせよ、保護にせよ、西表島で決定的に抜けていたのは、住民の立場（Aレベル）である。また、米国・民政府の高等弁務官や皇太子に頼った点でも、中間レベルのガバナンス（各集落の公民館＝Bレベル、竹富町＝Cレベル、沖縄県＝Dレベル）との連携が、軽視あるいは無視された点でも弱かったのである。

かくして、この二つの島の経験に基づいて、私は、次のような仮定をもつにいたった。Aすなわち家族生活のレベルから、Gつまりグローバルなレベルまでの重層する環境ガバナンスのうち、「わが家」のAレベルや、「ご近所」のBレベルが加わっていない開発や保護の計画は、きちんとした経済的、あるいは学問的根拠のあるものでも失敗する。これは、縄文杉の発見者の岩川貞次《いわかわていじ》さんの「地の者の言うことを尊重しなければ、何事も成功するわけはありません(8)」という言葉を思い起こさせる。そして、関連するガバナンスのすべての層がうまく連携して動くようにできるとき、初めてそれなりの成果が期待できるのではないか。私は、関係する範囲の環境ガバナンスの層がそれぞれが機能し、隣り合う層の間の連携がとれているならば、ステークホルダーの意見も取り入れられているはずで、そのような状態を、人間の側から見ての「それなりに賢い利用」とよんではどうか、と考えている。

私は、西表安心米運動にのめり込んだ結果、地域研究者としての矩《のり》をこえてしまったのだが、その思い上がりに対して、地域の人から「無理に無理を重ねて家族を泣かせるような学問が何になるの。よぉく考えてね、よそから持ってきた智恵や文化で地域が本当に生き延びられるわけがないのだということを」という言葉をもらったことがある。[28] 地域を活性化するには「ばか者」「よそ者」「若者」が必要だとはよく言われることだが、よそ者としての「活動家」が何らかの影響力をもちうるとすれば、それは地域の人々に仲間として受け入れられる限りにおいて、という限定つきであることを忘れてはならない。

水俣からブキメラへ

ここで、やや視点を変えて、環境問題が人権問題としてたち現れる公害経験で、この仮説を検証してみよう。水俣病の場合、屋久島でも登場した新日本窒素（現在のチッソ）が、塩化ビニール製造の過程で出る原因物質のメチル水銀を含む廃液を有明海に流し続けたことが主因だったが、病気の発生と拡大、政府による見解の遅れなど、多くの教訓を残している。橋本[17]は、企業の責任に加え、国の役割、省庁間の関係、県や市町村の役割、研究者の役割、マスコミの役割などについて論じつつ、以下の四点を包括的な教訓とした。

一、まず、現場を直接見て、住民から真摯に聞くこと。
二、健康を守ることを優先し、原因の確からしさに応じた行政的決断。
三、さまざまな場面における情報の収集と開示。
四、企業の社会的責任。

これだけでは、公害防止の一般論としてはもっともであるが、水俣病の現場で起こったことの特徴を十分にふまえていないようにも思われる。

水俣病において被害を深刻にし、解決を遅らせた背景は、地域住民がチッソに経済的に依存するあまりの、「チッソ運命共同体意識」とでもよぶべきものの存在だった。[26] このために、チッソに対抗する者を敵視させることになり、チッソは、そうした住民意識を背景に、市行政や地元有力層を動かし、それらにつながる職縁・地縁・血縁を利用して被害者の要求を抑圧しようとしたことであった。このようにして一九七七年から始まった有機水銀を含むヘドロの撤去と埋め立てを出発点とする人と自然の関係の修復と、地域社会の心の絆の修復を通した地域の再生を目指す象徴的な言葉として、水俣市では一九九四年五月、その年二月に当選したばかりの吉井《よしい》正澄《まさずみ》市長が、「もやい直し」を提唱した。これに対して、それまで市の呼びかけに応じなかった患者団体も行政への姿勢を変化させ始め、国の予算で「もやい直しセンター」も建てられた。(26)

丸山は、今水俣で進められている「もやい直し」の意味するところは、地元でも理解が分かれているというが、私は、失われた人と自然の絆を結び直し、環境をともに「協治」するひとつの層を形成すべき地域社会の人たち（A〜Cレベル）が、差別を乗り越えて受け入れ合い、それを通して違う環境ガバナンスの層が連携して動けるようになることだと理解している。

この水俣の教訓を重層するガバナンス論から見直すと、「チッソ運命共同体意識」と丸山が指摘する点が最も致命的だったのではないか、と思われる。それによって、地元住民が分断された（Aレベル）だけでなく、水俣市政までの地域社会（B、Cレベル）が、私企業の利益を最優先す

＊2　一九九〇年九月二八日、東京地裁の荒井信治裁判長による和解勧告を受けて、チッソと熊本県が和解受け入れを表明するなか、北川石松第二四代環境庁長官は、当初それを受け入れる姿勢を表明した。しかし、官僚の立場としてはそれは受け入れられないことであった。自民党は和解を拒否した環境庁を環境部会水俣病小委員会で表向きは非難した。しかし、一〇月二九日、第一二回水俣病に関する関係閣僚会議において、国としては司法による一連の和解勧告を拒否することを決めた。そして、一二月五日朝、北川環境庁長官が政治家として追加支援策などの「手土産」なしでの水俣訪問をした日に、庁内の官僚ナンバー二の山内豊徳企画調整局長は自殺に追い込まれたのだった。(21) 私は、この前の年、西表島の無農薬米運動につながる地域研究に対して、環境賞・優良賞という賞をいただいたのだが、その会場に環境庁からの来賓として出席していたのが、当時自然保護局長であった山内氏だった。その後は、葉書のやりとりもし、西表島の子ども文庫「西の子文庫」への本の寄贈などもしていただいた。島の子どもたちや水俣病患者への深い人間的共感力をもっていた山内氏のような人物が、その人間性のゆえに裁判所・官僚組織・政治家の力学のはざまで、自死の道を選ばざるを得なかったことを、協治としてのガバナンスの欠如の犠牲者として記憶に留めておきたいと思う。

るガバナンスによって一元的に支配されて、判断停止状態におかれたと言えよう。「協治」どころか、それぞれのレベルで果たされるべきガバナンスの放棄が起こったのである。ガバナンスが機能しない現象は、官僚と政治家と政党のちぐはぐな動き（Eレベル）に典型的に見られ[*2]、これに、D（県）、E（国）レベルのガバナンスの対立が加わった。

さらに、宇井純《ういじゅん》がするどく指摘するように、原因の究明を遅らせる結果につながった一部の学者の責任はきわめて重大であった。宇井は、公害には起承転結の四段階があることに気づいた。すなわち、

起－被害者が発生する。

承－早い時期に真相に近い原因が発見される。

転－公害を出している側あるいは、第三者と称する学識経験者から反論が出る。

結－どれが正しいかさっぱりわからなくなる。その結果、被害者は救済されず長期間放置され、差別にさらされることになる。[35]

試みに、インターネットで「学者の社会的責任」をキーワードに検索すると、原爆の開発と使用を反映してか、日本物理学会では「物理学者の社会的責任」という連続シンポジウムを毎年開催しているのが突出してみえる。[19] 学会のシンポジウムで「哺乳類学者の責任とは、まず因果関係を科学的にきっちり出すことである」ととりまとめられたのに対して、大きな違和感を覚えたという村上興正《むらかみおきまさ》は「それこそが公害のカモフラージュをした大義名分にほかならない」と警鐘を鳴らしている。[30] このような研究者の社会的責任は、理科系だけの課題ではなく、人間を研究対象とするすべて学問にかかわる者が自らに問わねばならないことである。[28]

もうひとつ、国外で起こった環境汚染と人権侵害の例として、マレーシア・イポー市のブキメラ村におけるトリウム汚染を検討しておこう。これは、スズを取った残りの鉱石から希土類を含むモナザイトという鉱石を取り出して日本に輸入するために、三菱化成（現　三菱化学）が一九八二年に設立したARE社の廃棄物管理がずさんであったために、周辺住民が放射性物質トリウムで汚染され、死産・障害児・白血病が多く発生したものであった。[10] 企業内告発を続けた村田和子《むらたかずこ》・久《ひさし》さん夫妻は、現地住民を招いての全国キャラバンなどを展開した（Eレベル）。これは、日本では許されない放射性物質の放置がマレーシアでは野放しだったという、政府ごとに異なる環境ガバナンスにおける二重の基準（Fレベルの不公正なガバナンス）を利用して

利益をあげようとしたものと理解された。住民は日系企業を相手に訴訟にふみきり、日本人学者として市川定夫さん（当時埼玉大学教授）と日本人弁護士の助けを求めた。マレーシアの最高裁レベルで住民は敗訴となったが、その一か月後に工場は操業を一方的に打ち切った。

予防原則に立った環境対策をはじめからきちんとしていれば、結局企業にとっても損失が少なかったはずなのである。[10] このことは、企業の社会的責任（CSR）において認識されるようになり、人権・雇用・環境をめぐって国連の定めたグローバルな規準（UNGC）を満たす企業努力をした会社の方がより利益を上げているという分析がなされている。[14]

現在への問いかけ――「賢明度」を推測する

ダイアモンド[15]の『文明崩壊』は、過去に滅びた諸文明の陥った環境面での落とし穴を詳しく分析しているが、その失敗を笑う資格は現代人にはない、ということを繰り返し指摘している。なんらかの方法で、現在進行中の「賢明でなかった」と後世に評価されるような環境破産（environmental bankruptcy）を察知し、警報を発し、未然に防止することはできないものだろうか。そのために、重層する環境ガバナンス論が使えるかもしれない。

①環境の「協治」が実現するためには、同じレベル（同じバイオリージョン）の利害関係者（ステークホルダー）の間で、情報の共有が行われることが必要である。情報の秘匿や偽装が行われる時「賢明でない利用」が進行中である可能性が高まる。第三者として学問的な正確さを主張することが、結局は公害の原因の隠蔽につながったことを肝に銘ずるべきである。

②正確な情報に基づき、環境の変化のスピードをおりこんで柔軟に対応できる環境ガバナンスで順応的管理ができるならば、手遅れになることを防げる可能性がある。完成までに何十年もかかる多目的ダムが、完成の暁には「無目的ダム」になる例や、日本の内海で最高の生物多様性をもつ瀬戸内海長島に一秒間に一九〇トンの温排水を出す上関原子力発電所を建設する計画が、環境影響評価法に対応しない「方法書」抜きの環境アセスメントで進められている[1]といった例がある。

③同じレベル、あるいは隣り合う層の環境ガバナンスの対立が起こったとき、広域の環境ガバナンスがこの対立を調整できるならば、危機は回避できるかもしれない。しかし、逆に、たとえば国策であるからという理由だけで、より狭

い領域のガバナンスを地域エゴとして頭から否定するならば、危機は深まるばかりである。

④重層し連関する環境ガバナンスのどれかの層で「協治」の機能が停止し、そのガバナンスが機能不全に陥ったとしても、[*3]その役割をある程度補完できるような体制がとられているならば希望はある。政府組織を監視し補完するNGOや学会の役割がここにある。特に、戦争の場合には、いくつもの環境ガバナンスの層が一度に機能停止させられることがあって、環境のみならず、戦争マラリアのような甚大な人的被害を引き起こすことがある。[*4]

⑤より広範な地理的範囲を覆う環境ガバナンスほど、その影響は甚大なものとなる。たとえば、気候変動に関する政府間パネル（IPCC）は、一三〇か国が参加し、各国政府の決定に大きな影響をもつものであるが、一九九八年以降地球の平均気温が上がっていない事実などを隠蔽する組織的工作を行っていたことが、二〇〇九年一一月一七日にネット上に流出した膨大なファイルから判明し、ニクソン政権下のウォーターゲート事件をもじって、「クライメートゲート」、「IPCCゲート」などとよばれている。(30)あらためて研究者の重い責任について警鐘を鳴らしておきたい。

五　生物文化多様性を生きる

現在の最先端の科学である、予防原則に基づいたリスク管理にもかかわらず、なお人知を越えた危機が襲いかかるかもしれない。そのときに大切になってくるのが、それぞれの土地で古くから伝えられた伝承に学ぶことではないか、と私は考えている。

伝承の中には、確かな経験に基づくものがある。たとえば私が今の自宅を建てようとしたとき、地域の人から「オジリに建てよ、エキジリには建てるな」という助言を受けた。山の尾根の下（尻）に建てて、浴（エキ）すなわち谷筋の下方には決して建てるな、というのである。それが、数十年に一度の頻度で、大きな土石流被害を経験してきた花崗岩地帯に住む人々の智恵だった。

二〇〇九（平成二一）年七月二一日、山口県の豪雨でわが家から数キロしか離れていない特別養護老人ホームが土石流に埋まり、七人が亡くなった。この事故も、計画段階でよく地域の伝承を聞き取りしていれば、あるいは防げたかもしれないと思うと無念である。そうした伝承が世代を越えて生き続け、人々を数百年に一度の大津波から救うこともあった。西表島でも人魚を殺した天罰の話や地名など、津波の記憶というべき伝承を聞いた。

そして、単なる個別の伝承ではなく、それが自然との共存の智恵の体系をなしていると考えられるとき、私は、それを「生物文化多様性（biocultural diversity）」とよびたい。[3]これは、単に「ある土地にある生物様性と文化の多様性」をひとことで表現したものではなく、生物文化多様性を、「ある土地（bioregion）の生物多様性とその恩恵を受けてきた地域住民のもつ土着の文化に基づく行動様式によって生物多様性が守られているような相互関係」という意味で使うという提案である。

一九七〇年代、私は安渓貴子とともに西表島で初めての長期フィールドワークを経験し、コンゴの森では村長の養子になった。[1]　一九八〇年代には「よそ者」として西表島の無農薬運動に深くかかわり、[27]一九九〇年代は、自らの耕す土地を山口に定めて「地の者」になることを目指した。[11]二〇〇〇年代に入ってからは、自らの生きる流域で行動して、椹野《ふしの》川の最源流部のわが村に計画されたゴミ処分場を撤退させる動きに加わり、その川の流れ込む周防灘の生物多様性を原発から守る「出すぎる杭」となるべく努力している。[11][29]そして、他の「流域」に生き、そこを守る人々との交流から学んだことをこれからも発信していきたいと願っている。

＊3　本シリーズ第四巻の当山論文で取り上げている、明治期の八重山のジュゴンの絶滅の原因は、ジュゴンを特定の島の上納品として他島の狩猟を禁ずるという資源管理をしていた首里王府が滅んだ後、それを引き継いだ沖縄県の環境ガバナンスの対象に、ジュゴンが入っていなかったことから起こったと考えられる。

＊4　一九四五年一月、波照間島に酒井（後に偽名と判明）という青年学校の指導員が赴任した。彼は、陸軍中野学校で訓練を受けた離島残置要員特務兵であり、ある日その正体をあらわした。家畜をすべて殺させたうえ、住民全員を西表島南《は》風見《いみ》海岸に強制疎開させたのである。刀を抜いて、抵抗するものは首を切ると脅した。疎開先は、西表島でも熱帯マラリア猖獗の地として知られた無人地帯で、免疫のない波照間島民はたちまちほぼ全員が感染し、全人口一五一一人のほぼ三分の一の四八八人がこの戦争マラリアによって死亡させられたのであった[16]。

終章　生物資源の持続と破綻を分かつもの
——未来可能性に向けて

辻野　亮

はじめに

人はさまざまな形で自然から多くの恵みを受けて生きている。生き物を自然の恵みとして利用する場合には生物資源と言い換えることができる。[25] 生物資源とは、適正な利用をする限り自然の仕組みの中で既存の生き物の量に応じて常に再生されて新しい生き物として生み出されて保たれるような再生可能資源のことをいう。自然の恵みを生態系サービスという切り口で言うならば、モノとして目に見える形で利用する供給サービスに私たちは依存して生活してきた。たとえば森林からは木材や山菜、キノコ、哺乳類を利用するし、草原からは草を採るし、放牧もする。沿岸・海洋生態系からはさまざまな魚介類を得ている。このようにわたしたちは本当に長い期間、さまざまな生態系から供給サービスを受けてきた。しかしながら過剰な利用が嵩じてその生き物を地域絶滅させてしまって利用できなくなるという事態も一度や二度ではなかったことだろう。再生可能資源のもうひとつの特性は、適正な利用がなされなかった場合には再生可能ではなくなってしまうことである。[25] 再生可能資源である生物資源を持続的に利用できるか否かを分ける要因はいったい何なのであろうか。

本章では、日本列島のさまざまな地域と生態系においてなされた知見を見渡して、生物資源の持続と破綻を分ける要因を探求することを目指す。

一　生物資源の持続的利用

持続可能な発展の原則

「持続可能性（sustainability）」という言葉は、経済・社会のさまざまな場面で用いられている。国連に設置された環境と発展に関する世界委員会（WCED、World Commission on Environment and Development：通称ブルントラント委員会）は一九八七年に、持続可能な発展（sustainable development）すなわち「将来の世代がそのニーズを満たす能力を損なうことなく、現在の世代のニーズを満たすような発展」という概念を提唱した。[31] 将来世代と現在世代を合わせた時間スケールを考えると、少なくとも二世代五〇年くらいととらえるべきだと考えられる。[24] 持続可能な発展を遂げるためには、今の世の中にある貧困を撲滅することで貧富の差を減らし、同世代内の公平性を実現するとともに、今生きている人たちの行為が将来の人々の生存や豊かさを損なわないという世代間の公平性を実現することが重要である。

経済学者ハーマン・デイリーは持続可能な発展の原理を非常に単純な三つのルールで定義している。[3] ①森林や漁獲資源、淡水などのような再生可能な資源の利用速度はその再生速度を上回ってはならない。たとえば、ある魚種が漁獲されても、漁獲されずに海に残った魚によってその魚の個体群（子孫）が維持されうるならば持続的な漁獲がなされていると言える。②化石燃料や鉱石、地下水などのような再生不可能な資源の消費速度はそれに変わりうる持続可能で再生可能な資源が開発される速度を上回ってはならない。たとえば、地下に埋蔵された原油を利用する際に得られる利益の一部を自動的に、太陽光発電所建設や植樹にまわすことで、原油が尽きてしまっても再生可能なエネルギーを利用できるようにしておくならば、原油を持続的に利用していると言える。③汚染の排出速度は環境の処理能力を上回ってはならない。たとえば、汚水を池や川に流す際に、汚水に含まれる栄養塩が水の中の生態系で処理しきれるならば、持続的に排出していると言える。

私たちが日常の生活を依存してきた生き物は再生可能な生物資源であるので、そのような生き物を持続的に利用するための利用速度は、生態系の中での再生速度を超えてはならない。[3] 逆に言えば、増えた分／増える分だけ利用していれば常に供給され続けて持続的に利用しうる。しかしながら過剰な利用や再生速度が人間の時間スケールから見て非常にゆっくりだと事実上の枯渇がありえるので、そのような場合には再生不可能な資源として扱わねばならない。

ここでは、生物資源とは、人がその生き物を資源と認識する・しないとは関係なく、単に対象生物が環境中にどのくらいあるのかを示す現存量や単位時間当たりどのくらい現存量が増えるのかを示す増加量、すなわち人間が利用できる資源のことをいう。たとえば、森林の面積や木材体積、漁獲量、狩猟量、薪炭生産量、草採取量、草原面積などを言う。生物資源の持続性の判断基準は、生態学的持続性、つまり、問題の資源が「将来の世代において、需要に見合うだけの容量を持つことを危うくしないように」、現在使われているかどうかである。[31][6] 具体的には、生物資源の現存量や増加量が明らかに減少している場合や資源利用にともなう環境破壊や汚染による悪影響が増加している場合に、生物資源が「破綻」または「荒廃」している状態と考える。計画的な追跡調査がない場合に、直接的に破綻や荒廃を認識することは難しく、二次的な情報から判断しなくてはいけない。

たとえば、①探索努力が以前よりも必要になってきた、②遠くまで探索に行かねばならない、③事実上収穫できない、④市場での値段が高まる、などのシグナルが無視できない大きさで現れたときに生物資源は破綻または荒廃していると判断する。一方このような破綻の要素が見られない場合は生物資源が「持続可能な」状態と考えられる。また、いったん失われた生物資源の現存量や年生産量が明らかに増加している場合や資源利用にともなう環境破壊や汚染による悪影響が減っているときには、生物資源が「回復」している状態と考える。

もし誰かが森林を伐採して一面を裸地にしたとしても、同じだけの森林を新たに仕立てる技術と社会的な仕組みがしっかりしているならば、どれだけ森林を伐採して薪を使ったとしても木材資源の総量は減らない。つまり今使える生物資源の量と同じだけ、将来に使える量が残される。しかし、世界動向が地球上の木を一本残らず徹底的に伐採し尽くす方向に進み、そんな技術や社会的な仕組みが開発されたならば、数世代は同じだけの木材資源が使えるだろうけれども、最後には破綻が待ちかまえている。

個体群と生息地の維持

生態系は植物や動物、微生物などの生息地・生育地であり、多様な生き物が食物連鎖や共生・競争・捕食関係などのさまざまな生物間相互関係を持ちながら複雑に絡み合っている。生き物は生態系のさまざまな環境条件に特化して生きており、その種類によって食べる餌の種類やすみかの場所、天敵の有無、生育に最適な温度条件や光条件などが異なっている。生き物はそれぞれに特有の生息地をもっている。生き物が生きてゆくためには必ず適した生息地が必要である。また、生き物は同一種の複数個体が近くに生息して、群れをつくって繁殖をする生活をしている。そのような生き物のまとまりを個体群とよぶ。

人間が生態系から得られる生き物を利用することで、生き物の多様性や数、生産量は変わってしまう。この利用がゆき過ぎると、その生き物は地域的に絶滅する。この絶滅を防ぐには、その生き物の個体群と生息地の両方がともに維持されることが必要である。生物資源を人間が利用する際にはまず、生物資源とは生き物そのものであるということを認識しないといけない。生き物が生きてゆくためには個体群と生息地がともに維持されることが必要であり、それは同時に生物資源の持続的な利用のための必要条件でもあるのである。

個体群を構成する個体数の増減は、個体群の再生速度と生物資源の利用速度によって決まる。模式的に表すなら、「個体数の増減＝再生速度－利用速度」となる（図1）。個体数が一時的に減少しても個体群は維持されうる。しかし、その状態が長く続くと結局は個体群がゼロになってしまい地域的に絶滅する。個体数が減少してゼロに近づくと個体どうしが出合って繁殖する機会が少なくなり再生速度が減少するし、個体数が少なすぎると外敵から身を守ることができなかったりして死亡率が高まりがちである。また、逆に個体群が大きくなってしまうと、限られた土地面積に生息できる個体数には限度があり、その生き物にとっての資源の枯渇（たとえば、餌が不足したり、ねぐらが不足する）によって死亡率が高まる。そもそも個体群が小さくなってしまうと、個体数変動、環境変動によって個体群は絶滅しやすくなる。

一方、生き物にとっての生息地は常に一定の状態に保たれるわけでは決してなく、常に変化し続ける。たとえば、森林は鬱蒼とした状態だけでなく、ところどころで木々が倒れて生き物の生息地が攪乱される。森林の中にぽっかりできた明るい場所では、そこを埋めるように新しい樹木の実生が芽生えたり、草やシダが繁茂したりする。そうこうしていると明るい光を受けてすばやい成長を果たす先駆性の樹木がいち早く森に開いた光の穴を軽く埋める。先駆樹木からの木漏れ陽によって、多少暗くてもゆっくりと成長できる遷移後期型樹木が成長し、先駆樹種が倒れると同時

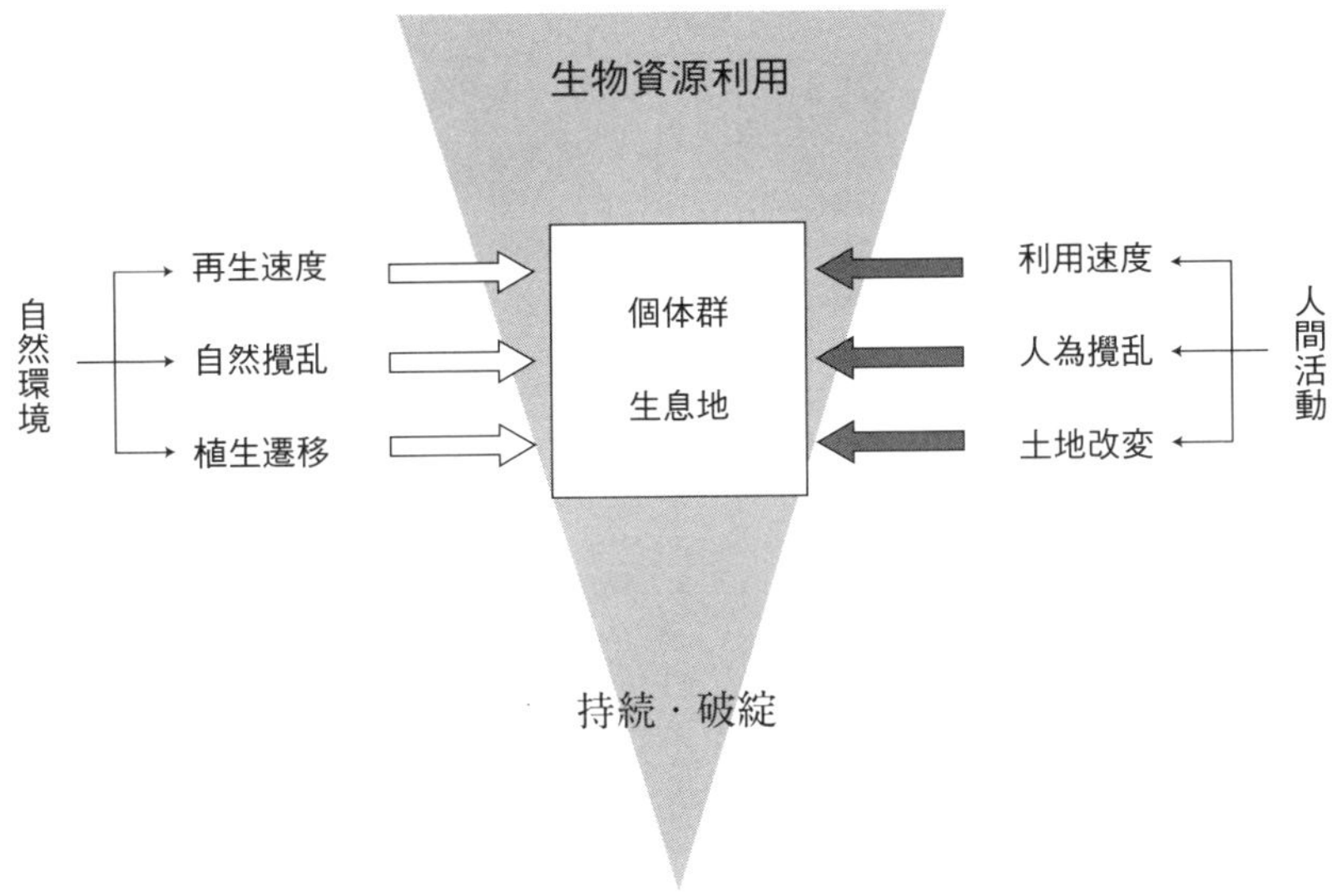

図１　生物資源の持続と破綻を分ける自然側と人間側の仕組み

にその場所を入れ替わる。このように森林では森林に生息する生き物にとっての環境が常に変化し、このような変化を遷移とよぶ。遷移は生き物がある場所に定着・成長することによってその場の環境を変えてさらに別の種に置き換わるという自律的変化の連続過程である。

自然に起こる攪乱には、樹木が倒れるような部分的な攪乱や火災や洪水、雪崩などのように、以前の生態系が多少残っていて、前に生育していた植物や動物がかろうじて生き残っているような攪乱もあれば、火山爆発や土砂崩れ、斜面崩壊などによって以前の生態系をまったく消失させてしまう攪乱もある。前者から始まる遷移を二次遷移とよび、後者から始まる遷移を一次遷移とよぶ。このような自然の攪乱と遷移の過程は生き物の生息地を変化・増減させる。

人間は、この自然の遷移と攪乱の過程に人為的な攪乱を加えることで生態系に手を入れて管理し、遷移を初期段階に戻したり、遷移の進行を進めたりすることができる。

たとえば、森林伐採すると森林の遷移段階は初期段階に戻るし、伐採した場所に植林するといくつかのステップを飛び越えて遷移段階が進むことになる。また、生態系から生物資源を収穫するという行為自身も遷移に対して人為的攪乱をもたらす。

過剰な人為的攪乱は植生を大きく退行させてしまい、それまで生きていた生き物の生息地を減少させる。森林伐採のようにふりだしに戻すこともあり、当該地域だけを観察すると生息地が維持されないことがよくある。そういう場合には広域の土地被覆に視野を広げて森林植生と皆伐地がモザイク状にある景観の面積比として生息地が維持されているかで判断することができる。人間による森林伐開や植林、開発行為などの土地被覆改変は、元の生態系に生きていた生き物の生息地を消失させたり、逆に別の生き物の生息地を増加させることもある。たとえば、しばしば人間は原生的な自然生態系を伐開して開発を行う。そうすると、森林を主要な生息地とする生物は生息できなくなってしまうが、開発によって農地などが形成されると、農地を生息地とする生き物が生息できるようになる。しかし、開発によって土地がアスファルトで覆われてしまうと、その土地は生き物の生息地としての質が極端に下がる。

したがって生息地の維持には、遷移と自然攪乱、人為的攪乱、土地被覆改変などが関係する。すなわち模式的に表すならば、「生息地の増減＝遷移と自然攪乱の効果－人為的攪乱と土地被覆改変の効果」となる（図1）。ただし、これらのプロセスは正と負両方の作用を持っているし、ある生き物にとっての生息地の消失は、他の生き物にとっての生息地の獲得にもなる。また、ある生き物にとっての生息地とは、森林などの単一の生態系だけでなく、湿地や湖沼、河川、干潟、砂浜、磯など多種多様な景観要素を含むことが多い。したがって、ここで挙げた生息地の図式は現実を簡略化しており、一般化にはさらに探求する必要がある。

二　代表的な生物資源

生態系から得られる自然の恵みを持続的に利用するためには、それらを使い尽くさないような適切な利用速度で収奪する必要があるだけでなく、それらが生育している環境条件や森林タイプなどの生息地を維持するか、繰り返し生成されるような循環システムを構築する土地利用をすることが必要である。わたしたちが利用している生物資源にはさまざまな種類があり、それぞれの生息地や個体群動態、生物資源利用にともなう生態系への影響が異なっている。

野生生物種

山菜採取は植物にとって重要な部位を奪ってしまうの

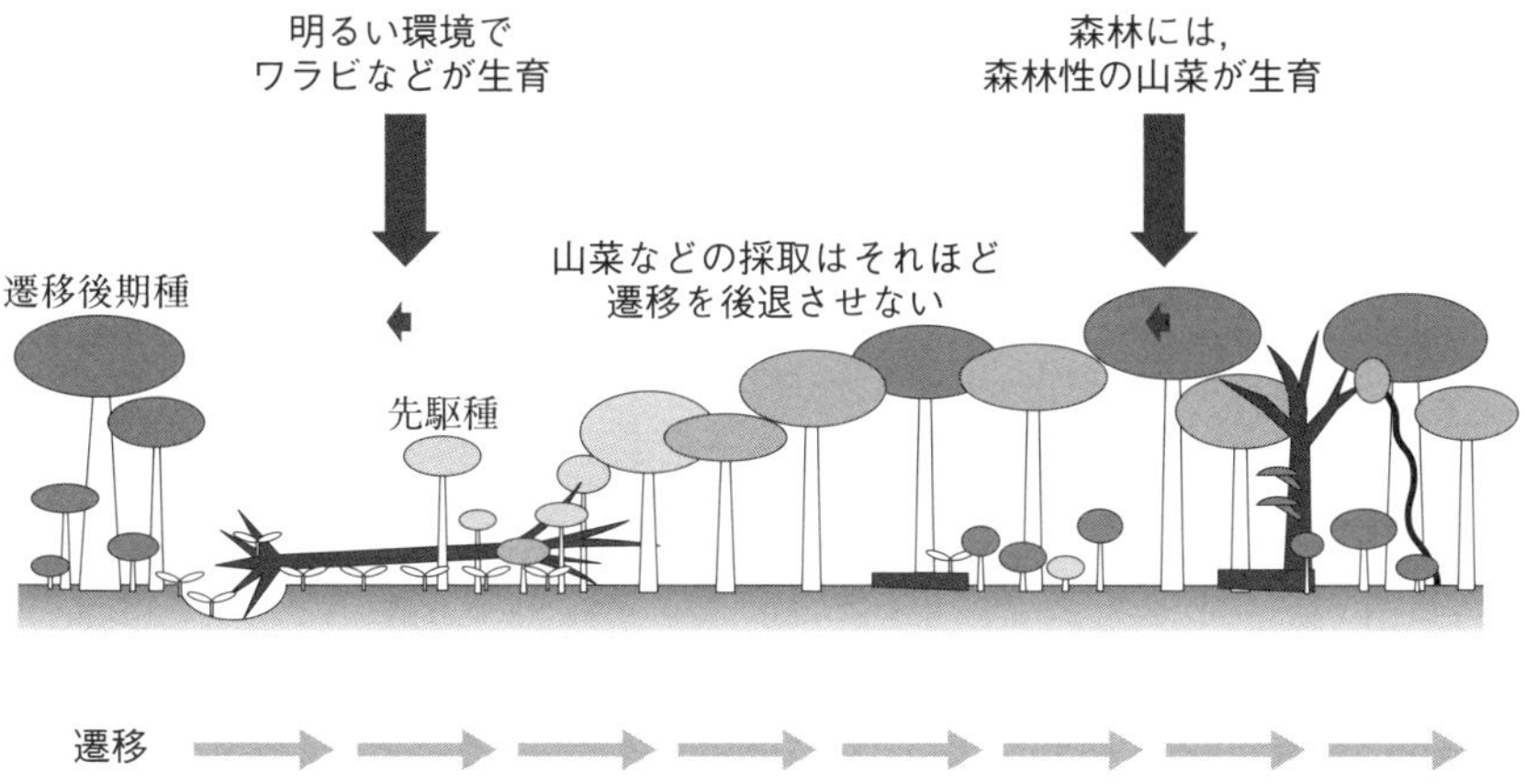
明るい環境で
ワラビなどが生育
森林には,
森林性の山菜が生育
山菜などの採取はそれほど
遷移を後退させない
遷移後期種
先駆種
遷移

図２　森林の遷移と山菜などの採取による攪乱

で、山菜植物の成長を妨げて、時には死なせてしまうこともある。キノコの採取はキノコをつくる菌類本体の成長と生残にはほとんど影響をあたえないだろう。けれども、山菜やキノコを過剰に採取してしまうと、種子による植物の定着と胞子による拡散を妨げてしまい、個体数を減らしたり不安定にしてしまう可能性がある。

山菜類やキノコが発生する場所は、地形や森林タイプ、発生基質としての枯死木や動植物遺体、共生樹木の有無がそれぞれの生き物に特徴的な要素になっている。たとえばワラビは森林の中でも樹木が倒れた明るい環境や森林を伐採した後などに生育し、植生が遷移して生育場所が暗くなるといずれいなくなる。一方で暗い森林に生育するような森林性の山菜類は、森林が維持され続けてしかも山菜類が採り尽くされることもなければ、持続的に収穫することができるだろう。また、山菜類やキノコを採取しているだけだとそれほど植生遷移に対して攪乱することにはならないようであり、植生の遷移は進んでゆく。

ニホンジカやイノシシ、イルカ・クジラ類などの哺乳類やさまざまな魚類と貝類などの野生動物は昔から狩猟・漁撈されてきた。人間に捕獲されずに山や野、河、海などに残った野生動物の個体群が繁殖することで、捕獲される前の個体数が回復できるならば、持続的に狩猟・漁撈することができる。しかし、野生動物の個体群動態は不安定で長期的変動が大きいので、捕獲数の調整はあまりうまくいかないようだ。たとえば、マイワシやサバなどの浮魚漁獲資源では長期的な個体数変動が知られており、採れるときと採れないときの落差が非常に激しい。[9] しかも野生動物が山野河海の生態系にどのくらい生息しているかはよくわからないので、つい乱獲を引き起こしやすい（たとえば、秋田のハタハタ）[13]。乱獲された場合も、まったく獲れなくなるわけではなく、しばしば個体サイズが小さくなる。

一九八八年にカナダ東海岸のジョージバンクにあるタラ漁場の漁民は「昔に比べて十倍の努力をしないと同じ量の魚は採れないし、当時の春のタラは平均して一尾あたり一〇～二〇キログラムあったのに、今では二～四キログラムしかない」と言っている。[15]

一方、森林が伐採されて人工林が仕立てられると生息地は狭まり野生動物の肩身は狭くなる。生息地の改変は動物のえさや生息地の利用形態、動物の行動に大きく影響して個体数を変化させる。[7][1][32] 木材や山菜類、キノコ、狩猟獣を持続的に利用するためには、生き物を絶滅させないような利用で個体群を維持するだけでなく、生き物が生育している環境条件や森林タイプを維持するか、繰り返し生成されるような循環する土地利用システムを構築する必要がある。

木材と森林生態系

木材は人間が生きていくうえで重要な素材であり、建物や道具、薪炭として古くから利用されてきた。古代の記念碑的な巨大建築物を建立する際にはスギやヒノキなどの巨樹が必要であったし、たくさんの住居や道具を建てるためには大量の木材資源が必要であった。日常の煮炊きや暖房に必要な薪炭は人口が増えるにつれて需要が増した。このような木材需要をまかなうために、人々は森林を皆伐や部分的伐採、選択的略奪伐採などの方法で伐採し、再生させてきた。

ある程度広い面積の樹木をすべて一度に伐採する方法を皆伐とよぶ。伐採作業と伐採跡地での造林が楽になる一方で、一時的に森林が喪失してしまうので、それまで森林の担ってきた洪水抑制や気候調節などの公益的機能が低下してしまう可能性がある。皆伐は森林を裸地にすることで、森林の遷移段階を初期段階まで戻してしまう。すると、地温の上昇や乾燥、強光などによって林床の環境条件が著しく変わるし、当然ながら、伐採した場所には材木だけでな

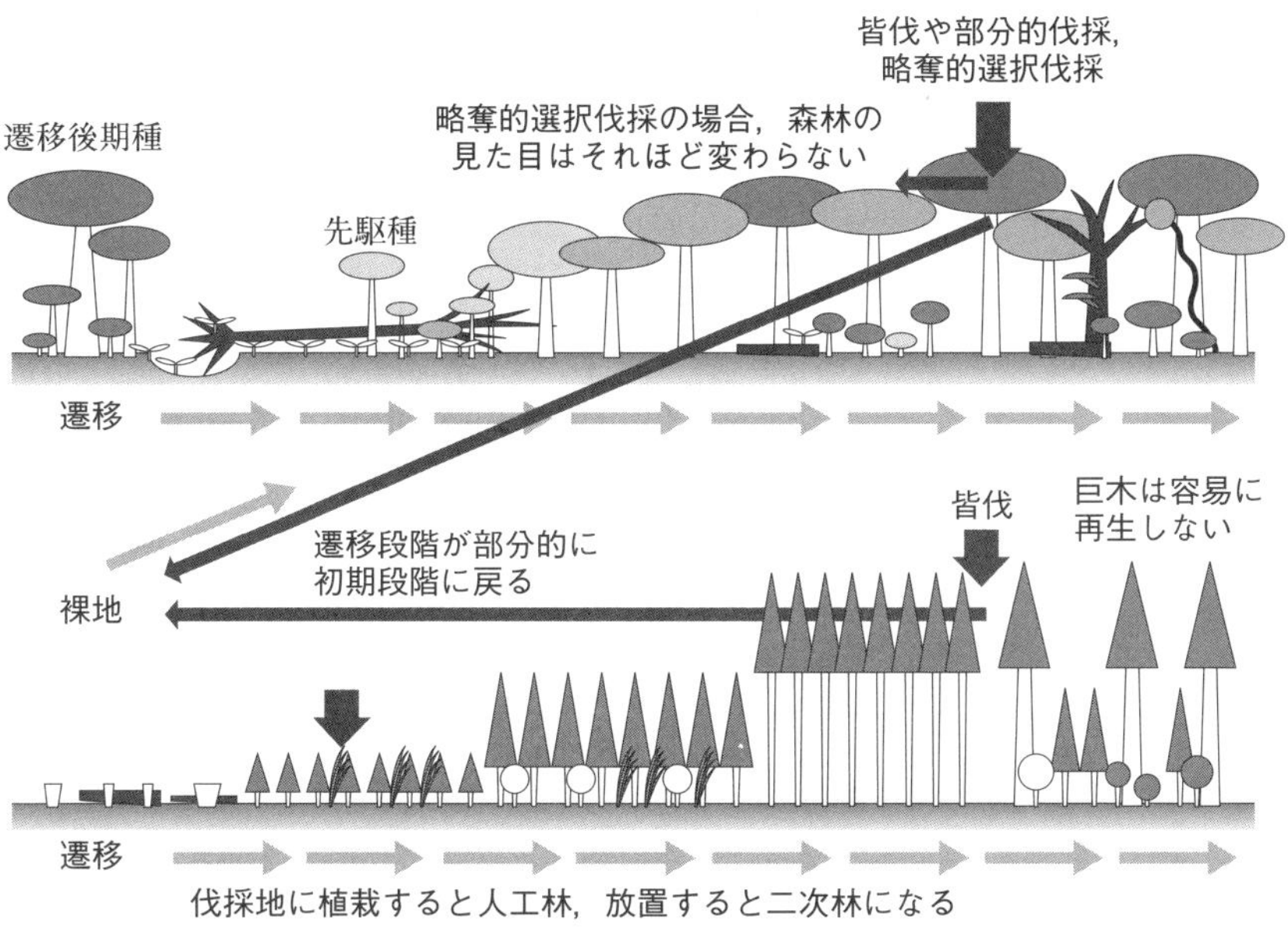

図３　森林の遷移と皆伐や部分的伐採、略奪的伐採による攪乱と植林

く森林性の山菜類や動物の生息地がなくなってしまう。伐採跡地を放置しておくと、土に埋まっていた種子やどこかから飛んできた種子が発芽したり、切り株などからひこばえ（萌芽《ぼうが》ともいう）が伸びて森林が再生する。また、人の手で種子を播いたり苗木を植えることで林を仕立てて森林を再生させることもできる。しかしながらふたたび同じ場所から木材を得るためには長期間待たなければならない。

人工林は、木材生産の効率や収量を最大限発揮するために、単一の樹種を植栽し、収穫にいたるまでさまざまな管理作業が必要になる。また、人工林は以前の森林とは環境が大きく異なるので、生き物の生息地などへの影響が大きい。生き物への影響だけでなく、拡大造林で天然林を大規模に伐り開き植林すると、一斉風倒などの気象被害を招く恐れもあるし、裸地に大雨が降ると表層土が流されて山が荒れるとともに、下流に多量の土砂を流すことになってしまうことで、森林の公益的機能を失う可能性がある。[12]

森林の姿をがらりと変えてしまう皆伐や人工林化を避けて、部分的に伐採する場合もある。部分伐採では、皆伐のように一度に森林の樹木のすべてを伐り尽くすのではなく、天然更新ができるように親木を残して何度かに分けて伐採する。伐採した後にも影が残るので、裸地のような強烈な環境条件を和らげることができる。

略奪的選択伐採は、最大収益を上げるために特定商業樹種だけを選択的に伐採して持続的収穫や更新、森林へのダメージを考慮しない方法である。[18] 樹木の成長は比較的ゆっくりなため、商業的な伐採速度に再生速度が追いつかず、対象樹木の探索範囲がより遠方でより広範囲に広がってしまう。特に、人間の時間スケールではほとんど再生しない巨木は、略奪的選択伐採によって着実に現存量を減らしてしまう。

森林伐採は森林面積が減るだけでなく、元の原生林から比べると森林の質が劣化するという問題が生じる。それは生態系への直接的な損失だけでなく、そこに生息する生き物の生息地を変えてしまうことでもある。伐採や植林によって森林タイプが変わると、それまでその森林に依存していた生き物の生息地を大きく改変してしまうことになる。すると、そういう生き物が生きていけなくなり、その生物資源は収穫できなくなる。

草原と草

日本は温暖で雨がよく降るので、普通は森林が成立する。草原は特殊な環境にのみ成立し、一時的に草原ができたとしても、そのうち森林に遷移してゆく。放っておけば森林へと遷移してしまう草原に、火入れ・放牧・採草という維持管理を加えることによって、半自然草地は維持されてきた。たとえば、冬場～春直前にかけて草原に火を入れると、草原から森林へと植生遷移する移行段階のステップが押し戻されて草原は森林に遷移しない。草を刈ったり牛馬を放牧しても草原を維持できる。

草原の草を利用することが最も簡単で効果のある草原環境（生息地）の維持方法であることから、草原は上に挙げた生物資源の例とは多少異なる。草の利用をともなわないような草原利用の場合は、別途、火入れ・放牧・採草のどれかで草原を維持する必要があるだろう。逆に、草を利用しすぎると、草も生えない荒地になってしまう。そして雨がよく降ることが仇になって土壌浸食や土砂流亡、洪水が頻発するようになってしまう。

三　生物資源の利用と制限

人間による利用や攪乱の最大速度は生物資源に対する需要と収奪技術、管理技術によって決まる。利用速度はその範囲内において、利用者による統制によって小さい利用速

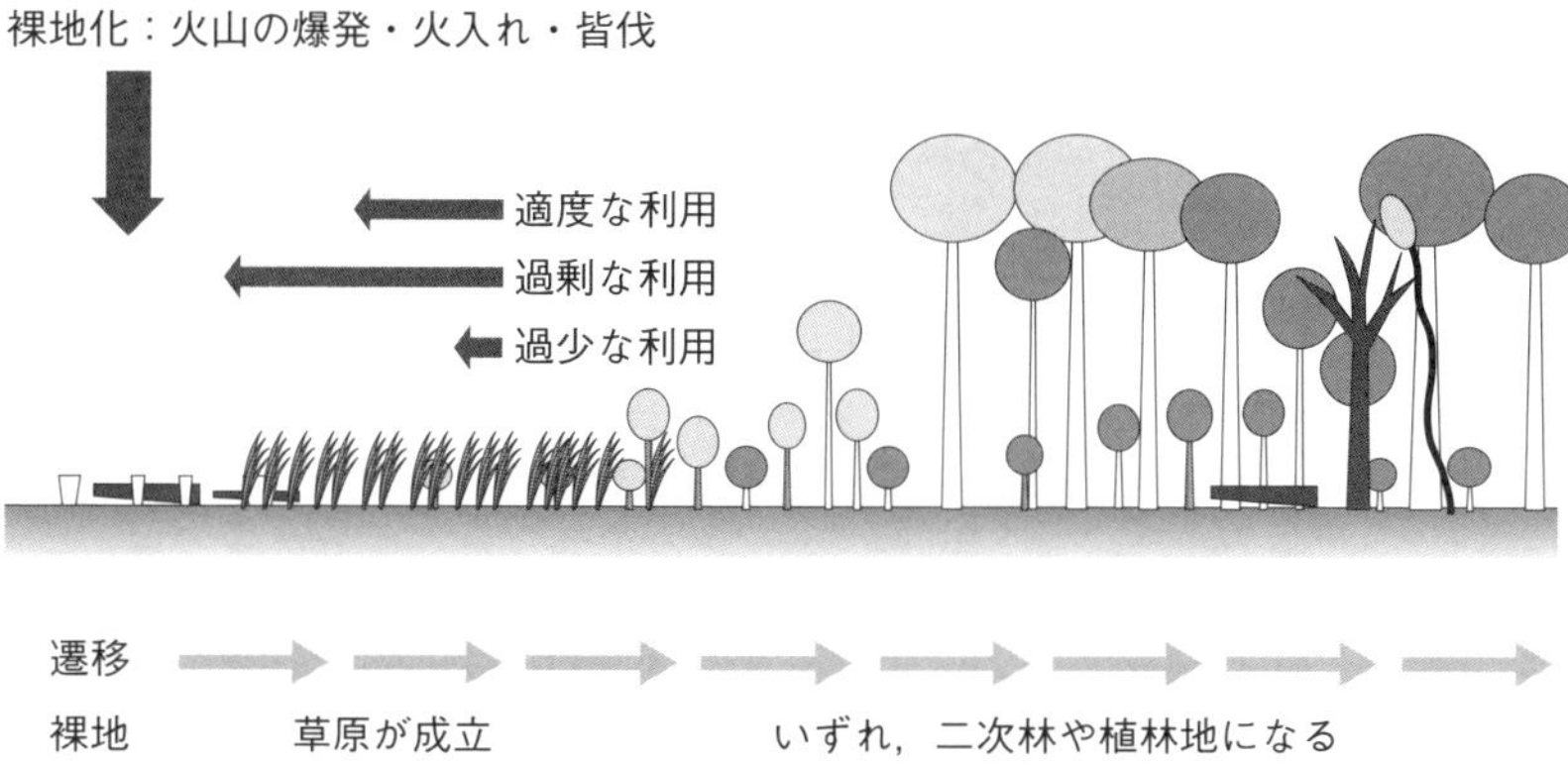

図４　草原の遷移と草原利用による遷移の後退

度が維持されたり、経済原理によって最大に近い速度が維持されたりする。生物資源の利用速度が大きいと個体数は減りやすく、次第にゼロになって地域絶滅してしまう。おそらくは生き物として絶滅するよりも前に、生態系の構成員としての環境保全効果や人間に対する生物資源としての利用可能性は失われる資源枯渇だろう。

技術的サポートと需要があればしばしば過剰な利用に陥ってしまう。これを制御する役割を担うと期待されるのは環境ガバナンスである。ガバナンスとは、上（国）からの「統治」と、下（地域レベル、草の根レベル）からの「自治」との統合の上に成り立つ概念である。[14] ガバナンス概念の特徴は、関連する主体の多元性と多様性を認め、かつその積極的な関与を奨励していること、つまり環境に関する政策課題やよりよい環境管理を、狭い意味での政治や行政の世界だけでなく、企業や市民、社会全体の適切な参加も得て取り組んでいこうということである。[14] 生態系の持続可能な範囲で生物の生息地を改変する分には問題ないが、しばしば人々は原生な自然生態系や攪乱に依存する生態系を過剰に伐開して植林や開発を行う。過剰な攪乱によって森林が失われては、森林が必要な生き物は生息できない。一方で、草原や薪炭林のように、対象生物が生息可能な環境が遷移の進行によって失われるのを人為的攪乱によって押しとどめることで、集約的な生物資源の生産を行う場合もある。

生き物である生物資源の限界を超えて過剰に利用すると個体数が少なくなって地域絶滅してしまう。そうすると資源としては枯渇状態に陥り、人々は利用できなくなってしまう。人々はそのような「限界」が訪れる前に、利用方法を改める「転換」を迎えることができたのだろうか。持続的に利用できただろうか。それとも破綻したのだろうか。

生物資源の持続には対象生物の個体群と生息地の両方が持続している必要がある。個体数はさまざまな自然環境に依存する再生速度と、環境ガバナンスに依存する利用速度によって増減する。同様に、生息地は自然環境に依存する生態系の遷移と環境ガバナンスに依存する人為攪乱よって増減する。このような図式化のもとで、対象生物と生息する生態系の性質、環境ガバナンスによる制御の有無や効果、生物資源利用を駆動した要因と資源量の動向、それに対する人々の対応などを個別の生物資源が維持される場合と破綻する場合において、どのような条件になっているのかを対比することで、生物資源の持続と破綻に及ぼす普遍的な要因と対応を明らかにできるだろう。

四　生物資源の持続と破綻を分けるもの

生物資源の持続と破綻を分ける要因はいったい何だろうか？　生態学的ルールと人間社会のルールをともに満たす形で、生物資源の持続的な利用方法は果たしてあるのだろうか？　この全六巻の出版物の中には、日本列島のさまざまな地域やさまざまな生態系における、実にさまざまな生物資源利用の歴史的な事例が触れられている。その中から、生物資源の持続と破綻がわかるような事例を七六事例抜き出した。そして、生物資源の持続と破綻を分ける要因の理論的な構造を自然側の仕組みと人間の仕組みに分けて、以下に考察したいと思う。すなわち、自然側の要因である生物資源の再生速度とそれに影響を及ぼす自然環境と、人間の側の要因である生物資源の利用速度とそれに影響を及ぼす環境ガバナンスが、それぞれどのように生物資源の持続性に影響を与えているのかを明らかにする。

自然側の仕組み

生物資源の再生速度

生物資源を過剰利用してしまうと生物資源の再生が間に合わず、対象生物は絶滅し生物資源の利用は破綻してしま

表1　生物資源の持続性とさまざまな要因の関係
全部で76の事例を、生物再生時間の目安（A）と消費活動（B）、技術革新（C）、資源管理（D）を説明変数にして集計した。

	持続性		
	破綻・荒廃	持続・回復	小計
A）生物再生時間の目安			
とても短い（1～2年）	1（33%）	2（67%）	3
短い（～10年）	16（33%）	32（67%）	48
長い（～50年）	7（44%）	9（56%）	16
とても長い（50年以上）	6（67%）	3（33%）	9
B）消費活動			
消費なし	1（11%）	8（89%）	9
住民による自家消費	5（24%）	16（76%）	21
住民による流通消費	13（39%）	20（61%）	33
住民以外も含めた流通消費	11（85%）	2（15%）	13
C）技術革新			
なし	14（38%）	23（62%）	37
あり	16（41%）	23（59%）	39
D）資源管理			
管理なし	25（58%）	18（42%）	43
消極的な利用制限	4（22%）	14（78%）	18
積極的な増殖管理	1（ 7%）	14（93%）	15
総計	30（39%）	46（61%）	76

う。ではどういう場合に過剰利用してしまうのだろうか。まずは、再生と利用の両輪の図式の片側である自然の仕組みに従う部分に注目する。

生物資源が再生するまでにかかるおおよその時間（再生速度）を、とても短い（一～二年：草本や山菜・キノコ）、短い（～一〇年：薪炭や柴、中大型哺乳類、魚介類）、長い（～五〇年：森林や木材）、とても長い（五〇年以上：大径木や原生林）、の四つに分類して、再生速度と資源の持続性の関係を前述の七六事例で検討した。すると、再生速度が短い場合よりも長い場合のほうが荒廃・破綻しやすかったことがわかった（表1-A）。

失われた巨樹や原生林が再生するには五百年や千年にもおよぶとてつもなく長い時間が必要になる。再生速度が遅い生物資源は一度、人が利用すると再生するまでに膨大な時間がかかってしまうために、人間の感知しうる時間スケールでは再生しないと考えるのが妥当である。たとえば古代に近畿圏に生育していたヒノキなどの針葉樹巨木は失われて回復していないし、[19][17] 全国各地に成立していたはずの原生林は小規模のものがもはや数えられる程度にしか存在しない。一方で草原では、再生速度が非常に速い草が資源として利用されるので、草原の草を刈り尽くしたとしても翌年にはまた同じだけ草が回復する。[23][4]

何らかの生物資源を枯渇させてしまった社会が、もしも自身が苦境に立たされた枯渇の事例から、持続的で「賢明な」資源利用の方法を学ぶことができたとしても、資源が回復するまで千年もかかるようならその賢明な利用方法は継承されないだろう。おそらく資源が回復するよりも先に利用形態が崩壊してしまうか、賢明な方法が忘れられるからである。逆に資源が人間の時間スケール内に再生するならば、賢明な利用は継承される可能性は高い。このことから、再生速度の速い生物資源ほど持続的な資源利用の方法を確立する可能性が高いと考えられる。

自然環境の強み

日本では歴史上何度か人口が増加した時期があった。[12] 特に近世は人口が増えただけでなく、技術も発展して人々が環境に与える影響が大きく増大した時期だと思われる。それによって日本各地から森林が失われ、集落近辺には柴草山や禿山が広がり、そのため洪水の被害が頻発するようになったと考えられる。[26][29] しかしながら日本列島では、いったん過剰な伐採圧で森林が失われて危機を迎えても、植林や自然再生のおかげで乗り越えることができた。日本列島の環境が温暖で多雨という環境的な強みがあったために、森林や生物資源が失われてもある程度は回復することができた。一方で、脆弱な環境では森林伐採などによる環境侵害が千年たっても取り返しのつかないところまで進行することになるだろう。

ダイアモンドは、過去の文明社会のいくつかが成功してその他が失敗に終わった要因のひとつとして、環境の強みをあげている。(5) いくつかの環境は他の環境よりも損なわれやすく、より困難な問題を抱えやすかった。江戸時代日本の社会が存続しえたのは比較的たくましい環境を有した幸運がひとつの要因と考えられる。しかしながら、環境の違いだけが社会の存続を決定するわけではない。たとえば九八二年頃グリーンランドにやってきたヨーロッパ人たちは、本土の生業である牧畜をそのまま生業にした。しかしながらグリーンランドは牧畜をするには、あまりにも寒く劣悪な環境だったために社会が持続できずに崩壊した。その一方で、もともとグリーンランドに住んでいた原住民たちは環境に適した狩猟を主とした生業によって今日まで社会を維持している。同じ環境にいても、その社会が依存する資源を過剰に利用しない習慣を発達させる社会もあれば、その難題に屈してしまう社会もある。人々が依存する資源を如何にして管理しつつ利用するかが、生物資源の持続と破綻を分ける鍵となっている。

人間側の仕組み

生物資源の利用速度

生き物に対する影響は、人口と一人あたりの影響の大きさの掛け算によって決まる。さらに一人あたりの影響の大きさは、人々の生活の豊かさと技術力によって表される。環境問題の専門家たちは、環境悪化の原因を、ＩＰＡＴとよぶ公式、すなわち、影響（Impact）＝人口（Population）×豊かさ（Affluence）×技術（Technology）、にまとめることがある。[15] 豊かな生活をしても技術によって一人当たりの環境への影響を抑えることもできるのである。資源を利用する人口が小さくて資源量が大きいならば、多少乱暴に利用しても生物資源に対する影響は小さいために生物資源が枯渇することはないが、そうではない場合には生物資源が枯渇して生活が成り立たなくなってしまうだろう。しかしながら、ある対象の生物資源を利用する人口を特定するのは難しいので、本論では取り上げず、ここでは生物資源に与える人間側の豊かさと技術の影響を以下に考察する。

ここでは豊かさの指標として消費速度の大きさを用いることにする。ある対象の生物資源を自家消費的に利用するのであれば、自家で消費しきれない資源を生態系から収奪する行為は無駄であり、地域住民は行わないであろう。したがって資源が枯渇する可能性は低くなる。自家で消費するだけでなく、その生物資源を地域外へ流通させるような利用をすると自家消費よりも消費速度はおそらく大きくなるに違いない。地域住民だけでなく外からやってきた人々によって地域の資源が流通を目的として利用されるならば、さらに消費速度は大きくなるだろう。実際、消費活動の大きさと資源の持続性の関係を前述の七六事例で検討したところ、流通を目的として消費される場合はそうでない場合に比べて生物資源の持続性が低く、荒廃・破綻しやすかったことがわかった（表１－Ｂ）。しかも、住民以外によって地域の生物資源が流通を目的として利用される場合には生物資源が荒廃・破綻する事例が多かった（八五％）。

さまざまな技術革新や重要な技術、知識、インフラなどの有無によって生物資源の持続性がどう変化するのかを七六事例で見てみると、技術革新がある場合もない場合も、持続と破綻を分ける比率がほとんど変わらなかった（表１－Ｃ）。

ともすれば私たちは、破滅的に資源利用してしまう資源の状況を、技術や市場が適切な方向へ是正してくれるかのように考えてしまう。たとえば、近世後半に発達した育成林業はたびたび洪水を起こしていた禿山に森林を回復させることに成功したし、商品経済に従属した里山薪炭林経営の技術は、里山の森林を破綻に追い込むことなく持続的に薪炭を産出せしめた。このように、技術革新と経済原理は資源を保全・育成させる方向にはたらきうる。

一方、技術革新は収奪を加速させる方向にもはたらきうる。資源利用が単に自家消費的な行動だけだったら自分たちだけで利用しきれない資源を採ることには意味がないので、もしかしたら技術革新は人々の生業を効率的にすることによって生活に余裕と文化を生んだかもしれない。しかし実際に起こることは、その余裕で自分たちの生活に必要な量以上に資源を収奪してそれらを市場で換金することだった。

たとえば近代に入ってからの普及した村田銃という新型銃は当時の毛皮の需要に拍車をかけて、森林に生息する獣を最後の一頭まで獲り尽くしたし、[20][29]近代の北海道沿岸部で行われていたエゾアワビ漁では、潜水具の開発や効率のよい漁法が編み出されたためにエゾアワビが乱獲されていった。[30]技術によって効率よく生物資源を収奪すればするほど利潤が生まれるという構造が生まれ、過剰な収奪圧力とその先の破綻を導くことになったのだろう。こうした例を見てみると技術や市場は生物資源の持続的利用を破綻に導く元凶であるかのように思われる。

しかし、技術や市場は持続にも破綻にも貢献することから、それら単独では意味を成さず、それらを利用する人間の意志こそが生物資源の持続と破綻を決める重要な要素となりうる。技術や市場にともなった目的と行為者があってこそ結果が生まれる。有限な状況で無限の物質的成長を望むなら破綻するし、持続的な利用を望むならそれを作る手助けになるだろう。[15]技術を用いた人々が、荒廃した生物資源の回復や持続的利用を意図してそれを実行するための技術や仕組みを作ってこそ、生物資源は持続的に利用されることになるのである。

五　環境ガバナンス

持続と破綻を分ける人間側の要因として、生物資源を誰が誰のためにどのような管理をしていたかが重要な視点であることが挙げられる。誰かが生物資源の管理をする目的は、自分が自由に使える土地から自分のために利益を得るためである。資源を利用する人口が小さく資源量が大きいなら管理せず乱暴に過剰利用したとしても資源が枯渇することはないだろうが、そうではない場合には管理せずに過剰利用を続けていると生物資源が欠乏して生活が成り立たなくなってしまう。再生可能な資源は、再生速度を考慮した時間的にも空間的にも広い視野に立って資源を利用しないと、再生可能といえども枯渇してしまう。

誰が利用してもよい資源（オープン・アクセス資源open access resources）を利用する場合には資源の荒廃が生じやすいと言われている。[6] たとえば公海におけるクジラ資源の中には歴史的に乱獲された典型的な例がある。[6] 誰でも利用してよい資源の場合、自分が先に多く利用しないと他の誰かに利用されてなくなってしまう可能性が出てくることから、それぞれの利用者が自分たちの利益を最大化するように動いてしまい、資源を最適なあるいは適切な速度で利用することができずに枯渇しやすい。

このような予測は「コモンズの悲劇（The Tragedy of the Commons）」とよばれている。[8] コモンズとは私有的に用いられていない土地や共有地、共有の資源のことを言い、ハーディンが示した「コモンズの悲劇」はオープン・アクセス資源の例であったことがわかる。[16] たとえば、明治に入ってすぐの野生哺乳類は、きちんとした所有権がないオープンアクセス資源であったために乱獲されて激減した。[20][29] 人々が普通に自然生態系から得ている生物資源の中には所有権が不明瞭な資源のために、過度な資源利用と枯渇化という現象がしばしば見られる。

ハーディンによる明快な予想にもかかわらず、ある資源を利用している人たちが、その資源へのアクセスを制限したり、その資源を持続的に利用するための取り決めを彼ら自身で作り出すのに成功している例は驚くほどたくさんある。[6] たとえば草刈山の入会地のように、その共有地を用いる人々の間で社会的なルールを決めて適切に管理を行うことで、持続的に生物資源を利用することはできる。しかしながら、何かの拍子に社会経済の状況が変化すると、共有地のルールが維持できなくなって荒廃することもある。たとえば、一九一〇年頃の長野県下高井郡の共有林野を例に挙げると、地方政府が共有林野を解消して国有林として一元管理しようとしたがために、これまで地元の人々は持続的に共有林野を利用していたにもかかわらず、国有林に編入される前に急遽森林を伐採して換金してしまった。[24] 為政者の論理と地方の論理がせめぎ合った結果、コモンズのルールを維持することができなくなって住民が荒廃させてしまった。また、里山が維持されてきたのは里山から刈敷や薪炭を得るためだから、一九五五年頃からの燃料革命によって生業と生活が里山と関係なくなってしまったらコモンズのルールは失われてしまった。

生物資源を管理するかしないかを、管理なし、消極的な利用制限、積極的な資源増殖管理の三つに分類して、生物資源の持続性がどう変化するのかを七六事例で見てみたところ、管理行為は一律に資源の持続性を高めており、特に増殖管理を行うならば、ほとんどの事例（九三％）が持続していた（表1―D）。この結果を見ると、生物資源を誰が誰のためにどのように管理・利用していたかという視点、すなわち環境ガバナンスは、持続と破綻を考えるうえで重要な視点であることがわかる。

為政者の側から及ぼすトップダウンの環境ガバナンスは、長期的に見て効果的な規制や制限、何らかの環境政策（生物資源利用政策）によって広い範囲の住民たちの生物資源利用に影響を与える。そのおかげで生物資源を持続的に利用しうる場合がある。

たとえば、琉球王朝によって捕獲が制限されていたジュゴンは持続的に利用されていた。[27] むしろトップダウンのガバナンスが政変などによって失われて環境政策が混乱してしまうと、持続的な利用が突如として破綻的になされる場合があった。保全政策の琉球王朝から無政策の明治政府に変わった際のジュゴンに対する接し方は保全から乱獲へと一八〇度変化した。[27]

このように、環境ガバナンスが変わればそれまでの環境に対する政策も変わってしまうだろう。一方でトップダウンの環境ガバナンスではきめ細かい対応はできないし、自然に対する無理解や別の利益との葛藤で環境政策に失敗する。そもそも長期的に効果的な政策を打ち出せるとは限らず、生物資源利用が破綻する場合もあった。たとえば、近世の長野県北部の高倉山では、本来森林が為政者によって保護されているはずなのに、為政者が利用者から運上金（利用料）を取ることで伐採を許してしまったために森林が荒廃してしまった。[2]

住民の側から及ぼすボトムアップの環境ガバナンスは、自分たちが常に拠って立つ生活圏内部の資源を地域内部の人間によって運用することで、長期的に効果的な政策を打ち出すことができるかもしれない。歴史的にはそれが必ずしも持続的利用であったかどうかは定かではないが、資源を利用しつつ、その利用が再生速度を上回る過剰な利用とわかったら、管理を強化するに違いない。地域の自然を搾取して破綻させるか持続させるかは、地域の自然の運命だけでなく自分たちの運命を左右する。地域の住民が「賢明」であれば、自分たちの生活を持続させるために自然を保全するような政策を自ら打ち出してそれを遵守するだろう。

その逆に外部の人間が地域の自然を利用しようとすると、地域の自然を持続させることと自分たちの生活を持続させることには限定的な関係しかない。この地域の自然資源を搾取し尽くしたとしても別の地域に移動すればよいだけだから、持続的に資源利用しようという政策が彼らから打ち出される動機は低い。

これは地域住民が流通する消費活動をする場合と住民以外が流通目的の消費活動をする場合の、生物資源の持続性の割合が大きく違うことを見ればよくわかる。また、近世の長野県秋山地域の巣鷹山論争では、越後側の住民が越境して信濃側の森林を伐採する際に破綻を恐れない強硬な姿勢を見せていたことからもわかる[22]。この場合、為政者によって森林を維持するような政策が打ち出されていたが、地元の住民自身による森林保全の意志が強くはたらかねば、越後側からの濫伐から森林は守られることはなかった[22]。

このように、トップダウンとボトムアップの環境ガバナンスの両方を見ると、それぞれ単体ではたらくよりも、トップダウンだけでなくボトムアップや第三の環境ガバナンスが重層して協力することで生物資源の持続的な利用が生み出される。

六　資源枯渇のシグナル

生態系にどのくらい生き物がいるかがよくわかる場合には、資源利用を計画的に行うことは可能である。たとえば森林の樹木や草原の草などが、明らかに減っている状態を目視できたらなら、資源利用を控えなければいけないという動機が生まれる。しかしながら、森林や海洋に生息する哺乳類や魚介類がどのくらい生息しているかはよくわからない。その証拠に、今でも哺乳類学の中心的な話題のひとつは個体数推定である。そういう場合には、わからないからこそ、獲れるかぎり獲ろうという動機が生まれてしまう。近代に入ってからの野生哺乳類の乱獲[20][29]や近年の乱獲的な漁業のあり方が示している。生態系にどのくらい現存量があるのかわからない不透明な状態では、計画的に資源を利用する動機は生まれにくい。資源が枯渇しつつあり、これまで以上に捕獲努力が必要になったとしても、さらに過剰な捕獲圧をかけ続けて、気づいたときには「もうこれ以上獲れない」という本当の枯渇状態に陥ってしまう。

生物資源を無思慮に利用していくと、増え続ける人口と一人当たりの影響によって自然に対する影響が増大してしまい、早晩破綻することが容易に予想できる。資源が枯渇する前には何らかのシグナルが人々の前に現れるだろう。たとえば、①これまでよりも資源が入手しづらくなる（遠くまで狩猟に行かなければならない。前よりも多く網を投げなければならないなど）、②価格が高くなる、③別の生態系サービスの劣化が顕著になる（森林伐採による禿山化で洪水が頻発する、など）、などである。これまでなされていた生業と経済が乖離したり、気候変動や人口増大によって資源利用が破綻して資源が枯渇すると、人々は代替可能な別の資源に移行したり、より遠くの地域に行って資源収奪を行うという選択肢を選ぶだろう。しかし代替資源と彼の地でも同じ問題に直面するはずである。人々は資源枯渇の教訓から何かを学ばねば、また次の資源で同じこと（枯渇）を繰り返して同じ問題に突き当たる。人々は資源枯渇のシグナルを見出してきただろうか。人々はそれに的確に対応できたであろうか。何かを学んだならば持続的に利用できる方法を編み出せたのかもしれない。

歴史を見ればわかるとおり、生物資源はしばしば荒廃して枯渇する。持続的に利用するためには戦略的に枯渇させない賢明な利用を行うか、枯渇のシグナルを見出して的確に対応するという順応的な管理をする必要がある。さまざまな枯渇した事例を見ると、荒廃・枯渇する前に前兆となるシグナルがあったと想像される事例がいくつもある。たとえば、トチノキを伐採して木工品を製作していた長野県秋山地域では、戦後に集落近辺のトチノキを伐採してよいことになって伐採されだすと、集落近辺から伐採されだし、次第に集落から遠く離れた森林にまで伐採に行くようになってしまった。[10] この資源探索範囲が広がった現象は、資源枯渇のシグナルと言えるだろう。

私たちは知識や証拠が完全でなかったとしても行動はできる。さまざまな資源枯渇のシグナルを見出して的確に対応できたならば、すなわちモニタリングとレポートを欠かさず、定期的にＰＤＣＡサイクル（Plan-Do-Check-Action cycle）の順応的管理（adaptive management）をしていれば、遅れをともないつつも、ある程度までは劣化した生物資源や生態系を回復することができただろう。

さいごに

生物資源の持続と破綻を分ける仕組み

さまざまな生物資源の持続と破綻を分ける要因を整理すると、生き物の再生速度が遅いと持続性を下げ、流通させる消費活動は特に地域外の人間による場合に持続性を下げ、技術革新は持続性を下げる場合もあるし、高める場合もあり、資源の管理行為は持続性を高めることがわかった。しかしながら一般化できるような簡単な法則を見つけられたわけではなく、持続と破綻は複合的な要因によって決められる。

管理行為が生物資源の持続性を高めることは、このような論考を経なくても十分理解できることであるのに、歴史的に見て管理されない場合が多かったのはなぜだろう。地域の自然を地域の住民が利用する場合には管理行為に至りやすいけれども、外部者が利用する場合には、地域の自然と自分たちの生活の持続性が一体ではないので、持続的に利用しようという動機は低くなる。したがって、環境ガバナンスはトップダウン的に広域に影響のある外部の人間によってなされた方法だけでなされるよりも、ボトムアップ的な地域の自然と生活に密着した方法をともなう重層したかたちで作用することで、管理行為は実体を持ちうるのだ。

さまざまな主体による生物資源の持続を望む「人間の意志」があってこそ、管理行為によって持続性は高まるし、流通する消費活動を行ったとしても、自分たちの生活と地域の自然を保全するために、度を過ぎた経済活動を行わないだろう。技術革新にしても持続的利用を意図するならば、それを実行するための技術や仕組みを作ることで非常に役に立ったはずである。

人々はしばしば生物資源を枯渇させる。枯渇のシグナルが現れたときにとりうる行動は、三つある。まず、シグナルを無視して枯渇のシグナルを先送りにする。次に、技術と市場で枯渇を防ごうとする。しかし上で見てきたとおり、これらの行動では枯渇を促進または遅延させることはあっても止めることはできない。そして最後に、社会システムの構造を持続可能に変えることである。初期段階のシグナルで、知識や証拠が完全でなかったとしても行動はできる。むしろ予防原則で事にとりかかったほうが、後々いい結果が生まれるだろう。

資源枯渇に導く行動は多数あるし、それらはどれも非常にたやすいものである。対して持続的に用いる行動は少なく、しかも難しいものばかりである。それでもなお、さまざまな主体が強い意志を持って生物資源の持続を望むならばきっと道は開けるだろう。

未来に向けて

現代のわたしたちは再生不可能な資源である化石燃料や鉱物資源の枯渇ばかりを気遣っている。しかし、地球規模で抱えている現在の環境問題は、再生不可能資源の枯渇ではない。食料の供給や土壌の肥沃度、漁獲物、森林、生物多様性、淡水、大気、どれも再生可能資源である。再生可能な資源はうまく管理すれば持続的に利用できるはずなのに、再生可能資源の根本原則を忘れて、技術革新やグローバル経済の成長にともなって乱獲と破滅を恐れない資源利用がなされている。

わたしたちは過去から、さまざまな生物資源やそれを持続的に利用するすばらしい知識と経験を継承している。しかし身の回りにありふれていた当たり前の暮らしの術や蓄積されてきた知恵や技の継承が、今日の生業や自然、社会の変化によって困難になりつつある。だからといってわたしたちはわたしたちの世代でそれらを損なって将来世代に伝えるさまざまな未来への可能性を狭めてはいけない。むしろ、この「未来可能性（futurability）」を多様なものに広げて、将来世代に伝えてゆくことがわたしたちに課せられた責任である。

歴史的に生物資源が破綻した場合には、人々は苦境に陥りながらももう一度破綻しないようにするための管理の術を編み出してきた。しかし現在は経済と交通を通じて地球規模の問題が生じており、生態系への影響は地球規模になるだろう。今回の管理の失敗は取り返しのつかないものになる恐れがある。だからこそ、わたしたちは強い意志を持って未来を望み、それに見合った行動をとる必要があるのだ。

⒆ 長池卓男　2000. 人工林生態系における植物種多様性. 日本林学会誌 82: 407-416
⒇ 岡恵介 2011. 近代山村における多様な資源利用とその変化―北上山地の野生動物の減少と山村の暮らし. 湯本貴和（編）, 白水智·池谷和信（責任編集）山と森の環境史（シリーズ日本列島の三万五千年――人と自然の環境史 第5巻）, 印刷中. 文一総合出版.
(21) 関戸明子　2011. 近代における林野利用と山村生活の変容. 湯本貴和（編）, 白水智・池谷和信（責任編集）山と森の環境史（シリーズ日本列島の三万五千年――人と自然の環境史 第5巻）, 印刷中. 文一総合出版.
(22) 白水智　2011. 近世山村における生業・生活の変遷と資源利用―「自然と調和する日本人」像は真実か. 湯本貴和（編）, 白水智·池谷和信（責任編集）山と森の環境史（シリーズ日本列島の三万五千年――人と自然の環境史 第5巻）, 印刷中. 文一総合出版.
(23) 須賀丈・丑丸敦史・田中洋之　2011. 日本列島における草原の歴史と草原の植物相・昆虫相. 湯本貴和（編）・佐藤宏之・飯沼賢司（責任編集）野と原の環境史（シリーズ日本列島の三万五千年――人と自然の環境史 第2巻）, 印刷中. 文一総合出版.
(24) サステナビリティの科学的基礎に関する調査プロジェクト（RSBS） 2005. サステナビリティの科学的基礎に関する調査報告書.
(25) 立入郁　1998. 土地荒廃と生物資源の持続的利用. 武内和彦・田中学（編）生物資源の持続的利用（岩波講座地球環境学6）, p. 59-96. 岩波書店.
(26) Totman, C. 1989. The green archipelago: forestry in preindustrial Japan. Ohio University Press. ［邦訳：タットマン, C.（著）, 熊崎実（訳）1998. 日本人はどのように森を作ってきたか. 築地書館］
(27) 当山昌直　2011. ジュゴンの乱獲と絶滅の歴史. 湯本貴和（編）·田島佳也·安渓遊地（責任編集）島と海の環境史（シリーズ日本列島の三万五千年――人と自然の環境史 第4巻）, 印刷中. 文一総合出版.
(28) 辻野亮　2011. 日本列島での人と自然のかかわりの歴史. 湯本貴和（編）, 松田裕之・矢原徹一（責任編集）環境史とは何か（シリーズ日本列島の三万五千年――人と自然の環境史 第1巻）, p. 33-51 文一総合出版.
(29) 辻野亮　2011. 中大型哺乳類の分布変遷から見た人と哺乳類のかかわり. 湯本貴和（編）, 高原光・村上哲明（責任編集）環境史をとらえる技法（シリーズ日本列島の三万五千年――人と自然の環境史 第6巻）, 印刷中. 文一総合出版.
(30) 右代啓視　2011. 海洋資源の利用と古環境―貝塚から見たエゾアワビの捕獲史から. 湯本貴和（編）・田島佳也・安渓遊地（責任編集）島と海の環境史（シリーズ日本列島の三万五千年――人と自然の環境史 第4巻）, 印刷中. 文一総合出版.
(31) WCED. 1987. Our Common Future. Oxford: Oxford University Press. ［邦訳：環境と開発に関する世界委員会（著）・大来佐武郎（監訳）1987. 地球の未来を守るために. 福武書店］
(32) Zwolak, R. 2009. A meta-analysis of the effects of wildfire, clearcuting, and partial harvest on the abundance of North American small mammals. *Forest Ecology and Management* **258**: 539-545.

終章　生物資源の持続と破綻を分かつもの

(1) 天野正博　1996. 森林計画における木材生産と環境保全—野生動物の保全を中心として—. 哺乳類科学 **36**: 71-78.

(2) 荒垣恒明　2011. 巣鷹をめぐる信越国境地域の山地利用規制. 湯本貴和（編）, 池谷和信・白水智（責任編集）山と森の環境史（シリーズ日本列島の三万五千年——人と自然の環境史 第5巻）, 印刷中. 文一総合出版.

(3) Daly, H.　1990.　Toward some operational principals of sustainable development. *Ecological Economics* **2**: 1-6.

(4) 段上達雄 2011. 飯田高原における草原の活用と開発. 佐藤宏之・飯沼賢司（編）野と原の環境史（シリーズ日本列島の三万五千年——人と自然の環境史 第2巻）, 印刷中. 文一総合出版.

(5) Diamond, J.　2005.　Collapse: How societies choose to fail or succeed. Penguin Books, 574 pp.［邦訳：ダイアモンド, J.（著）, 楡井浩一（訳）2005. 文明崩壊：滅亡と存続の命運を分けるもの（下）］. 草思社.

(6) Feeny, D., Berkes, F., McCay, B. J , Acheson, J. M.　1990.　The tragedy of the commons: Twenty-two years later. *Human Ecology* **18**: 1-19.［邦訳：田村典江（1998）「コモンズの悲劇」—その22年後. エコソフィア **1**: 76-87.］

(7) Gill, R. M. A. Johnson, A. L., Francis, A., Hiscocks, K., Peace, A. J.　1996.　Changes in roe deer（*Capreolus capreolus* L.）population density in response to forest habitat succession. *Forest Ecology and Management* **88**: 31-41.

(8) Hardin, G.　1968.　The Tragedy of Commons.　*Science* **162**: 1243-1248.

(9) 本田良一　2009. イワシはどこへ消えたのか. 中央公論新社.

(10) 井上卓也 2011. 木工品政策の変遷と山地資源—秋山剛の木鉢製作を中心に. 湯本貴和（編）, 池谷和信・白水智（責任編集）山と森の環境史（シリーズ日本列島の三万五千年——人と自然の環境史 第5巻）, 印刷中. 文一総合出版.

(11) 菊沢喜八郎　1999. 新・生態学への招待—森林の生態. 共立出版.

(12) 鬼頭宏　2000. 人口から読む日本の歴史. 講談社.

(13) 松田裕之　2010. 生態学から見た「賢明な利用」. 湯本貴和（編）, 松田裕之・矢原徹一（責任編集）環境史とは何か（シリーズ日本列島の三万五千年——人と自然の環境史 第1巻）, p. 133-157. 文一総合出版.

(14) 松下和夫　2002. 環境学入門12　環境ガバナンス. 岩波書店.

(15) Meadows, D., Randers, J., Meadows, D.　2004.　Limits to Growth: The 30-Year Update. Chelsea Green Pub Co.［邦訳：ドネラ・H・メドウズ, デニス・L・メドウズ, ヨルゲン・ランダース（著）, 枝廣淳子（訳）成長の限界：人類の選択. ダイヤモンド社.］

(16) 宮内泰介　2001. コモンズの社会学—自然環境の所有・利用・管理をめぐって—. 鳥越皓之（編）講座環境社会学3 自然環境と環境文化. 夕斐閣.

(17) 水野章二　2011. 古代・中世における山野利用の展開. 湯本貴和（編）, 大住克博・湯本貴和（責任編集）林と里の環境史（シリーズ日本列島の三万五千年——人と自然の環境史 第3巻）, 印刷中. 文一総合出版.

(18) 西岡常一・小原二郎　1978. 法隆寺を支えた木. 日本放送出版協会.

(21) ラミス，C. D. 2000. 経済成長がなければ私たちは豊かになれないのだろうか．平凡社（2004 岩波書店から再刊）．
(22) 金城朝夫 1978. 怒る！イリオモテヤネコ――ライハウゼン博士の勧告を批判する．青い海 **8**(9). 青い海出版社．
(23) 是枝裕和 1992. しかし……――ある福祉高級官僚 死への軌跡．あけび書房．
(24) メイシー，J.（著），仙田典子（訳） 1986. 絶望こそが希望である Despair and personal power in the nuclear age. カタツムリ社．
(25) 松本富美子・田代正一・大西緝 2004. 屋久島におけるエコツアーガイドの実態と課題．鹿児島大学農学部学術報告 **54**: 15-29.
(26) 松下和夫 2002. 環境ガバナンス――市民・企業・自治体・政府の役割．岩波書店．
(27) 丸山定巳 2004. 水俣病に対する責任――発生・拡大・救済責任の問題をめぐって．田中雄次・慶田勝彦（著），丸山定巳・田口宏昭（編集）水俣の経験と記憶――問いかける水俣病，p. 11-40. 熊本出版文化会館．
(28) 丸杉孝之助 1978. 西表島開発方向調査．琉球大学農学部熱帯農学研究施設．
(29) 宮本常一・安渓遊地 2008. 調査されるという迷惑――フィールドに出る前に読んでおく本．みずのわ出版．
(30) モシャー，S. F. 2010. 地球温暖化スキャンダル――2009 年秋クライメートゲート事件の激震．日本評論社．
(31) 村上興正 1998. コメント：哺乳類学者の社会的責任とは――シンポジウムの感想にかえて．哺乳類科学 **38**(1): 109-111.
(32) 日本生態学会上関アフターケア委員会編 2010. 奇跡の海――瀬戸内海・上関の生物多様性．南方新社．
(33) 柴鐵生 2007. あの十年を語る――尾久杉原生林の保護をめぐって．星雲社．
(34) スナイダー，G．・山尾三省（著），山里勝己（監修） 1998. 聖なる地球のつどいかな．山と渓谷社．
(35) スタンフォード研究所 1960. 西表島の資源及び経済の潜在力に関する調査報告書．スタンフォード大学．
(36) 宇井純 1988. 公害原論 合本．亜紀書房．
(37) 八重山毎日新聞社 2007. 西表島の世界自然遺産登録パンフレット 5000 部を作る．八重山毎日新聞 2007 年 9 月 3 日．
(38) 宇宙飛行士 秋山豊寛 いま農に生きる意味を語る http://ankei.jp/yuji/?n=70
(39) 参議院会議録情報 第 084 回国会 決算委員会 第 5 号 http://kokkai.ndl.go.jp/SENTAKU/sangiin/084/1410/08402271410005c.html
(40) 縄文杉登山の近況 http://www10.ocn.ne.jp/~alook/zyokinkyou.htm
(41) ふしの川清流の会 山口県松くい虫対策協議会での参考人意見 http://ankei.jp/niho/fushino/?l=j&c=s&n=266
(42) 屋久島電工株式会社 http://www.yakuden.co.jp/index.htm
(43) 小若順一 1990. ポストハーベスト農薬汚染．学陽書房．
(44) 福岡 RKB 毎日放送 1964. 弧の果ての島――八重山群島．

第10章　足もとからの解決

(1) 安渓貴子　2010. 上関原子力発電所の環境影響評価の問題点. 日本生態学会上関アフターケア委員会（編）奇跡の海——瀬戸内海・上関の生物多様性. 南方新社.

(2) 安渓遊地 1993. あなた何を食べていますか——ポストハーベスト農薬汚染とわたし. 自然生活 第5集, p. 45-51. 野草社.

(3) Ankei, Y. 2002. Community-based conservation of biocultural diversity and the role of researchers: examples from Iriomote and Yaku Islands, Japan and Kakamega Forest, West Kenya. 山口県立大学大学院論集 **3**: 13-23.

(4) 安渓遊地　2003.　周防灘の自然と上関原子力発電所建設計画——日本生態学の2つの要望書をめぐるアフターケア報告. 保全生態学 **8**(1): 83-86.

(5) 安渓遊地　2004. 南島の聖域・浦内川と西表島リゾート. エコソフィア **13**: 82-89. 昭和堂.

(6) 安渓遊地　2010.「父たち」の待つ村への旅——私のアフリカ経験から. 東北学 **24**: 36-49. 東北芸術工科大学東北文化研究センター.

(7) 安渓遊地・安渓貴子　1997.「日曜百姓のまねごと」から——第3種兼業の可能性をめぐって. 農耕の技術と文化 **20**: 127-145. 農耕の技術と文化研究会.

(8) 安渓遊地・安渓貴子　2000. 島からのことづて——琉球弧聞き書きの旅. 葦書房.

(9) 安渓遊地・安渓貴子　2004. 小杉谷に暮らした日々——屋久町春牧・堀田優さんのお話. 季刊・生命の島 **66**: 31-41.

(10) 安渓遊地・安渓貴子　2009a. 出すぎる杭は打たれない——公害輸出を告発した村田和子・久さん. 安渓遊地・安渓貴子（編）出すぎる杭は打たれない——痛快地球人録. みずのわ出版.

(11) 安渓遊地・安渓貴子　2009b. 大学生をムラに呼ぼう——地域づくり実践事例集. みずのわ出版.

(12) 安渓遊地・鬼頭秀一　1993. この講義のめざすもの. 安渓遊地（編）「いのちと環境」山口大学教養部総合コース1992年度講義録. 山口大学教養部.

(13) 馬場繁幸・安渓遊地　2003. 地域社会への影響評価を——西表島リゾート施設に対する日本生態学会の要望書の特色. 保全生態学研究 **8**: 97-98.

(14) Cetindamar, D., Husoy, K.　2007.　Corporate social responsibility practices and environmentally responsible behavior: the case of The United Nations global compact. Journal of Business Ethics **76**(2): 163-176.

(15) ダイアモンド, J.（楡井浩一訳）2005. 文明崩壊：滅亡と存続の命運を分けるもの（上・下）. 草思社.

(16) 石原ゼミナール　1983. もうひとつの沖縄戦——マラリア地獄の波照間島. ひるぎ社.

(17) 橋本道夫　2000. 水俣病の悲劇を繰り返さないために——水俣病の経験から学ぶもの. 中央法規.

(18) 日高敏隆・秋道智彌　2007. 森はだれのものか？. 昭和堂.

(19) 川野信治・馬場浩太・吉野太郎　2003. 第27回「物理学者の社会的責任」シンポジウム：科学者・専門家の倫理とは. 日本物理學會誌 **58**(11): 831-833.

(20) 上屋久町郷土史編集員会　1984. 上尾久町郷土史. 上尾久町.

第 9 章　木材輸送の大動脈：保津川のガバナンス論

(1) Bromley, D. W. 1991. Property, rights, and property rights. In: Bromley, D. W. Environment and Economy, p. 1-13. Blackwell.

(2) Demsetz, H. 1967. Toward a theory of property rights. *American Economic Review*, **57**(20): 347-359.

(3) 藤田叔民　1973. 近世木材流通史の研究. 新生社.

(4) 原田禎夫　2010. 水運文化の伝承を通じた流域連携の再生―保津川筏復活プロジェクトを事例に. 環境経済政策学会 2010 年大会報告論文.

(5) 原田禎夫・塩津ゆりか　2009. 共分散構造分析をもちいた水資源の共同管理行為の要因分析. 大阪商業大学論集 **153**: 71-81

(6) Hardin, G. 1968. The tragedy of the commons. Science **62**(13): 1243-1248.

(7) Hardin, G. 1991. The tragedy of the unmanaged commons: population and the disguises of Providence. In: Andelson, R. V. (ed.), Commons without tragedy, p. 162-185. Shepheard-Walwyn.

(8) 林家辰三郎・上田正昭（編）　1961. 篠村史. 篠村市編纂委員会.

(9) 日吉町誌編さん委員会　1987. 日吉町誌. 京都府船井郡日吉町.

(10) 井上真・宮内泰介　2000. コモンズの社会学. 新曜社.

(11) 亀岡市文化資料館　2007. 第 42 回企画展 川船 大堰川の舟運と船大工. 亀岡市文化資料館.

(12) 亀岡市史編さん委員会　2004a. 新修亀岡市史本文編 第 2 巻. 京都府亀岡市.

(13) 亀岡市史編さん委員会　2004b. 新修亀岡市史本文編 第 3 巻. 京都府亀岡市.

(14) 河原林洋　2009. 保津川の筏の構造. 保津川筏復活プロジェクト 2009 報告書. 京筏組.

(15) 京北町　1975. 京北町誌. 京都府北桑田郡京北町.

(16) 松下和夫・大野智彦　2007. 環境ガバナンス論の新展開. 松下和夫（編）環境ガバナンス論, p. 3-31, 京都大学出版会.

(17) 三俣学・嶋田大作・大野智彦　2006. 資源管理問題へのコモンズ論・ガバナンス論・社会関係資本論からの接近. 兵庫県立大学 商大論集 **57**(3): 9-62.

(18) 三俣学・森元早苗・室田武（編）　2008. コモンズ論のフロンティア. 東京大学出版会.

(19) 室田武・三俣学　2004. 入会林野とコモンズ. 日本評論社.

(20) Elinor Ostrom. 1990. “Governing the Commons: The Evolution of Institutions for Collective Action” Cambridge University Press,

(21) 太田隆之　2007. 流域水管理における主体間の利害調整：矢作川の水質管理を素材として. 松下和夫（編）環境ガバナンス論, p. 197-223. 京都大学出版会.

(22) 小谷正治　1984. 保津川下り船頭夜話. 文理閣.

(23) 櫻井武司　1996. ネパール山間地における森林資源の農民管理. 農総研季報 **9**(30): 19-43.

(24) 宇沢弘文・茂木愛一郎（編）　1994. 社会的共通資本 コモンズと都市. 東京大学出版会.

(25) 谷内茂雄　2009. 環境政策と流域管理. 和田英太郎（監修）流域環境学 流域ガバナンスの理論と実践, p 3-14. 京都大学出版会.

委員会（編）民族学ノート，p. 278-297. 平凡社.
渡辺仁　1977　アイヌの生態系. 人類学講座編纂委員会（編）人類学講座　12，p. 387-405.
北海道立北方民族博物館　2005. 第20回特別展　アイヌと北の植物民族学. 北海道立北方民族博物館.

第8章　前近代日本列島の資源利用をめぐる社会的葛藤

⑴　我孫子市教育委員会　2005. 我孫子市史近世篇.
⑵　荒垣恒明　2009. 巣鷹献上と巣守の仕事. 地球研プロジェクト中部班（編）秋山の自然と人間－その歴史と文化を考える２－. 私家版.
⑶　荒垣恒明　2011. 巣鷹をめぐる信越国境地域の土地利用規制. 湯本貴和（編），池谷和信・白水智（責任編集）山と森の環境史（シリーズ日本列島の三万五千年――人と自然の環境史 第5巻），印刷中. 文一総合出版.
⑷　藤木久志　1987. 境界の裁定者－山野河海の紛争解決－. 朝尾直弘他（編）日本の社会史2. 岩波書店.
⑸　富士吉田市外二ヶ村恩賜県有財産保護組合　2001. 恩賜林組合史 概説編.
⑹　深谷克己　1993. 百姓成立. 塙書房.
⑺　熊沢蕃山　宇佐問答下（『蕃山全集第5巻』名著出版，1978年　所収）.
⑻　黒田日出男　1984. 日本中世開発史の研究. 校倉書房.
⑼　水野章二　2011. 古代・中世における山野利用の展開. 湯本貴和（編），大住克博・湯本貴和(責任編集)森と里の環境史.（シリーズ日本列島の三万五千年 第3巻），印刷中. 文一総合出版.
⑽　中澤克昭　1999. 中世の武力と城郭. 吉川弘文館.
⑾　丹羽邦男　1987. 近世における山野河海の所有・支配と明治の変革. 朝尾直弘他（編）日本の社会史2. 岩波書店.
⑿　瀬川清子　1986. 食生活の歴史（日本の食文化大系 第1巻）. 東京書房社.
⒀　白水智　1992. 西の海の武士団松等党. 網野善彦他（編）海と列島文化4. 小学館.
⒁　白水智　2001. 中世の漁業と漁業権－近世への展望を含めて－. 神奈川大学日本常民文化研究所奥能登調査研究会（編）奥能登と時国家研究編2. 平凡社.
⒂　白水智　2007. 野生と中世社会－動物をめぐる場の社会的関係. 小野正敏・五味文彦・萩原三男（編）動物と中世獲る・使う・食らう（考古学と中世史研究6）. 高志書院.
⒃　白水智　2011. 近世山村における生業・生活の変遷と資源利用. 湯本貴和(編)，池谷和信・白水智（責任編集）山と森の環境史（シリーズ日本列島の三万五千年――人と自然の環境史 第5巻），印刷中. 文一総合出版.
⒄　菅豊　1990.「水辺」の生活誌――生計活動の複合的展開とその社会的意味――. 日本民俗学 181: 41-81.
⒅　菅豊　2001. コモンズとしての「水辺」―手賀沼の環境誌. 井上真・宮内泰介（編）コモンズの社会学. 新曜社.
⒆　所三男　1980　近世林業史の研究. 吉川弘文館.
⒇　塚本学　1983　生類をめぐる政治. 平凡社.

philosophy: critical concepts in the environment, Vol I: Values and Ethics, p. 22.
(12) Leopold, A. 2005. The Land Ethic, In: Callicott, J. B., Palmer, C. (eds.), Environmental philosophy: critical concepts in the environment, Vol I: Values and Ethics, p. 22.
(13) 丸山真男 1998. 歴史意識の「古層」. 忠誠と反逆, p. 407. 筑摩書房.
(14) 松尾芭蕉 笈の小文. 井本農一 他（校注・訳）1997. 松尾芭蕉集 二（新編日本古典文学全集第71巻), p. 46. 小学館.
(15) 大野晋・佐竹昭広・前田金五郎（編） 1974. 岩波古語辞典, p. 69. 岩波書店.
(16) Passmore, J. 1980. Man's responsibility for nature: ecological problems and western traditions (Second Edition), p. 73.
(17) 佐竹昭広他（校注）萬葉集 三（新日本古典文学体系第三巻), p. 231. 岩波書店.（太字による強調は安部による. 以下同様).
(18) 柳父章 1982. 翻訳語成立事情, p. 136. 岩波書店.
(19) 吉田邦夫（監修） 1998. 環境大事典, p. 329. 工業調査会.

コラム2 アイヌの資源利用の実態

宇佐美智和子 2001. 外気と地中との温度タイムラグを活用した地熱住宅. 地熱エネルギー **26**(4): 375-383. 財団法人新エネルギー財団.
大泰司紀之 1983. シカ. 加藤晋平・小林達雄・藤本強（編）縄文文化の研究2 生業, p. 122-135. 雄山閣出版.
川上まつ子（述） 1999. 川上まつ子の伝承 植物編Ⅰ. アイヌ民族博物館.
萱野茂 1978. アイヌの民具. すずさわ書店.
児島恭子 2011. アイヌの捕鯨文化. 海民・海域史からみた人類文化（仮称), 印刷中. 神奈川大学国際常民文化研究機構.
高嶋幸男 1994. アイヌは何をどれだけ食べていたか. 久摺 第三集, p. 45-58. 釧路生活文化研究会.
辻秀子 1983. 可食植物の概観. 加藤晋平・小林達雄・藤本強（編）縄文文化の研究2 生業, p. 28-41. 雄山閣出版.
出利葉浩司 2002. 近世末期におけるアイヌの毛皮獣狩猟活動について. 国立民族学博物館研究報告34 開かれた系としての狩猟採集社会, p. 97-163.
名取武光 1945. 噴火湾アイヌの捕鯨. 北方文化出版社.（再録:北海道噴火湾アイヌの捕鯨. 1972. 名取武光著作集 アイヌと考古学1. 北海道出版企画センター).
萩中美枝・藤村久和・村木美幸・畑井朝子・古原敏弘 1992. 聞き書アイヌの食事. 農山漁村文化協会.
藤村久和（編）2010. アイヌ民俗技術調査 2. 北海道教育委員会.
北海道教育庁生涯学習部文化課（編）1989. 昭和63年度アイヌ民俗文化財調査報告書Ⅷ 鵡川、有珠. 北海道教育委員会.
北海道教育庁生涯学習部文化課（編）1994. 平成5年度アイヌ民俗文化財調査報告書 XIII. 北海道教育委員会.
本田優子 2007. 樹皮を剥ぎ残すという言説をめぐって—更科源蔵の記録に基づく一考察—. 北海道立アイヌ民族文化研究センター紀要 第13号 15-29.
渡辺仁 1963. アイヌのナワバリとしてのサケの産卵区域. 岡正雄教授還暦記念論文集編集

48-52.
⒂ 鷲谷いづみ・松田裕之　1998. 生態系管理および環境影響評価に関する保全生態学からの提言（案）. 応用生態工学 **1**：51-62.
⒃ Stern, N. 2006. Stern review of the economics of climate change. Cambridge University Press.
⒄ Sukhdev P. et al. 2008. The economy of ecosystems and biodiversity.
⒅ 宇治谷孟（訳） 1988. 全現代語訳 日本書紀　下（講談社学術文庫）. 講談社.
⒆ WWF (World Wide Fund for Nature). 2008. Living Planet Report 2008. WWF-International.
⒇ Yagi, N., Takagi, A. P., Takada, Y., Kurokura, H. 2010. Marine protected areas in Japan: Institutional background and management framework. **Marine Policy 34**：1300-1306.
(21) 八杉龍一・小関治男・古谷雅樹・日高敏隆編　1996. 岩波 生物学辞典 第4版. 岩波書店

第7章　「賢明な利用」と環境倫理学

⑴ Callicott, J. B. 2004. The conceptual foundations of the land ethic. In: Callicott, J. B., Palmer, C. (eds.), Environmental philosophy: critical concepts in the environment, Vol I: Values and Ethics, p. 242. Routledge.
⑵ Diels, H. (hrsg.), Kranz, W. 1971. Die Fragmente der Vorsokratiker. Griechisch und Deutsch, Bd.1. Dublin und Zürich, 15/1971, S. 178. (Frgm. 22-123.)
⑶ 井上哲次郎（編）　哲学字彙（東京大学三学部印行，明治14年）. 現代のエスプリ No.79・哲学は何のために，p. 230-. 至文堂，1974.
⑷ 熊沢蕃山　集義和書. 後藤陽一・友枝龍太郎（編） 1971. 熊沢蕃山（日本思想体系第30巻），p. 13-. 岩波書店.
⑸ 熊沢蕃山　集義和書. 後藤陽一・友枝龍太郎（編） 1971. 熊沢蕃山（日本思想体系第30巻），p. 14. 岩波書店.
⑹ レオポルド，A.（著），鈴木昭彦（訳） 1995. 自然保護－全体として保護するのか，それとも部分的に保護するのか. 小原秀雄（監修），鬼頭秀一他（解説）環境思想の多様な展開（環境思想の系譜3），p. 47. 東海大学出版会.
⑺ レオポルド，A.（著），鈴木昭彦（訳） 1995. 自然保護－全体として保護するのか，それとも部分的に保護するのか. 小原秀雄（監修），鬼頭秀一他（解説）環境思想の多様な展開（環境思想の系譜3），p. 14. 東海大学出版会.
⑻ Leopold, A. 2005. The land ethic. In: Callicott, J. B., Palmer, C. (eds.), Environmental Philosophy: Critical Concepts in the *Environment, Volume* Ⅰ：*Values and Ethics*, Oxfordshire and New York, 2005, p. 10.
⑼ Leopold, A. 2005. The Land Ethic, In: Callicott, J. B., Palmer, C. (eds.), Environmental philosophy: critical concepts in the environment, Vol I: Values and Ethics, p. 20.
⑽ Leopold, A. 2005. The Land Ethic, In: Callicott, J. B., Palmer, C. (eds.), Environmental philosophy: critical concepts in the environment, Vol I: Values and Ethics, p. 22.
⑾ Leopold, A. 2005. The Land Ethic, In: Callicott, J. B., Palmer, C. (eds.), Environmental

(22) 佐藤宏之（編）2004. 小国マタギ－共生の民俗知－. 農山漁村文化協会.
(23) 篠原徹 1990. 自然と民俗－心意のなかの動植物－. 日本エディタースクール出版部.
(24) 篠原徹 2005. 自然を生きる技術－暮らしの民俗自然史－. 吉川弘文館.
(25) 田和正孝 1997. 漁場利用の生態. 九州大学出版会.
(26) 寺嶋秀明・篠原徹編 2002. エスノ・サイエンス. 京都大学学術出版会.
(27) 内海泰弘 2010. 九州山地の植物利用. 池谷和信（編）日本列島の野生生物と人. 世界思想社.
(28) 山田孝子 1977. 鳩間島における民族植物学的研究. 伊谷純一郎・原子令三（編）人類の自然誌. 雄山閣.
(29) 柳田國男・倉田一郎 1975a. 分類漁村語彙（昭和50年10月復刊）. 国書刊行会.
(30) 柳田國男・倉田一郎 1975b. 分類山村語彙（昭和50年10月復刊）. 国書刊行会.
(31) 安室知 2009. 伝承カモ猟の文化資源化とワイズ・ユース. 人文地理 **61**(1): 86-89.

第6章　生態学からみた「賢明な利用」

(1) Branch, T. A. 2008. Current status of Antarctic blue whales based on Bayesian modeling.Report SC/60/SH7 to the Scientific Committiee of the International Whaling Comission.
(2) クラーク C. W.（著），田中昌一（監訳）1988. 生物資源管理論：生物経済モデルと漁業管理. 恒星社厚生閣.
(3) ゴア，A.（著），枝廣淳子（訳）2007. 不都合な真実. ランダムハウス講談社.
(4) Graham, M. 1935. Modern theory of exploiting a fishery, and application to north sea trawling. J. Cons. Int. Explor. Mer. **10** : 264-274.
(5) ミレニアム生態系評価（Millennium Ecosystem Assessment）（編）・横浜国立大学21世紀COE翻訳委員会（責任翻訳）2007. 国連ミレニアム エコシステム評価 生態系サービスと人類の将来. オーム社.
(6) Makino, M., Matsuda, H. 2005. Co-management in Japanese coastal fishery: institutional features and transaction cost. Marine Policy **29**: 441-450.
(7) Makino, M., Matsuda, H. 2010. Ecosystem-based co-mmanagement in the Asia-Pacific. In: Ommar, R., Perry, I., Cury, P., Cochrane, K. (eds.), Coping with global changes in social-ecological systems, in press. Wiley-Blackwells.
(8) 松田裕之 2000. 環境生態学序説：持続可能な漁業，生物多様性の保全，生態系管理，環境影響評価の科学. 共立出版.
(9) 松田裕之 2008. なぜ生態系を守るのか？ 環境問題への科学的な処方箋. NTT出版.
(10) 松田裕之 2010. 生物資源の持続的管理. 地球環境と保全生物学（現代生物科学 第6巻），印刷中. 岩波書店.
(11) Matsuda, H., Makino, M., Sakurai, Y. 2009. Development of adaptive marine ecosystem manegement and co-manegement plan in Shiretoko World Natural Heritage Site. Biol Cons **142**: 1937-1942
(12) 日本生態学会編 2004a. 生態学辞典. 共立出版.
(13) 日本生態学会編 2004b. 生態学入門. 東京化学同人.
(14) 岡敏弘 2007. 地球温暖化の経済学（キーワードで見る経済思想）. 経済セミナー **633**：

(31) Zong, Y., Chen, Z., Innes, J. B., Chen, C., Wang, Z., Wang, H. 2007. Fire and flood management of coastal swamp enabled first rice paddy cultivation in east China. *Nature* **449**: 459-463.

第5章　世界の自然保護と地域の資源利用とのかかわり方

(1) 秋道智彌 1995. 海洋人類学. 東京大学出版会.

(2) 秋道智彌 2007. 海の民俗知を考える
http://www.jfe-21st-cf.or.jp/jpn/hokoku_pdf_2007/asia07.pdf

(3) Chatty D., Colchester M. (eds.) 2002. Conservation and mobile indigenous peoples. Berghan Books.

(4) コットン, C. M.（著）, 木俣三樹男・石川裕子（訳）2004. 民族植物学－原理と応用－. 八坂書房.

(5) Dove, M. R. 2006. Indigenous people and environmental politics. *Annu. Rev. Anthropol.* **35**: 191-208.

(6) 福井勝義 1974. 焼畑の村. 朝日新聞社.

(7) Fukui, K., J. Eellen (eds.) 1996. Readfining nature: ecology, culture and domestication. Berg Publishers.

(8) 古澤拓郎 2004. 民俗知識に基づく人間・植物・動物の関係. 大塚柳太郎（編）ソロモン諸島－最後の熱帯林－. 東京大学出版会.

(9) 本多俊和 2005. 先住民とは何か. 本多俊和・大村敬一・葛野浩昭（編）文化人類学研究――先住民の世界（放送大学大学院教材）. 放送大学教育振興会.

(10) 池谷和信 2002. 国家のなかでの狩猟採集民――カラハリ・サンにおける生業活動の歴史民族誌―（国立民族学博物館研究叢書［4］）. 国立民族学博物館.

(11) 池谷和信 2003. 山菜採りの社会誌－資源利用とテリトリー－. 東北大学出版会.

(12) 池谷和信 2006. ボツワナの自然保護区とカラハリ先住民をめぐる政治生態学. アフリカ研究 **69**: 101-112

(13) 池谷和信 2008. 排除の論理から共存の論理へ－動物保護区をめぐる新たな関係－. 池谷和信・林良博（編）ヒトと動物の関係学 第4巻　野生と環境. 岩波書店.

(14) 池谷和信編 2009. 地球環境史からの問い. 岩波書店.

(15) 池谷和信 2010. 民俗知と科学知の融合と相克－賢明な資源利用のあり方とは何か？－. 総合地球環境学研究所（編）地球環境学辞典. 弘文堂.

(16) 松井健 1983. 自然認識の人類学. どうぶつ社.

(17) Nazarea, V. N. 2006. Local knowledge and memory in biodiversity conservation. *Annu. Rev. Anthropo* **35**: 317-335.

(18) 大村敬一 2002.「伝統的な生態学的知識」という名の神話を超えて－交差点としての民族誌の提言－. 国立民族学博物館研究報告 **27**(1): 25-120.

(19) 大村敬一 2005. 野生の科学と近代科学：先住民の知識. 本多俊和・大村敬一・葛野浩昭（編）文化人類学研究――先住民の世界（放送大学大学院教材）.

(20) 岡恵介 2009. 視えざる森の暮らし－北上山地・村の民俗生態史－. 銀河書房.

(21) Sanga, G., Ortallio, G. (eds.) 2006. Nature Knowledge:Ethnoscience,Cognition,and Utility. Berghan Books.

(12) Jacobsen, T., Adams, R. M. 1958. Salt and silt in ancient Mesopotamian agriculture. *Science* **128**: 1251-1258.

(13) Logan, W. B. 2005. Oak: the frame of civilization. WW Norton, Company. [邦訳：ウィリアム・ブライアント・ローガン（著），山下篤子（訳）ドングリと文明－偉大な木が創った1万5000年の人類史．日経BP社]

(14) Mellers, P. 2006. Why did modern human populations disperse from Africa ca. 60,000 years ago? A new model. *Proceedings of the National Academy of Science, USA* **25**: 9381–9386.

(15) 中谷巌　2008. 資本主義はなぜ自壊したのか—「日本」再生への提言．集英社インターナショナル．

(16) Paullin, C. Co. 1932. Atlas of the historical geography of the United States. Carnegie Institute of Washington and the American Geographic Society.

(17) Pierotti, R., Wildcat, D. 2000. Traditional ecological knowledge: the third alternative (commentary). *Ecological Applications* **10**: 1333-1340.

(18) Purugganan, M. D., Fuller, D. Q. 2009. The nature of selection during plant domestication. *Nature* **457**: 843-848.

(19) 佐藤洋一郎　2000. 縄文農耕の世界－DNA分析で何がわかったか（PHP新書）．PHP研究所．

(20) 白水智　2011. 前近代日本列島の資源利用をめぐる社会的葛藤．湯本貴和（編），松田裕之・矢原徹一（責任編集）環境史とは何か（シリーズ日本列島の三万五千年——人と自然の環境史 第1巻），p. 189-213. 文一総合出版．

(21) Shea, J. J. 2003. The Middle Paleolithic of the East Mediterranean Levant. *Journal of World Prehistory* **17**: 313-394.

(22) Stiner, M. C., Munro, N. D. 2002. Approaches to prehistoric diet breadth, demography, and prey ranking systems in time and space. *Journal of Archaeological Method and Theory* **9**: 181-214.

(23) Stiner, M. C., Munro, N. D., Surovell, T. A., Tchernov, E., Bar-Yosef, O. 1999. Paleolithic population growth pulses evidenced by small animal exploitation. *Science* **283**: 190 - 194.

(24) Stevenson, A. C., Harrison, R. J. 1992. Ancient forests in Spain : a model for land-use and dry forest management in South-West Spain from 4000 BC to 1900 AD. *Proceedings of the Prehistoric Society* **58**: 227-247.

(25) 寺田寅彦　1948. 日本人の自然観．岩波文庫．

(26) 梅原猛　2005. 最澄と空海．小学館学術文庫．

(27) 梅原猛　2010. 日本の伝統とは何か．ミネルヴァ書房．

(28) Wolfe, N. D., Dunavan, C. P., Diamond, J. 2007. Origins of major human infectious diseases. *Nature* **447**: 279-283.

(29) 安田喜憲　1994. 蛇と十字架—東西の風土と宗教．人文書院．

(30) Zohary, D., Hopf, M. 2001. Domestication of plants in the old world: the origin and spread of cultivated plants in West Asia, Europe, and the Nile Valley, 3rd edition. Oxford University Press.

earth's linguistic, cultural and biological diversity. UNESCO , Terralingua and WWF. http://www.terralingua.org/publications/Sharing/Sharing.html

(20) UNESCO. 2002. UNESCO Universal declaration on cultural diversity.

(21) UNESCO. 2008. Links between biological and cultural diversity-concepts, methods and experiences, Report of an International Workshop, UNESCO, Paris.

(22) 山口裕文 2010. 失われる作物多様性：大航海時代とグローバル化がもたらしたもの. 総合地球環境学研究所（編）地球環境学事典, p. 180-181. 弘文堂.

(23) 湯本貴和(編) 2008. 食卓から地球環境がみえる 食と農の持続可能性. 昭和堂, 京都.

(24) 湯本貴和 2010a. 多様性の喪失は地球環境の危機総合地球環境学研究所（編）地球環境学事典, p. 126-133. 弘文堂.

(25) 湯本貴和 2010b. 照葉樹林の生物文化多様性：夏緑樹林との比較のなかで. 総合地球環境学研究所（編）地球環境学事典, p. 198-199. 弘文堂.

(26) World Resources Institute (WRI), The World Conservation Union (IUCN), United Nations Environment Programme (UNEP). 1992. Global biodiversity strategy: a policy-makers' guide.

第4章 人類五万年の環境利用史と自然共生社会への教訓

(1) Barnosky, A. D., Koch, P. L., Feranec, R. S.,Wing, S. L., Shabell, A. B. 2004. Assessing the Causes of Late Pleistocene Extinctions on the Continents. *Science* **306**: 70-75.

(2) Bar-Yosef, O. 1998. The Natufian culture in the Levant, threshold to the origins of agriculture. *Evolutionary Anthropology* **6** 159-177.

(3) Bellwood, P. 2005. First farmers: the origin of agricultural societies. Blackwell. [邦訳：長田俊樹・佐藤洋一郎（監訳）農耕起源の人類史. 京都大学学術出版会]

(4) Bird, D. W., O'Connell, J. E. 2006. Behavioral ecology and archaeology. *Journal of Archaeological Research* **14**:143–188

(5) Diamond, J. 1998. Guns, germs and steel: the fates of human societies. WW Norton, Company. [邦訳：ジャレド・ダイアモンド（著），倉骨彰（訳）銃・病原菌・鉄—1万3000年にわたる人類史の謎〈上巻・下巻〉. 草思社]

(6) Diamond, J. 2002. Evolution, consequences and future of plant and animal domestication. *Nature* **418**, 700-707.

(7) Diamond, J. 2005. Collapse: how societies choose to fail or succeed. viking Press.[邦訳：ジャレド・ダイアモンド（著），楡井浩一（訳）文明崩壊－滅亡と存続の命運を分けるもの〈上巻・下巻〉. 草思社]

(8) Diamond, J., Bellwood, P. 2003. Farmers and their languages: the first expansions. *Science* **300**: 597 - 603.

(9) Flannery, K. V. 1965. The ecology of early food production in Mesopotamia. *Science* **147**: 1247-1256.

(10) 深谷昌弘・桝田晶子 2006. 人々の意味世界から読み解く日本人の自然観. 慶應義塾大学総合政策学ワーキングペーパーシリーズ **96**: 1-42.

(11) Ingman, M., Kaessmann, H., Pääbo, S., Gyllensten, U. 2000. Mitochondrial genome variation and the origin of modern humans. *Nature* **408**: 708-713.

Forest, West Kenya. 山口県立大学大学院論集 **3**: 13-23.
(2) Bennett, D. H. 1986. Inter-species Ethics: Australian Perspectives, A Cross-cultural Study of Attitude Towards Non-human Animal Species. Department of Philosophy, Australian National University.
(3) Callicott, J. B. 1994. Earth's insights: a multicultural survey of ecological ethics from the mediterranean basin to the Australian OutBack. California Press.
(4) 江頭宏昌 2010. 作物多様性の機能：持続可能な農業と暮らしへのヒント. 総合地球環境学研究所（編）地球環境学事典, p. 150-151. 弘文堂.
(5) Gagneux, P., Wills, C., Gerloff, U., Tautz, D., Morin, P. A., Boesch, C., Fruth, B., Hohmann, G., Ryder, O., Woodruff, D. S. 1999. Mitochondrial sequences show diverse evolutionary histories of African hominoids. Proceedings of the National Academy of Sciences of the United States of America **96**: 5077-5082.
(6) Kaessmann, H., Wiebe, V., Paabo, S. 1999. Extensive nuclear DNA sequence diversity among chimpanzees. Science **286**: 1159-1162.
(7) 環境省 2007. 第三次生物多様性国家戦略. http://www.biodic.go.jp/cbd/pdf/nbsap_3.pdf
(8) 河野泰之 2010. 雨緑樹林の生物文化多様性：水が造る季節変化と景観のモザイク. 総合地球環境学研究所（編）地球環境学事典, p. 196-197. 弘文堂.
(9) 小山修三 1992. 狩人の大地—オーストラリア・アボリジニの世界. 雄山閣出版.
(10) 黒澤弥悦 2010. 家畜の多様性喪失：危機に直面する在来家畜. 総合地球環境学研究所（編）地球環境学事典, p. 182-183. 弘文堂.
(11) Levin, S. A. 1999. Fragile dominion. Perseus Publishing, New York.［邦訳：レヴィン, S.（著）・重定南奈子・高須夫悟（訳） 2003. 持続不可能性：環境保全のための複雑系理論入門. 文一総合出版.］
(12) Loh, J., Harmon, D. 2005. A global index of biocultural diversity. Ecological Indicators **5**: 231-241.
(13) Maffi, L. 1998. Language: A Resource for Nature. The UNESCO Journal on the Environment and National Resources Research **34**: 12–21. http://www.terralingua.org/publications/Maffi/Environment%20Maffi.pdf
(14) Maffi, L. 2001. On Biocultural Diversity: Linking language, Knowledge, and the Environment. Smithonian Institution Press.
(15) ミレニアム生態系評価（Millennium Ecosystem Assessment）（編）・横浜国立大学21世紀COE翻訳委員会（責任翻訳） 2007. 国連ミレニアム エコシステム評価 生態系サービスと人類の将来. オーム社.
(16) 大西正幸 2010. 言語の絶滅とは何か：人類共通の知的財産の保全へ. 総合地球環境学研究所（編）地球環境学事典, p. 186-187. 弘文堂.
(17) 長田俊樹 2010. 言語多様性の生成：人類拡散とともに. 総合地球環境学研究所（編）地球環境学事典, p. 152-153. 弘文堂.
(18) 世界資源研究所・国際自然保護連合・国連環境計画（編集）・佐藤大七郎（訳） 1993. 生物の多様性保全戦略—地球の豊かな生命を未来につなげる行動指針. 中央法規出版.
(19) Skutnabb-Kangas, T., Maffi, L., Harmon, D. 2003. Sharing a world of difference: The

ヴァ書房.
(27) 白石太一郎　2002. 倭国誕生. 白石太一郎（編）日本の時代史 1　倭国誕生, p. 7-94. 吉川弘文館
(28) 白水智　2009. 野生と中世社会—動物をめぐる場の社会的関係—. 小野正敏・五味文彦・萩原三雄（編）考古学と中世史研究 6　動物と中世—獲る・使う・食らう—. 高志書院.
(29) 森林環境研究　2007. 森林環境 2007 動物反乱と森の崩壊. 朝日新聞社.
(30) 須賀丈　2010. 長野県の半自然草地—その変遷史と分布—. 日本草地学会（編）草地科学シリーズ 2　草地の生態と保全—家畜生産と生物多様性の調和に向けて—, P. 110-127. 学会出版センター.
(31) 須賀丈　2008. 中部山岳域における半自然草原の変遷史と草原性生物の保全. 長野県環境保全研究所研究報告 **4**: 17-31.
(32) 杉山修一　2010. 青森県における半自然草地の歴史と現状. 日本草地学会（編）草地科学シリーズ 2　草地の生態と保全—家畜生産と生物多様性の調和に向けて—, P. 102-109. 学会出版センター.
(33) 田端英雄（編著）1997. エコロジーガイド 里山の自然. 保育社.
(34) 只木良也　2004. 森の文化史（講談社学術文庫）. 講談社.（原本は 1981 年講談社より刊行）
(35) 田口洋美　2000. 列島開拓と狩猟のあゆみ. 東北学 **3**: 67-102.
(36) 田口洋美　2004. マタギ—日本列島における農業の拡大と狩猟の歩み—. 地学雑誌 **113**: 191-202.
(37) 高原光　2009. 日本列島の最終氷期以降の植生変遷と火事. 森林科学 **55**: 10-13.
(38) 高橋佳孝　2010. 半自然草地の植生持続を図る修復・管理法. 日本草地学会（編）草地科学シリーズ 2　草地の生態と保全—家畜生産と生物多様性の調和に向けて—, p. 16-33. 学会出版センター.
(39) Totman, C. 1989. The green archipelago; forestry in preindustrial Japan. Ohaio University Press. [邦訳：タットマン, C.（著）熊崎実（訳）1998. 日本人はどのように森をつくってきたか. 築地書館]
(40) 辻誠一郎　2002. 日本列島の環境史. 白石太一郎（編）倭国誕生（日本の時代史 1）, p. 244-278.　吉川弘文館.
(41) 常田邦彦　2007. カモシカ保護管理の四半世紀. 哺乳類科学 **47**: 139-142.
(42) 渡邉晶　2004. 大工道具の日本史. 吉川弘文館.
(43) 渡瀬庄三郎　1912. 元禄寶永年間に於ける對馬殲猪の事蹟（第廿四巻口繪第三附）. 動物学雑誌 **24**: 135-146.
(44) 山本勝利　2000. 里地におけるランドスケープ構造と植物相の変容に関する研究. 農業環境技術研究所報告 **20**: 1-105.
(45) 依光良蔵　1984. 日本の森林・緑資源. 東洋経済新報社.
(46) 湯本貴和・松田裕之　2006. 世界遺産をシカが喰う：シカと森の生態学. 文一総合出版.

第 3 章　生物文化多様性とは何か

(1) Ankei, Y. 2002. Community-based Conservation of Biocultural Diversity and the Role of Researchers : Examples from Iriomote and Yaku Islands, Japan and KÍakamega

Biology **22**: 217-225.
(62) 湯本貴和　2010. 日本列島はなぜ生物多様性のホットスポットなのか. 生物科学 **61**: 117-125.

第2章　日本列島での人と自然のかかわりの歴史

(1) 網野善彦　1998. 東と西の語る日本の歴史　講談社.
(2) 安藤元一　2008. ニホンカワウソ―絶滅に学ぶ保全生物学. 東京大学出版会.
(3) Diamond, J. 2005. Collapse: How societies choose to fail or succeed. Penguin Books.［邦訳：ダイアモンド, J.（著）楡井浩一（訳）2005. 文明崩壊：滅亡と存続の命運を分けるもの（下）. 草思社.］
(4) 環境省　2010. 生物多様性国家戦略 2010. ビオシティ.
(5) 環境庁自然保護局　1999. 第5回自然環境保全基礎調査：植生調査報告書植生メッシュデータとりまとめ全国版. 環境庁自然保護局.
(6) 菊池勇夫　2011. 盛岡藩における馬の放牧と獣害. 湯本貴和（編）, 池谷和信・白水智（責任編集）山と森の環境史（シリーズ日本列島の三万五千年――人と自然の環境史 第35巻）, 印刷中. 文一総合出版.
(7) 鬼頭宏　2000. 人口から読む日本の歴史. 講談社.
(8) 小山泰弘　2008. 長野県におけるニホンジカの盛衰. 信濃 **60**: 559-578.
(9) 窪田蔵郎　2003. 鉄から見た日本の歴史. 講談社.
(10) 松木武彦　2007. 全集日本の歴史1　列島創世記. 小学館.
(11) 松下幸子・山下光雄・冨成邦彦・吉川誠次　1982. 古典料理の研究（八）：寛永十三年「料理物語」について. 千葉大学教育学部研究紀要 第2部 **31**: 181-224.
(12) 三戸幸久　1992. 東北地方北部のニホンザルの分布はなぜ少ないのか. 生物科学 **44**: 141-158.
(13) 宮本常一　1963. 日本民衆史1　開拓の歴史. 未来社.
(14) 水本邦彦　2003. 日本史リブレット52　草山の語る近世. 山川出版社.
(15) 水野章二　2011. 古代・中世における山野利用の展開. 湯本貴和（編）・大住克博・湯本貴和（責任編集）林と里の環境史（シリーズ日本列島の三万五千年――人と自然の環境史 第3巻）, 印刷中. 文一総合出版.
(16) 村上恭通　2007. 古代国家成立と鉄器生産. 青木書店.
(17) 西岡常一・小原二郎　1978. 法隆寺を支えた木. 日本放送出版協会.
(18) 小椋純一　1992. 絵図から読み解く人と景観の歴史. 雄山閣.
(19) 小椋純一　2006. 日本の草地面積の変遷. 京都精華大学紀要 **30**: 160-172.
(20) 小椋純一　2009. 火から見た江戸～明治の森林植生. 森林科学 **55**: 5-9.
(21) 大石慎太郎　1977. 江戸時代. 中央公論社.
(22) 岡田章雄　1937. 近世初期に於ける鹿皮の輸入に就いて（下）. 社會經濟史學 **7**: 114-124.
(23) 岡本透　2009. 森林土壌に残された火の痕跡. 森林科学 **55**: 18-23.
(24) 岡村道雄　2002. 縄文の生活誌 改訂版（日本の歴史 01）. 講談社.
(25) 桶谷繁雄　2006. 金属と日本人の歴史. 講談社.
(26) 下山晃　2005. 毛皮と皮革の文明史―世界フロンティアと略奪のシステム―. ミネル

⑶8 守山弘　1988. 自然を守るとはどういうことか．農山漁村文化協会.
⑶9 Myers, N. 1988. Threatened biotas: 'hot spots' in tropical forests. Environmentalist **8**: 187-208.
⑷0 中静透　1998.　モンスーンアジアの生物多様性．井上民二・和田英太郎（編）岩波講座 地球環境学 5　生物多様性とその保全，p. 139-159. 岩波書店.
⑷1 小椋純一　1992. 絵図から読み解く人と景観の歴史．雄山閣.
⑷2 林野庁　2007. 平成 19 年版 森林：林業白書（索引付き）.
⑷3 清水建美・近田文弘　2003.　帰化植物とは．清水建美（編）日本の帰化植物，p. 11-39. 平凡社.
⑷4 自然環境研究センター（編著），多紀保彦（監修）　2008.　日本の外来生物―決定版．平凡社.
⑷5 総合地球環境学研究所　2007.　大学共同利用機関法人 人間文化研究機構 総合地球環境学研究所 要覧 2007.　総合地球環境学研究所.
⑷6 スエンソン, E．(著), 長島要一(訳)　2003.　江戸幕末滞在記―若き海軍士官の見た日本. 講談社.
⑷7 鈴木三男　2002. 日本人と木の文化．八坂書房.
⑷8 鈴木牧之（著）・宮栄二（校注）　1971.　秋山記行・夜職草.
⑷9 田端英雄　2000.　日本の植生帯区分はまちがっている 日本の針葉樹林帯は亜寒帯か. 科学 70(5): 421-430.
⑸0 Takeuchi, K., Brown, R. D., Washitani, I., Tsunekawa, A., Yokohari, M. (eds.) 2003. SATOYAMA the traditional rural landscape of Japan. Springer.
⑸1 武内和彦・鷲谷いづみ・恒川篤史（編）　2001.　里山の環境学．東京大学出版会.
⑸2 舘脇操　1955. 汎針広交林帯．北方林業 **7**(1): 8-11
⑸3 Threatened Species Committee, the Japan Society of Plant Taxonomists. 1998. Red list of Japanese Vascular plants: Summary of methods and results. 日本植物分類学会会報 **13**: 89-96.
⑸4 Tomaru N, Takahashi M, Tsumura Y, Takahashi M, Ohba K（1998）Interspecific variation and phylogeographic patterns of *Fagus crenata*（Fagaceae）mitochondrial DNA. American Journal of Botany **85**: 629-636.
⑸5 Totman, C. 1989. The green archipelago; forestry in preindustrial Japan. The Unibersity of California Press.［邦訳：タットマン，C.（著），熊崎実（訳）1998.　日本人はどのように森をつくってきたのか．築地書館］
⑸6 津田邦宏　1986. 屋久杉が消えた谷．朝日新聞社.
⑸7 塚田松雄　1984. 日本列島における約 2 万年前の植生図．日本生態学会誌 **34**: 203-208
⑸8 内山隆　1998. ブナ林の変遷．安田喜憲・三好教夫（編）図説日本列島植生史．朝倉書店.
⑸9 内山りゅう・沼田研児・前田憲男・関慎太郎　2002.　決定版 日本の両生爬虫類．平凡社.
⑹0 Watari, Y., Nagata, J., Funakoshi, K. 2010. New detection of a 30 year-old population of introduced mongoose *Herpestes auropunctatus* on Kyushu Island, Japan. Biological Invasion. (in press) DOI:10.1007/s 10530-010-9809-5.
⑹1 Yagihashi, T., Matsui, T., Nakaya, T., Tanaka, N., Taoda, H. 2007. Climatic determinants of the northern limit of *Fagus crenata* forests in Japan. Plant Species

キノコなどの事例から．エコソフィア **10**: 77-100.
⒃ 巌佐庸・松本忠夫・菊沢喜八郎・日本生態学会（編） 2003. 生態学事典．共立出版.
⒄ Ju, L., Wang, H., Jiang, D. 2007. Simulation of the last glacial maximum climate over east Asia with a regional climate model nested in a general circulation model. Palaeogeography, Palaeoclimatology, Paleaoecology **248**: 376-390
⒅ 梶光一 2006. エゾシカの個体数変動と管理．湯本貴和・松田裕之（編）世界遺産をシカが食う，p. 40-64. 文一総合出版.
⒆ 環境庁自然保護局（編） 1982. 日本の自然環境.
⒇ 環境庁自然保護局 1999. 第5回自然環境保全基礎調査植生調査報告書（全国版）.
(21) 環境庁自然環境局野生生物課（編） 2000a. 改訂・日本の絶滅のおそれのある野生生物 3 爬虫類・両生類．財団法人自然環境研究センター.
(22) 環境庁自然環境局野生生物課（編） 2000b. 改訂・日本の絶滅のおそれのある野生生物 8 植物Ⅰ（維管束植物）．財団法人自然環境研究センター.
(23) 環境庁自然環境局野生生物課（編） 2000c. 改訂・日本の絶滅のおそれのある野生生物 9 植物Ⅱ（維管束植物以外）．財団法人自然環境研究センター.
(24) 環境省自然環境局野生生物課（編） 2002a. 改訂・日本の絶滅のおそれのある野生生物 1 哺乳類．財団法人自然環境研究センター.
(25) 環境省自然環境局野生生物課（編） 2002b. 改訂・日本の絶滅のおそれのある野生生物 2 鳥類．財団法人自然環境研究センター.
(26) 環境省自然環境局野生生物課（編） 2003. 改訂・日本の絶滅のおそれのある野生生物 4 汽水・淡水魚類．財団法人自然環境研究センター.
(27) 環境省自然環境局野生生物課（編） 2005. 改訂・日本の絶滅のおそれのある野生生物 6 陸・淡水産貝類．財団法人自然環境研究センター.
(28) 環境省自然環境局野生生物課（編） 2006a. 改訂・日本の絶滅のおそれのある野生生物 5 昆虫類．財団法人自然環境研究センター.
(29) 環境省自然環境局野生生物課（編） 2006b. 改訂・日本の絶滅のおそれのある野生生物 7 クモ形類・甲殻類等．財団法人自然環境研究センター.
(30) 環境省自然環境局自然環境計画課生物多様性地球戦略企画室 2007. 第3次生物多様性国家戦略.
(31) 環境省自然環境局 2010. 生物多様性国家戦略 2010. ビオシティ.
(32) 吉良竜夫 1979. 生態学からみた自然．河出書房新社.
(33) 前川文夫 1943. 史前帰化植物について．植物分類・地理 **13**: 274-279
(34) 真木広造・大西敏一 2000. 日本の野鳥 590. 平凡社.
(35) Millennium Ecosystem Assessment. 2005. Ecosystems and human well-being: synthesis. Island Press. ［邦訳：Millennium Ecosystem Assessment（編集）・横浜国立大学 21 世紀 COE 翻訳委員会（責任翻訳）2007. 国連ミレニアム エコシステム評価—生態系サービスと人類の将来．オーム社］
(36) Mittermeier, R. A., Gil, P. R., Hoffman, M., Pilgrim, J., Brooks, T., Mittermeier, C. G., Lamoreux, J., Da Fonseca, G. A. B. 2004. Hotspots. revisited edition. Cemex.
(37) 百原新 2007. 東アジアの植物の多様性と人類活動．日本第四紀学会・町田洋・岩田修二・小野昭（編）地球史が語る近未来の環境，p. 101-122. 東京大学出版会.

引用文献・参考文献

序章　日本列島における「賢明な利用」と重層するガバナンス

(1) サイード，E. W.（著），今沢紀子（訳）1986. オリエンタリズム（上，下），平凡社.

(2) 環境省「SATOYAMA イニシアティブ」に関するパリ宣言（2010）仮訳 http://satoyama-initiative.org/jp/wp-content/uploads/353/Paris-Declaration-JP-26042010-.pdf

第1章　日本列島はなぜ生物多様性のホットスポットなのか

(1) 阿部永　2005. 日本の動物地理. 増田隆一・阿部永（編）動物地理の自然史—分布と多様性の進化学，p. 1-12. 北海道大学図書刊行会.

(2) 阿部永（著），自然環境研究センター（編）2008. 日本の哺乳類 改訂2版. 東海大学出版会.

(3) Baskin, Y. 1997. The work of nature – how the diversity of life sustains US. Island Press.［邦訳：バスキン，Y.（著），藤倉良（訳）2001. 生物多様性の意味—自然は生命をどう支えているのか. ダイヤモンド社］

(4) Begon, M., Harper, J. L., Townsend, Townsend, C. R. 1986. Ecology: individuals, populations and communities. 3rd edition. Blackwell Science.［邦訳：堀道夫（監訳）2003. 生態学：個体・個体群・群集の科学. 京都大学学術出版会］

(5) 千葉徳爾　1991. 増補改訂 はげ山の研究. そしえて.

(6) Conservation International. 2005. The new hotspots. Frontlines. Winter: 10.

(7) Currie, D. J. 1991. Energy and large-scale patterns of animal-and plant-species richness. Americna Naturalist **137**: 27-49

(8) Diamond, J. 2005. Collapse – How societies choose to fall or succeed. Penguin Books.

(9) Fujii, N., Tomaru, N., Okuyama, K., Koike, T., Mikami, T., Ueda, K. 2002. Chloroplast DNA phylogeography of *Fagus crenata* (Fagaceae) in Japan. Plant Systematics and Evoluton 232: 21-33.

(10) フォーチュン，R.（著）・三宅馨（訳）1997. 幕末日本探訪記. 講談社.

(11) 福島司・岩瀬徹（編著）2005. 図説 日本の植生. 朝倉書店.

(12) 氷見山幸夫・新井正・太田勇・久保幸夫・田村俊和・野上道男・村上祐司・寄藤昂（編）1995. アトラス：日本列島の環境変化. 朝倉書店.

(13) 堀田満　1974. 植物の分布と分化（植物の進化生物学3）. 三省堂.

(14) Inoue, T. 1996. Biodiversity in western pacific and Asia and an action plan for the first phase of DIWPA. In: Turner, I. M., Diong, C. H., Lim, S. S. L., Ng, P. K. L. (eds.) DIWPA Series Volume 1 Biodiversity and the Dynamics of Ecosystem, p. 13-31. The International Network for DIVERSITAS in Western Pacific and Asia (DIWPA).

(15) 井上卓哉　2002. 変化する野生食用植物の利用活動—長野県栄村秋山郷における山菜・

ら行

か行

さ行

索　　引

著。晃陽書房，2008年）

児島 恭子（こじま　きょうこ）

1954年，東京都に生まれる。

早稲田大学・昭和女子大学 非常勤講師

専門はアイヌ史・日本女性史。近年はアイヌ史の資料の宝庫である口承文芸を分析している。そこから得られたことのひとつにアイヌの自然観がある。

［主著］アイヌ民族史の研究（吉川弘文館，2003年），アイヌの道（編著。吉川弘文館，2005年），エミシ・エゾからアイヌへ（吉川弘文館，2009年）など。

白水　智（しろうず　さとし）

1960年，神奈川県に生まれる。

中央学院大学 准教授

専門は歴史学（日本史）。従来日本史の中では主流的には取り上げられてこなかった山村や海村に関心を抱き，中世から近世における山や海での生業や，住民に対する支配のあり方などを研究してきた。

［主著］知られざる日本－山村の語る歴史世界－（日本放送出版協会，2005年），近世山間地域における環境利用と村落－信濃国秋山の生活世界から－（国立歴史民俗博物館研究報告123集，国立歴史民俗博物館，2005年3月）など。

森元 早苗（もりもと　さなえ）

1975年，兵庫県に生まれる。

公益社団法人日本国際民間協力会職員。

専門は環境経済学。村落における自然資源利用（コモンズ）のあり方を研究。

［主著］コモンズ論のフロンティア（共編。東京大学出版会，2008年），Morimoto, S. 2007. A stated preference study to evaluate the potential for tourism in Luang Prabang, Laos. In: Lanza, A., Markandya, A. and Pigliaru, F. (eds.), The economics of tourism and sustainable development, p. 288-307. Edward Edger.

安渓 遊地（あんけい　ゆうじ）

富山県出身

山口県立大学国際文化学部 教授。理学博士（京都大学）

奄美沖縄の人と自然をめぐる聞き書き，熱帯アフリカの生活と神話，生物文化多様性と原子力発電所等の開発計画の関係などを研究。

［主著］西表島の農耕文化――海上の道の発見（安渓貴子らとの共著。法政大学出版局，2007年），調査されるという迷惑（宮本常一との共著。みずのわ出版，2008）。

ものを守るのか（共著。文一総合出版，2008 年）など。

池谷 和信（いけや　かずのぶ）

1958 年，静岡県に生まれる。

国立民族学博物館・総合研究大学院大学 教授。

地球環境，生き物，人とのかかわりかたを研究。

［主著］国家のなかでの狩猟採集民（千里文化財団，2002 年），山菜採りの社会誌（東北大学出版会，2003 年），現代の牧畜民（古今書院，2005 年），野生と環境（編著。岩波書店，2008 年），地球環境史からの問い（編著。岩波書店，2009 年），日本列島の野生生物と人（編著。世界思想社，2010 年）

山根 京子（やまね　きょうこ）
1972 年，京都府に生まれる。
岐阜大学応用生物科学部 助教
ワサビの起原と進化，保全について，またコムギおよびソバ属近縁野生の遺伝進化学的研究を行う。
［主著］Yamane, K., Yasui, Y. & Ohnish, O.，2002. Intraspecific cpDNA variations of diploid and tetraploid perennial buckwheat, *Fagopyrum cumosum* (polygonaceae). American Journal of Botany **90**: 339-346.，山根京子　2010. 身近な野菜・果物～その起原から生産・消費まで（12）ワサビ I. 食品保蔵科学会誌 **36**(4): 189-196. など。

松田 裕之（まつだ　ひろゆき）
1957 年　福岡県に生まれる。
横浜国立大学大学院 教授
専門は生態学，環境リスク額，数理生態学，水産資源学。持続可能な資源利用と生物多様性保全の両立を目指し，順応的生態系管理の方法論と実施についての研究に取り組む。
［主著］なぜ生態系を守るのか（エヌティティ出版，2010 年），生態リスク学門：予防的順応的管理（共立出版，2009 年）など。

安部　浩（あべ　ひろし）
1971 年，新潟県に生まれる。
京都大学大学院人間・環境学研究科 准教授。博士（京都大学）。
専門は哲学・環境思想。人類の存続を可能にする新たな倫理学の存在論的な基礎づけおよびその作業の基盤をなす存在論と倫理学の再構築を試みるのが今後の研究課題。
［主著］From symbiosis (kyosei) to the ontology of ‘Arising both from oneself and from anogher (gusho)’. In: Callicott, B., McRae, J. (eds.) Environmental ethics in Asian philosophy. SUNY Press（近刊），「現」／そのロＪゴスとエートス――ハイデガーへの応答（晃陽書房，2002 年），京都学派の遺産――生と死の環境（共

執 筆 者 略 歴 (執筆順)

湯本 貴和 (ゆもと　たかかず)

1959 年，徳島県に生まれる。

総合地球環境学研究所 教授。

専門は生態学。植物と動物の共生関係の研究から始めて，現在は人間と自然との相互関係の研究を行っている。

［主著］屋久島――巨木と水の島の生態学（講談社, 1995 年), 熱帯雨林（岩波書店, 1999 年），世界遺産をシカが喰う（編著。文一総合出版，2006 年），食卓から地球環境がみえる――食と農の持続可能性（編著。昭和堂，2008 年）

辻野 亮 (つじの　りょう)

1976 年，大阪府に生まれる。

総合地球環境学研究所・プロジェクト上級研究員。

専門は生態学。列島プロジェクトにおいて，長野県秋山地域のフィールドで人間による森林利用が植物種多様性や哺乳類相にどのような影響をもたらすかを研究するかたわら，縄文時代から現代に到るまで人が自然とどのように接してきたのかを研究。

［主著］Tsujino, R. & Yumoto, T. 2008. Seedling establishment of five evergreen tree species in relation to topography, sika deer (*Cervus nippon yakushimae*) and soil surface environments. Journal of Plant Research **121**: 537-546.

今村 彰生 (いまむら　あきお)

1973 年生まれ。

京都学園大学バイオ環境学部 講師

専門は植物生態学，真菌生態学，環境学。ツブラジイの結実量の年変動と種子食者の行動生態，林床性菌寄生植物の繁殖生態を研究。専門は植物生態学

［主著］Imamura, A., Yumoto, T., Yanai, J. 2006. Urease activity in soil as a factor affecting the succession of ammonia fungi. Journal of Forest Research **11**: 131-135，Imamura, A., Yumoto, T. 2008. Dynamics of fruit-body production and mycorrhiza formation of ectomycorrhizal ammonia fungi in warm temperate forests in Japan. Mycoscinece **49**: 42-55.

矢原 徹一 (やはら　てつかず)

1954 年，福岡県に生まれる。

九州大学大学院理学研究院 教授

専門は進化生物学，生態学，植物分類学。生物多様性の保全，多様性の進化などについて研究。

［主著］花の性：その進化を探る（東京大学出版会，1995 年)，保全生態学入門（鷲谷いづみとの共著。文一総合出版，1996 年)，エコロジー講座 なぜ地球の生き

シリーズ日本列島の三万五千年――人と自然の環境史
第1巻 環境史とは何か

2011年2月20日 初版第1刷発行

編●湯本貴和
責任編集●松田裕之・矢原徹一

発行者●斉藤 博
発行所●株式会社 文一総合出版
〒162-0812 東京都新宿区西五軒町2-5
電話●03-3235-7341
ファクシミリ●03-3269-1402
郵便振替●00120-5-42149
印刷・製本●奥村印刷株式会社

定価はカバーに表示してあります。
乱丁，落丁はお取り替えいたします。

ISBN 978-4-8299-1195-2 Printed in Japan

境史年表

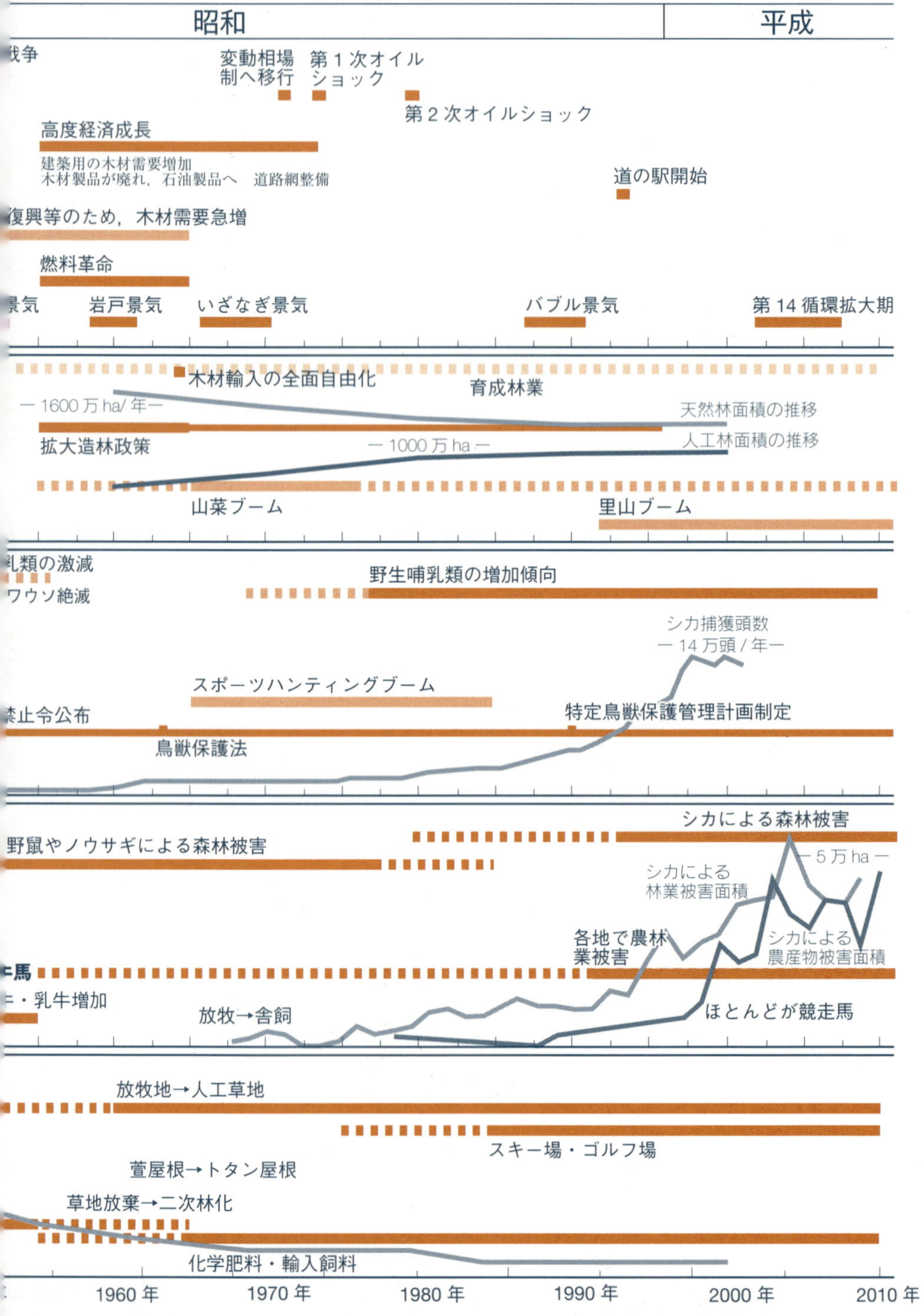

昭和
平成
戦争
変動相場制へ移行
第１次オイルショック
第２次オイルショック
高度経済成長
建築用の木材需要増加
木材製品が廃れ，石油製品へ
道路網整備
道の駅開始
復興等のため，木材需要急増
燃料革命
景気
岩戸景気
いざなぎ景気
バブル景気
第 14 循環拡大期
木材輸入の全面自由化
育成林業
─ 1600 万 ha/ 年─
天然林面積の推移
拡大造林政策
─ 1000 万 ha ─
人工林面積の推移
山菜ブーム
里山ブーム
乳類の激減
ワウソ絶滅
野生哺乳類の増加傾向
シカ捕獲頭数
─ 14 万頭 / 年─
スポーツハンティングブーム
禁止令公布
特定鳥獣保護管理計画制定
鳥獣保護法
シカによる森林被害
野鼠やノウサギによる森林被害
─ 5 万 ha ─
シカによる林業被害面積
各地で農林業被害
シカによる農産物被害面積
牛馬
牛・乳牛増加
放牧→舎飼
ほとんどが競走馬
放牧地→人工草地
スキー場・ゴルフ場
萱屋根→トタン屋根
草地放棄→二次林化
化学肥料・輸入飼料
1960 年
1970 年
1980 年
1990 年
2000 年
2010 年